高职高专汽车类专业“十二五”课改规划教材

汽车发动机构造

主　编　李树金　贾昌麟
副主编　汪浩然　刘朝辉　赵　锋

西安电子科技大学出版社

内 容 简 介

本书是依据高职汽车类专业培养目标编写的“理实一体化”教材。全书分为12个项目，包括发动机概述、曲柄连杆机构、配气机构、汽油机燃油供给系统、柴油机燃油供给系统、汽油机点火系统、润滑系统、冷却系统、起动系统、汽车排放污染物与净化、发动机的装配与维护、燃气汽车与电动汽车等内容。

本书与职业技能鉴定标准接轨，旨在培养学生的技术应用能力，可供高职汽车类专业学生使用，也可供汽车维修技术人员学习参考。

图书在版编目(CIP)数据

汽车发动机构造/李树金，贾昌麟主编.
—西安：西安电子科技大学出版社，2016.3
高职高专汽车类专业“十二五”课改规划教材
ISBN 978-7-5606-4032-7

Ⅰ. ① 汽…　Ⅱ. ① 李…　② 贾…　Ⅲ. ① 汽车—发动机—构造—高等职业教育—教材
Ⅳ. ① U464

中国版本图书馆CIP数据核字(2016)第030356号

策　　划　刘统军
责任编辑　张　玮
出版发行　西安电子科技大学出版社（西安市太白南路2号）
电　　话　(029)88242885　88201467　邮　　编　710071
网　　址　www.xduph.com　电子邮箱　xdupfxb001@163.com
经　　销　新华书店
印刷单位　陕西天意印务有限责任公司
版　　次　2016年3月第1版　2016年3月第1次印刷
开　　本　787毫米×1092毫米　1/16　印张16
字　　数　380千字
印　　数　1～3000册
定　　价　29.00元
ISBN 978－7－5606－4032－7 / U
XDUP 4324001-1

前　言

近年来，随着我国汽车工业的迅速发展，汽车车型和汽车保有量快速增加，一些新结构、新技术也得到了广泛的使用。为了适应我国汽车工业的发展，满足汽车专业高技能人才培养的需要，我们结合多年的教学经验，组织人员编写了本教材。

本书按照高等职业教育汽车类专业高素质技能人才培养目标的要求编写，以市场主流车型发动机为例，系统介绍了现代汽车发动机的基本结构、工作过程和一些新技术，同时还介绍了发动机装配与调试、发动机排气污染防治、新能源汽车等内容。

本书根据学生的认知规律、理论联系实际及项目化教学等原则，采用“基础知识—任务实施—拓展知识”的结构体系，融“教、学、做”为一体，内容难易适度，图文并茂，叙述简练，通俗易懂。“基础知识”部分内容的选取根据实用、适度的原则，以发动机各组成部分的功用、结构和工作过程认知为主；“任务实施”以生产中常见任务为内容，培养学生动手操作能力；“拓展知识”部分提供与该任务相关的一些知识，供学有余力的学生自学。

本书由甘肃林业职业技术学院李树金、贾昌麟担任主编，汪浩然、刘朝辉、赵锋担任副主编。李树金编写项目二、项目三、项目四、项目五和项目六；贾昌麟编写项目十、项目十二；汪浩然编写项目一、项目九；刘朝辉编写项目七、项目八；赵锋编写项目十一。全书由李树金负责统稿。

本书在编写过程中得到了合作企业技术人员的大力支持，在此对他们的辛苦付出表示感谢。同时，在编写的过程中参阅了大量的相关书籍和公开发表的资料、文献及汽车维修手册，并引用了其中的部分图表资料，在此对原作者表示感谢。

由于编者水平有限，书中难免有疏漏和不足，恳请各位读者批评指正。

编　者

二〇一五年十月

目　　录

项目一　发动机概述

发动机是将某一种形式的能量转换为机械能的机器，是汽车的动力来源。将燃料燃烧所产生的热能转变为机械能的发动机，称为热力发动机(简称热机)。热力发动机一般又分为内燃机与外燃机。内燃机是将液体燃料或气体燃料和空气混合后直接输入机器内部燃烧产生热能，热能再转变为机械能的装置。外燃机是指燃料在机器外部的锅炉内燃烧，加热锅炉内的水，使之变为高温、高压的水蒸气，再送往机器内部，将其热能转变为机械能的装置。

任务一　汽车发动机的分类与基本术语

知识目标

- 掌握发动机的分类。
- 掌握发动机的基本术语。

技能目标

- 正确判别发动机的类型。

一、基础知识

(一) 汽车发动机的分类

(1) 根据所用燃料种类，汽车发动机分为汽油发动机(见图 1-1)、柴油发动机(见图 1-2)和气体燃料发动机。

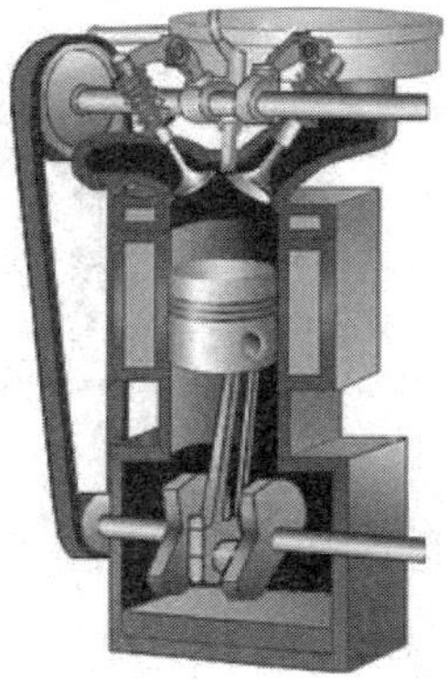

图 1-1

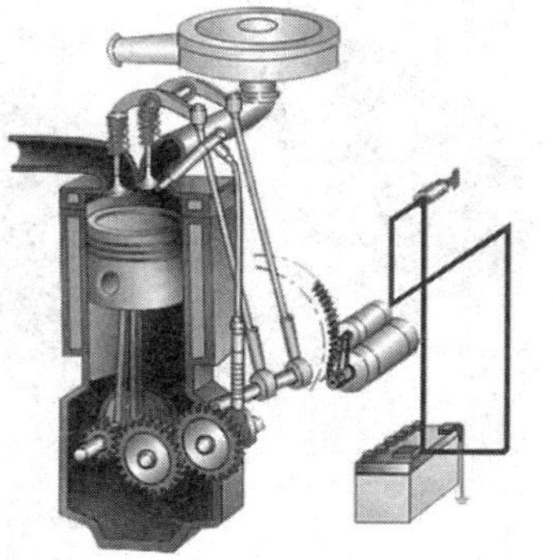

图 1-2

以汽油和柴油为燃料的发动机分别称为汽油机和柴油机。使用天然气、液化石油气和其他气体燃料的发动机称为气体燃料发动机。

汽油机转速高、质量小、噪声小、起动容易、制造成本低；柴油机压缩比大、热效率高，经济性能和排放性能都比汽油机好。气体燃料发动机排放污染物少，比较环保。

(2) 按照发火方式，汽车发动机分为压燃式发动机和点燃式发动机。

柴油的特性是在同样的条件下其自燃点比汽油的自燃点低，因此采用压燃式(自燃式)发火。一般通过喷油泵和喷油器将柴油直接喷入发动机的气缸内，在气缸内与压缩空气均匀混合后，在高温下得以自燃，这种发动机称为压燃式发动机。

汽油的自燃温度比柴油的高，因此常采用点燃式发火。利用火花塞发出的电火花强制点燃可燃混合气，使其发火燃烧，这种发动机称为点燃式发动机。

(3) 按照冲程数，汽车发动机分为四冲程发动机(见图 1-3)和二冲程发动机(见图 1-4)。

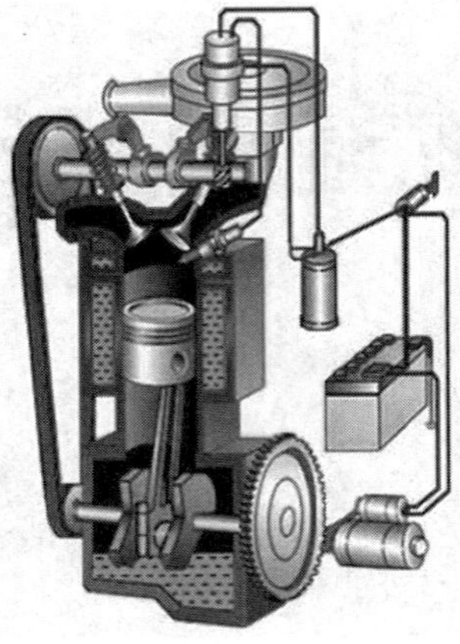

图 1-3

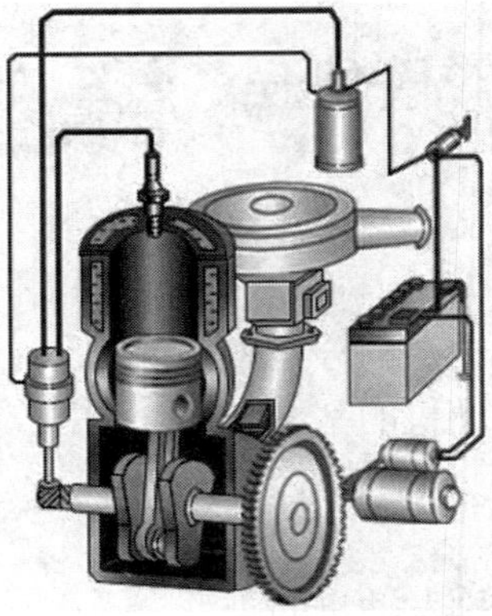

图 1-4

曲轴旋转两圈(720°)，活塞在气缸内上下往复运动四个冲程，完成一个工作循环的发动机称为四冲程发动机；而曲轴旋转一圈(360°)，活塞在气缸内上下往复运动两个冲程，完成一个工作循环的发动机称为二冲程发动机。汽车发动机广泛使用四冲程发动机。

(4) 按照冷却方式，汽车发动机分为水冷式发动机(见图 1-5)和风冷式发动机(见图 1-6)。

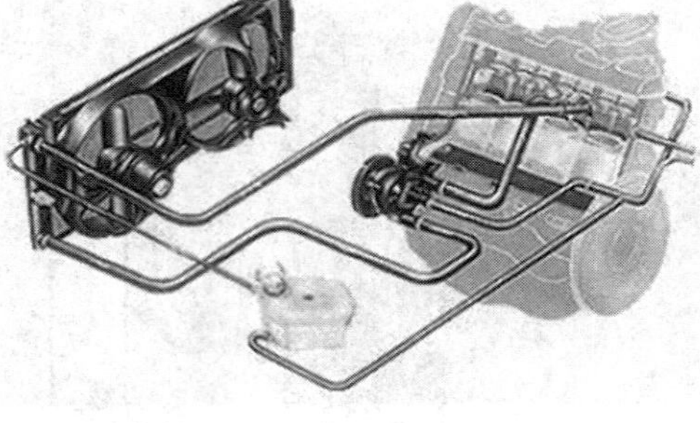

图 1-5

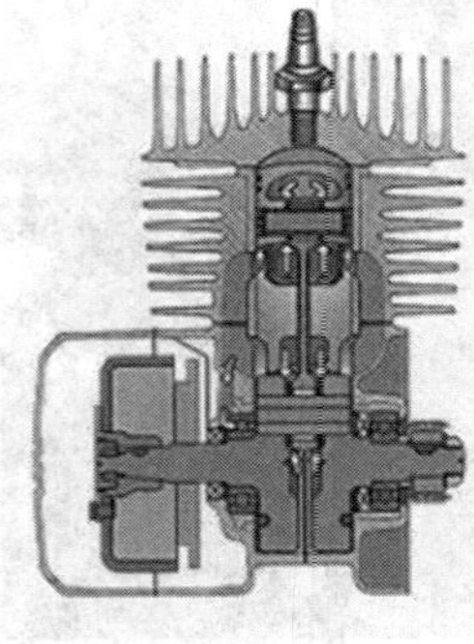

图 1-6

水冷式发动机是利用在气缸体和气缸盖冷却水套中进行循环的冷却液作为冷却介质进行冷却的；风冷式发动机是利用流动于气缸体与气缸盖外表面散热片之间的空气作为冷却介质进行冷却的。水冷式发动机冷却均匀，工作可靠，冷却效果好，被广泛地应用于现代车用发动机。

(5) 按照气缸排列型式，汽车发动机分为直列式发动机(见图 1-7)、V 型发动机(见图 1-8)和水平对置式发动机(见图 1-9)。

图 1-7

图 1-8

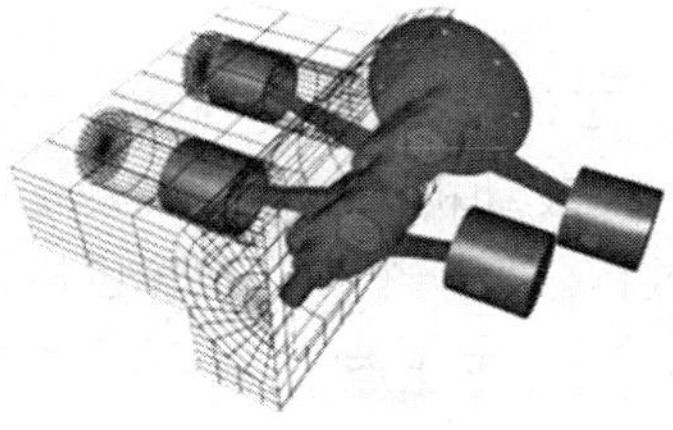

图 1-9

直列式发动机的各个气缸排成一列，一般是垂直布置的，但为了降低高度，有时也把气缸布置成倾斜的甚至水平的；发动机气缸排成两列，两列之间的夹角小于 180°(一般为 90°)的称为 V 型发动机，若两列之间的夹角等于 180°则称为水平对置式发动机。

(6) 按照气缸数，汽车发动机分为单缸发动机(见图 1-10)和多缸发动机(见图 1-11)。

图 1-10

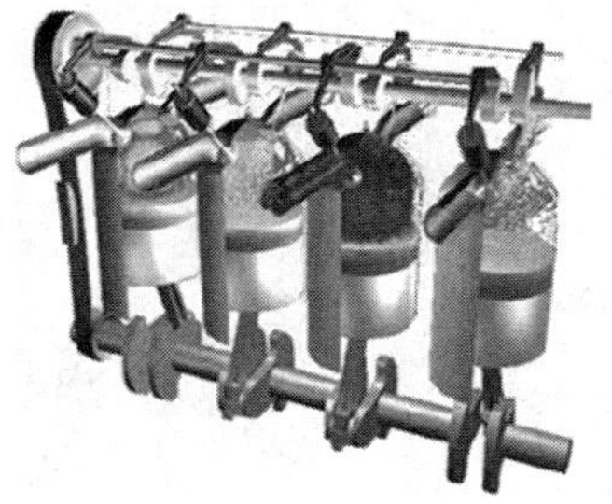

图 1-11

仅有一个气缸的发动机称为单缸发动机；有两个及以上气缸的发动机称为多缸发动机。如两缸、三缸、四缸、五缸、六缸、八缸、十二缸等都是多缸发动机。现代车用发动机多采用四缸、六缸、八缸发动机。

(7) 按照进气方式，汽车发动机分为自然吸气式发动机(见图 1-12)和增压式发动机(见图 1-13)。

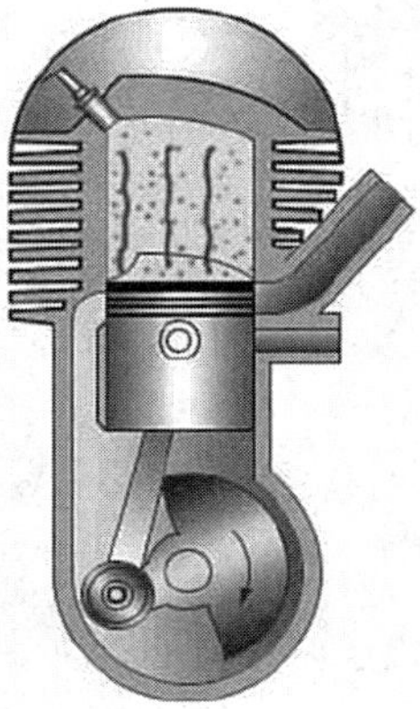

图 1-12

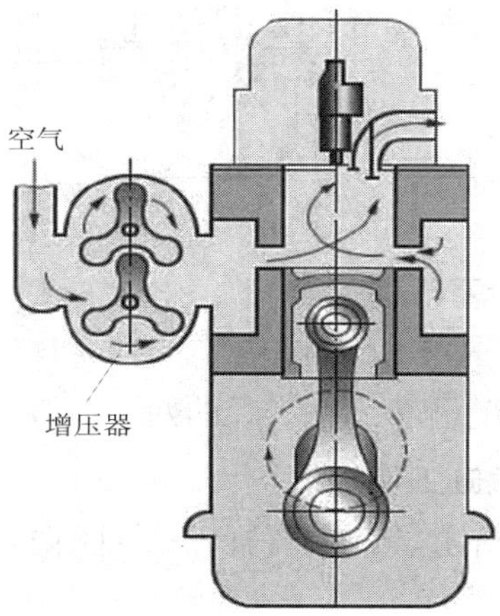

图 1-13

空气靠活塞的抽吸作用进入气缸内的发动机，称为自然吸气式发动机；发动机上装有增压器，通过增压器提高进气压力的发动机，称为增压式发动机。

(二) 汽车发动机基本术语

1. 工作循环

汽车发动机的工作循环是指在气缸内进行的将燃料燃烧的热能转换为机械能的一系列连续过程。每一个工作循环包括进气、压缩、作功和排气四个过程。

2. 上、下止点

活塞顶离曲轴回转中心最远处时所对应的位置称为上止点(TDC)，活塞顶离曲轴回转中心最近处时所对应的位置称为下止点(BDC)，见图 1-14。在上、下止点处，活塞的运动速度为零。

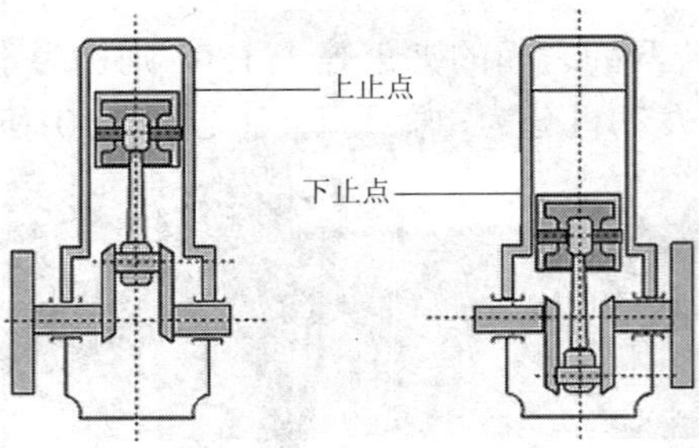

图 1-14

3. 曲柄半径

曲轴回转中心到曲柄销中心之间的距离称为曲柄半径(见图 1-15)，用 R 表示。

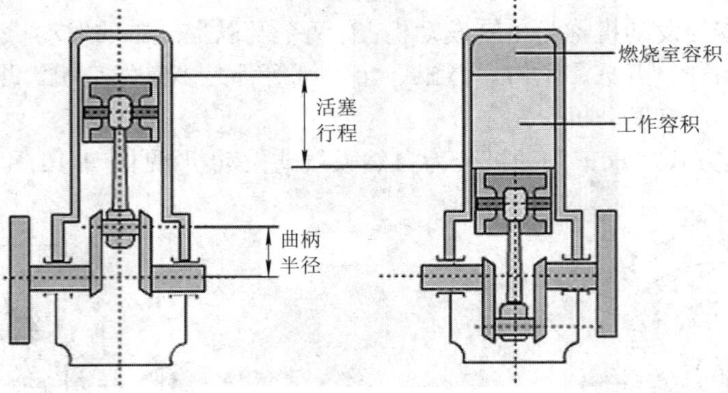

图 1-15

4. 活塞行程

上、下止点间的距离称为活塞行程(见图 1-15)，用 S 表示。

活塞行程为曲柄半径的两倍，即 $S = 2R$。

5. 气缸工作容积

上、下止点间的气缸容积(见图 1-15)称为气缸工作容积(V_h)。

$$V_h = \frac{\pi D^2}{4} \times S \times 10^{-3}$$

式中：D 为气缸直径，单位为 mm；S 为活塞冲程，单位为 mm。

6. 燃烧室容积

活塞位于上止点时，活塞顶面以上到气缸盖底面以下的空间称为燃烧室，其容积称为燃烧室容积(见图 1-15)，也叫压缩容积，用 V_c 表示。

7. 气缸总容积

气缸工作容积与燃烧室容积之和为气缸总容积(见图 1-16)，用 V_a 表示，即

$$V_a = V_c + V_h$$

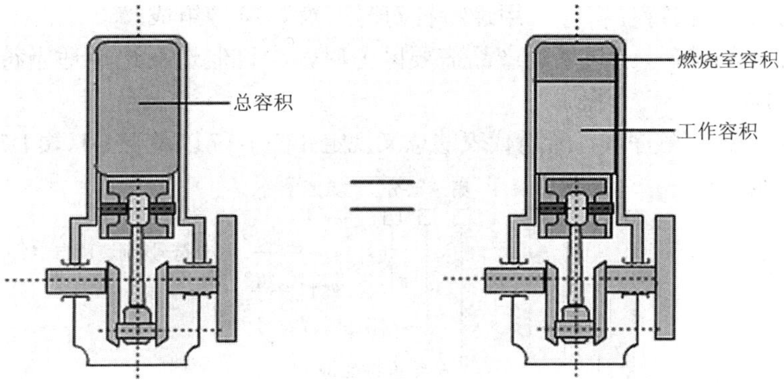

图 1-16

8. 压缩比

气缸总容积与燃烧室容积之比称为压缩比，用 ε 表示。

$$\varepsilon = \frac{V_a}{V_c} = \frac{V_h + V_c}{V_c} = 1 + \frac{V_h}{V_c}$$

压缩比的大小表示活塞由下止点运动到上止点时，气缸内的气体被压缩的程度。压缩比越大，压缩终了时气缸内的气体压力和温度就越高。现代汽车发动机压缩比，汽油机一般为 6～9(有的轿车可达 9～11)；柴油机的压缩比较高，一般为 16～22。

9. 发动机排量

多缸发动机所有气缸工作容积的总和称为发动机排量，用 V_L 表示。

$$V_L = V_h \times i$$

式中：i 为气缸数目。

10. 工况

发动机在某一时刻的运行状况简称工况，以该时刻发动机输出的有效功率和曲轴转速表示。曲轴转速即为发动机转速。

11. 负荷率

发动机在某一转速下发出的有效功率与相同转速下所能发出的最大有效功率的比值称为负荷率，以百分数表示。负荷率通常简称负荷。

(三) 国产内燃机型号编制规则

为了便于内燃机的生产管理和使用，国家标准《内燃机产品名称和型号编制规则》(GB 725—2008)中对内燃机的名称和型号作了统一规定。

1. 内燃机的名称和型号

内燃机名称均按所使用的主要燃料命名，例如汽油机、柴油机、天然气机等。

内燃机型号由阿拉伯数字、汉语拼音字母或国际通用英文缩略字母组成。

内燃机型号由以下四部分组成。

第一部分：由制造商代号和系列符号组成。制造商根据需要选择相应的1～3位字母来表示。

第二部分：由缸数、气缸布置型式符号、冲程型式符号、缸径组成。

第三部分：由结构特征符号、用途特征符号、燃料符号组成。

第四部分：区分符号。同系列产品需要区分时，允许制造商选用适当符号表示。第三部分与第四部分可用“-”分隔。

内燃机型号的排列顺序及符号所代表的意义规定如图1-17以及表1-1、表1-2和表1-3所示。

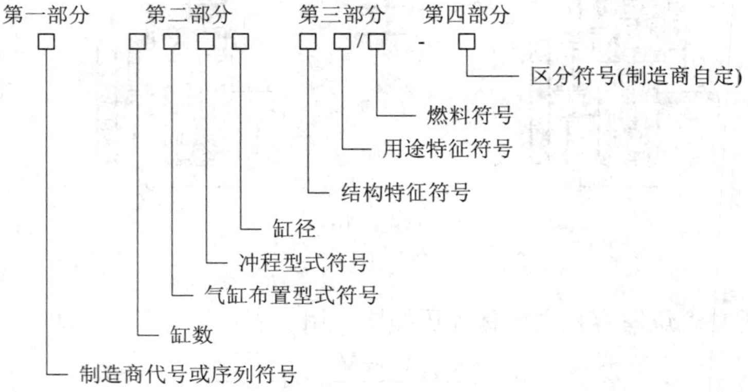

图 1-17

表 1-1　气缸布置型式符号

符　号	含　义
无符号	多缸直列及单缸
V	V型
P	卧式
H	H型
X	X型

表 1-2　结构特征符号

符　号	含　义
无符号	冷却液冷却
F	风冷
N	凝气冷却
S	十字头式
Z	增压
ZL	增压中冷
DZ	可倒转

表 1-3　用途特征符号

符　号	含　义
无符号	通用型
T	拖拉机
M	摩托车
G	工程机械
Q	汽车
J	铁路机车
D	发电机组
C	船用主机、右机基本型
CZ	船用主机、左机基本型
Y	农用三轮车(或其他农用车)
L	林业机械

2. 型号编制举例

1) 汽油机

1E65F：单缸，二冲程，缸径 65 mm，风冷通用型。

4100Q：四缸，四冲程，缸径 100 mm，水冷车用。

4100Q-4：四缸，四冲程，缸径 100 mm，水冷车用，第四种变型产品。

CA6102：六缸，四冲程，缸径 102 mm，水冷通用型，CA 表示系列符号。

8V100：八缸，四冲程、缸径 100 mm，V 型，水冷通用型。

TJ376Q：三缸，四冲程，缸径 76 mm，水冷车用，TJ 表示系列符号。

CA488：四缸，四冲程，缸径 88 mm，水冷通用型，CA 表示系列符号。

2) 柴油机

195：单缸，四冲程，缸径 95 mm，水冷通用型。

165F：单缸，四冲程，缸径 65 mm，风冷通用型。

495Q：四缸，四冲程，缸径 95 mm，水冷车用。

6135Q：六缸，四冲程，缸径 135 mm，水冷车用。

X4105：四缸，四冲程，缸径 105 mm，水冷通用型，X 表示系列代号。

二、任务实施

(一) 任务内容

(1) 正确判别发动机类型。

(2) 标示基本术语所指实际位置。

(二) 任务实施准备

(1) 器材与设备：实训发动机、清洁用具。

(2) 参考资料：相关教材。

(三) 任务实施步骤

(1) 清洁、检查发动机。
(2) 辨识实训发动机的类型。
(3) 画图标示基本术语所指实际位置。

三、拓展知识

(一) 内燃机

内燃机是一种动力机械，它是通过使燃料在机器内部燃烧，并将其放出的热能直接转换为动力的热力发动机。通常所说的内燃机是指活塞式内燃机，活塞式内燃机以往复活塞式最为普遍。活塞式内燃机将燃料和空气混合，在其气缸内燃烧，释放出的热能使气缸气体温度升高，体积膨胀，从而推动活塞作功，再通过曲柄连杆机构或其他机构将动力输出，驱动从动机械工作。

活塞式内燃机自 19 世纪 60 年代问世以来，经过不断改进和发展，已是比较完善的机械。它热效率高、功率和转速范围宽、配套方便、机动性好，所以获得了广泛的应用。全世界各种类型的汽车、拖拉机、农业机械、工程机械、小型移动电站和战车等都以内燃机为动力。海上商船、内河船舶和常规舰艇，以及某些小型飞机也都由内燃机来推进。

1794 年，英国人斯特里特提出从燃料的燃烧中获取动力，并且第一次提出了燃料与空气混合的概念。1833 年，英国人赖特提出了直接利用燃烧压力推动活塞作功的设计。

随着石油的开发，1883 年，德国的戴姆勒(Daimler)创制成功第一台立式汽油机，它的特点是轻型和高速。当时其他内燃机的转速不超过 200 r/min，它却一跃而达到 800 r/min，特别适应交通动输机械的要求。1885—1886 年，汽油机作为汽车动力运行成功，大大推动了汽车的发展。同时，汽车的发展又促进了汽油机的改进和提高。不久汽油机又用作小船的动力。

1892 年，德国工程师狄塞尔(Diesel)受面粉厂粉尘爆炸的启发，设想将吸入气缸的空气高度压缩，使其温度超过燃料的自燃温度，再用高压空气将燃料吹入气缸，使之着火燃烧。他首创的压缩点火式内燃机于 1897 年研制成功，为内燃机的发展开拓了新途径。这种内燃机以后大多用柴油为燃料，故又称为柴油机。1898 年，柴油机首先用于固定式发电机组，1903 年用作商船动力，1904 年装于舰艇，1913 年第一台以柴油机为动力的内燃机车制成，1920 年左右开始用于汽车和农业机械。

早在往复活塞式内燃机诞生以前，人们就曾致力于创造旋转活塞式的内燃机，但均未获成功。直到 1954 年联邦德国工程师汪克尔(Wankel)解决了密封问题后，才于 1957 年研制出旋转活塞式发动机，被称为汪克尔发动机。它具有近似三角形的旋转活塞，在特定型面的气缸内作旋转运动，按四冲程循环工作。这种发动机功率高、体积小、振动小、运转平稳、结构简单、维修方便，但由于燃料经济性较差、低速扭矩低、排气性能不理想，所以还只是在个别型号的轿车上得到采用。

(二) 车辆识别代号

车辆识别代号(VIN)是为了识别某一辆车，由车辆制造厂为该车辆指定的一组字码。

GB16735—2004 车辆识别代号(GB 16735—2004)由世界制造厂识别代号(WMI)、车辆说明部分(VDS)、车辆指示部分(VIS)三部分组成，共 17 位字码。

对完整车辆和/或非完整车辆年产量不低于 500 辆的车辆制造厂，车辆识别代号的第一部分为世界制造厂识别代号(WMI)；第二部分为车辆说明部分(VDS)；第三部分为车辆指示部分(VIS)(见图 1-18)。

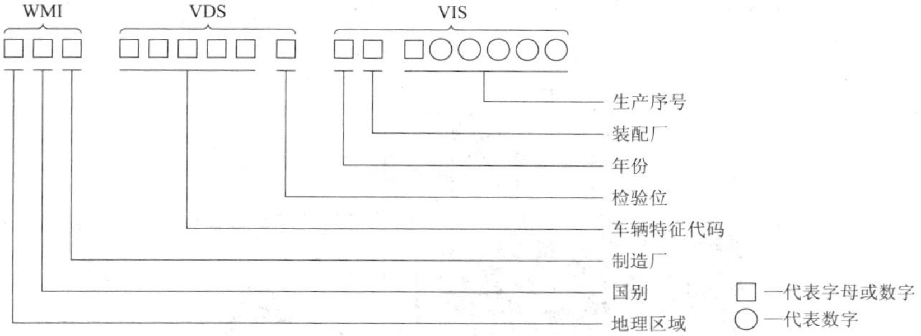

图 1-18

对完整车辆和/或非完整车辆年产量低于 500 辆的车辆制造厂，车辆识别代号的第一部分为世界制造厂识别代号(WMI)；第二部分为车辆说明部分(VDS)；第三部分的第三、四、五位与第一部分的三位字码一起构成世界制造厂识别代号(WMI)，其余五位为车辆指示部分(VIS)(见图 1-19)。

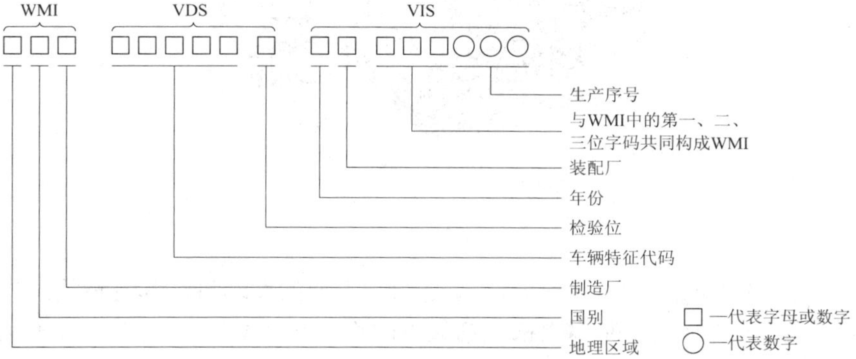

图 1-19

任务二 四冲程发动机的总体组成与工作过程

知识目标

□ 掌握汽车发动机的总体组成。
□ 掌握四冲程汽油机的工作过程。

□ 掌握四冲程柴油机的工作过程。

技能目标

□ 正确绘制四冲程发动机工作过程示意图。

一、基础知识

(一) 四冲程发动机的总体组成

发动机是一种由许多机构和系统组成的复杂机器(见图 1-20)。

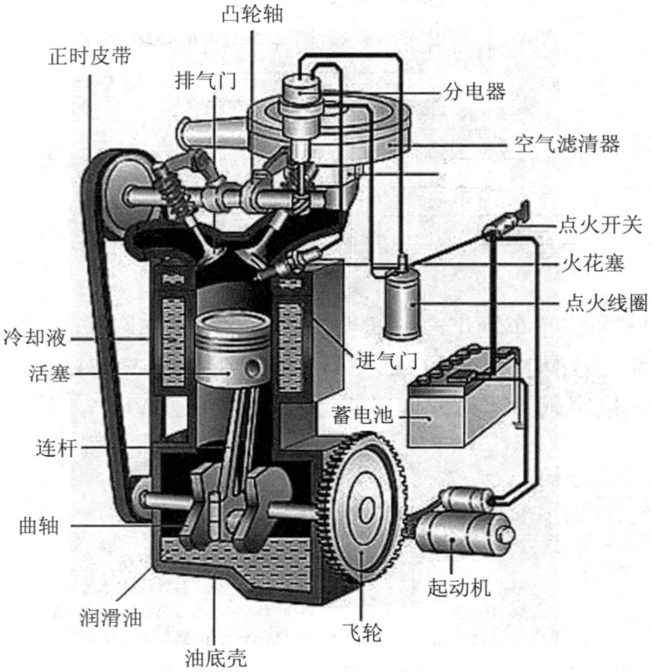

图 1-20

现代汽车发动机的结构形式很多，即使是同一类型的发动机，其具体构造也是各种各样的。但就其总体功能而言，基本上都包括如下的机构和系统：曲柄连杆机构、配气机构、冷却系统、润滑系统、燃料供给系统、点火系统、起动系统。

1. 曲柄连杆机构

曲柄连杆机构是发动机实现工作循环并完成能量转换的主要机构。它由机体组、活塞连杆组和曲轴飞轮组等组成(见图 1-21)。

2. 配气机构

配气机构的功用是根据发动机的工作顺序和工作过程，定时开启和关闭进气门、排气门，使可燃混合气或空气进入气缸，并使废气从气缸内排出。现代发动机配气机构大多采用顶置气门式配气机构，一般由气门组和气门传动组组成(见图 1-22)。

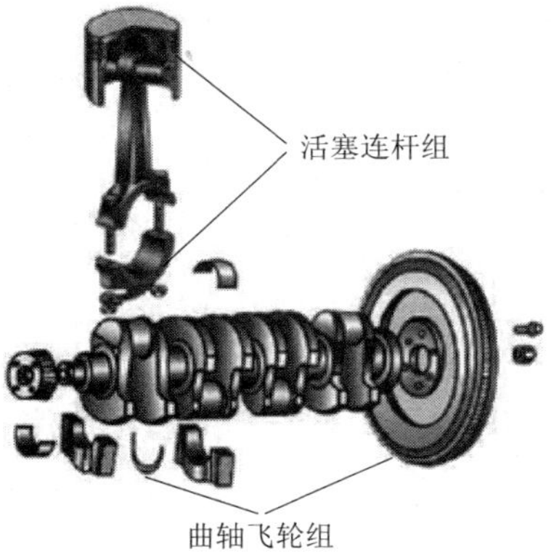

图 1-21

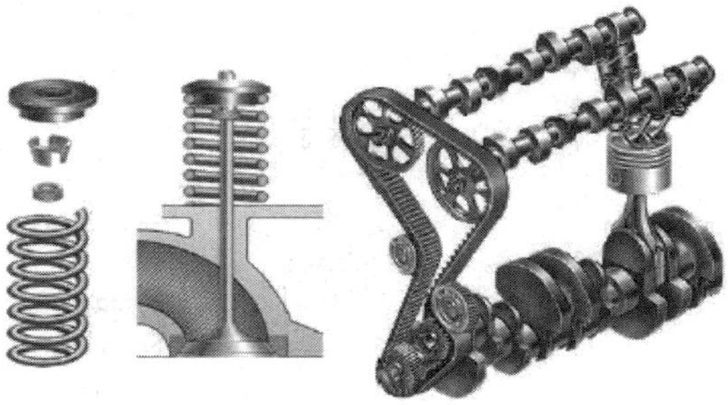

图 1-22

3. 燃料供给系统

汽油机燃料供给系统(见图 1-23)的功用是根据发动机的要求，配制出一定数量和浓度的混合气，供入气缸，并将燃烧后的废气从气缸内排出到大气中去。

柴油机燃料供给系统(见图 1-24)的功用是把柴油和空气分别供入气缸，在燃烧室内形成混合气并燃烧，最后将燃烧后的废气排出。

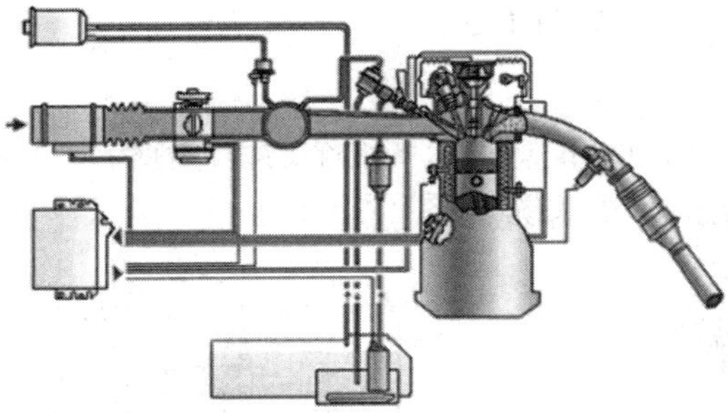

图 1-23

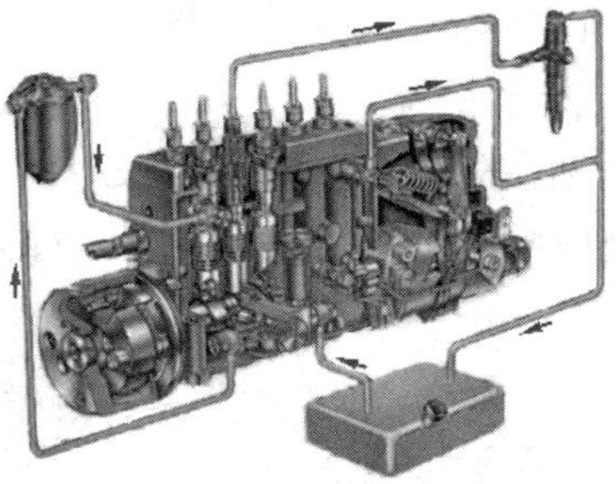

图 1-24

4. 点火系统

点火系统的功用是按照发动机的要求在火花塞两电极间产生电火花从而点燃可燃混合气。

汽车汽油发动机点火系统经历了传统点火系统(见图 1-25)、电子点火系统(见图 1-26)、微机控制点火系统(见图 1-27)的发展过程。

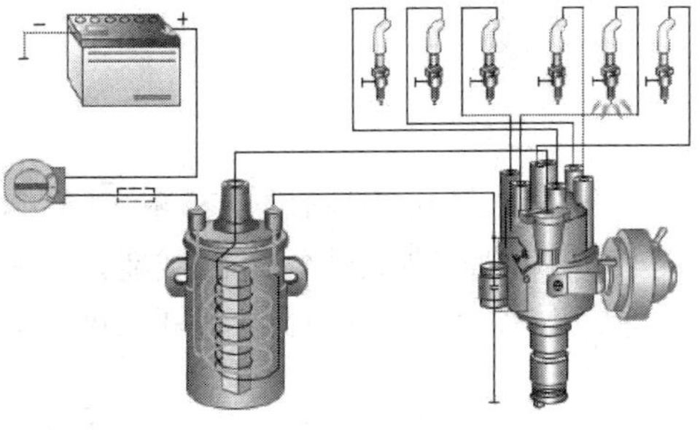

图 1-25

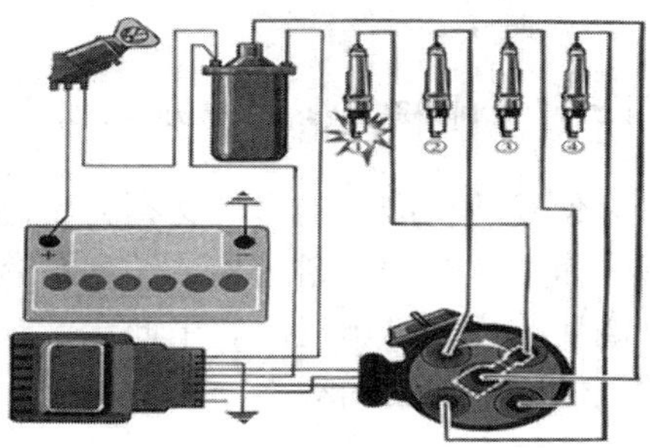

图 1-26

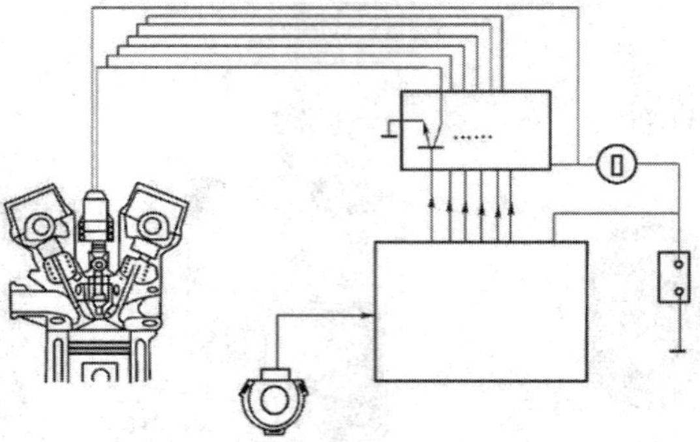

图 1-27

5. 冷却系统

冷却系统的功用是将受热零件吸收的部分热量及时散发出去，保证发动机在最适宜的温度状态下工作。冷却系统通常由冷却水套、水泵、风扇、水箱、节温器等组成(见图 1-28)。

6. 润滑系统

润滑系统的功用是向作相对运动的零件表面输送定量的清洁润滑油，形成润滑油膜，以减小摩擦阻力，减轻机件的磨损，并对零件表面进行清洗和冷却。润滑系统通常由润滑油道、机油泵、机油滤清器和一些控制阀等组成(见图 1-29)。

7. 起动系统

曲轴在外力作用下开始转动到发动机开始自动地怠速运转的全过程，称为发动机的起动。完成起动过程所需的装置，称为发动机的起动系统(见图 1-30)。

图 1-28

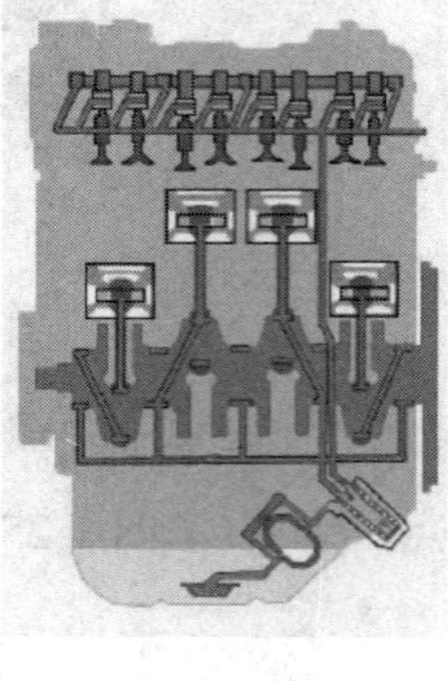

图 1-29

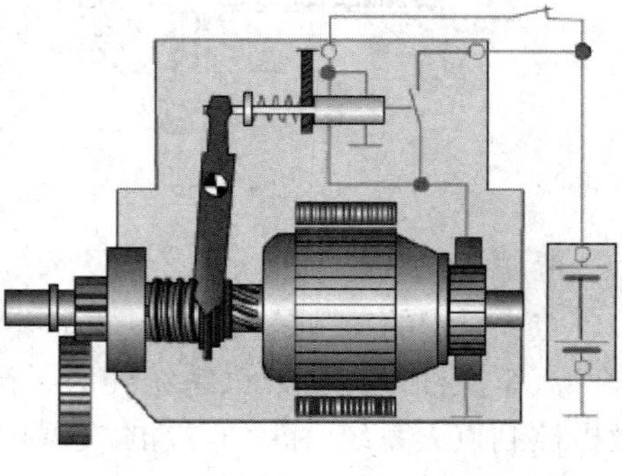

图 1-30

(二) 四冲程汽油发动机的工作过程

为使发动机产生动力，必须先将燃料和空气供入气缸，经压缩后使之燃烧产生热能，以气体为工作介质并通过推动活塞和连杆使曲轴旋转，从而使热能转变为机械能，最后再将燃烧后的废气排出气缸。至此，发动机完成了一个工作循环。此循环周而复始地进行，发动机便产生连续的动力。

四冲程汽油机的工作循环由进气、压缩、作功和排气四个冲程组成。图 1-31 为单缸四冲程汽油机工作循环示意图。

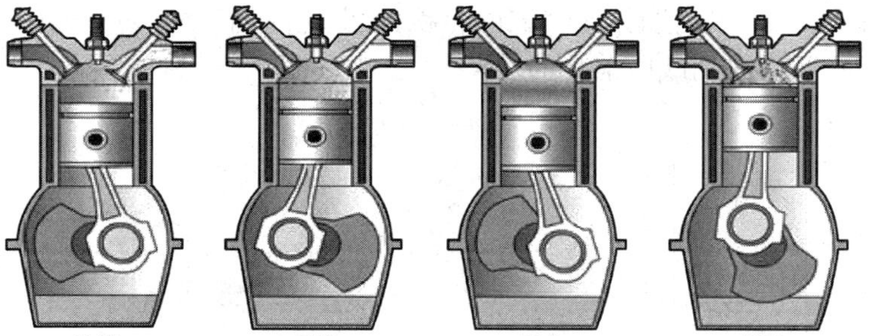

图 1-31

1. 进气冲程

活塞由曲轴带动从上止点向下止点运动，此时，排气门关闭，进气门开启。活塞移动过程中，气缸内容积逐渐增大，形成一定真空度，于是经过滤清的空气在进气道与喷油器喷入的汽油混合成可燃混合气，通过进气门被吸入气缸。活塞到达下止点时，进气门关闭，停止进气。由于进气系统存在进气阻力，进气终了时气缸内气体的压力低于大气压力，约为 0.075～0.09 MPa。由于气缸壁、活塞等高温件及上一循环留下的高温残余废气的加热，气体温度升高到 370～440 K。

2. 压缩冲程

进气冲程结束时，活塞在曲轴的带动下，从下止点向上止点运动，气缸内容积逐渐减小，由于进、排气门均关闭，可燃混合气被压缩，活塞到达上止点时，压缩结束。压缩比越大，则压缩终了时气缸内气体的压力和温度就越高，燃烧速度也越快，因而发动机发出的功率越大，经济性也越好。

压缩冲程中，气体压力和温度同时升高，并使混合气进一步均匀混合，压缩终了时，气缸内的压力约为 0.6～1.2 MPa，温度约为 600～800 K。

3. 作功冲程

在压缩冲程末，火花塞产生电火花点燃混合气，并迅速燃烧，使气体的温度、压力迅速升高而膨胀，从而推动活塞从上止点向下止点运动，通过连杆使曲轴旋转作功，至活塞到达下止点时，作功结束。在作功冲程中，开始阶段气缸内气体压力、温度急剧上升，瞬间压力可达 3～5 MPa，瞬时温度可达 2200～2800 K。

4. 排气冲程

在作功冲程终了时，排气门打开，进气门关闭，曲轴通过连杆推动活塞从下止点向上止点运动，废气在自身剩余压力及活塞的推动下，被排出气缸，活塞到达上止点时，排气门关闭，排气冲程结束。

排气冲程终了时，由于燃烧室容积的存在，气缸内还存有少量废气，气体压力也因排气系统存在排气阻力而略高于大气压力。此时，压力约为 0.105～0.115 MPa，温度约为 900～1200 K。

排气冲程结束时，排气门关闭，进气门开启，活塞继续向下运动，又开始了下一个工作循环。

四冲程汽油发动机的示功图如图 1-32 所示。示功图是指在活塞式机器的一个工作循环中，气缸内气体压力随活塞位移(或气缸内容积)而变化的循环曲线；该循环曲线所包围的面积可表示为机器所作的功或所消耗的功)。

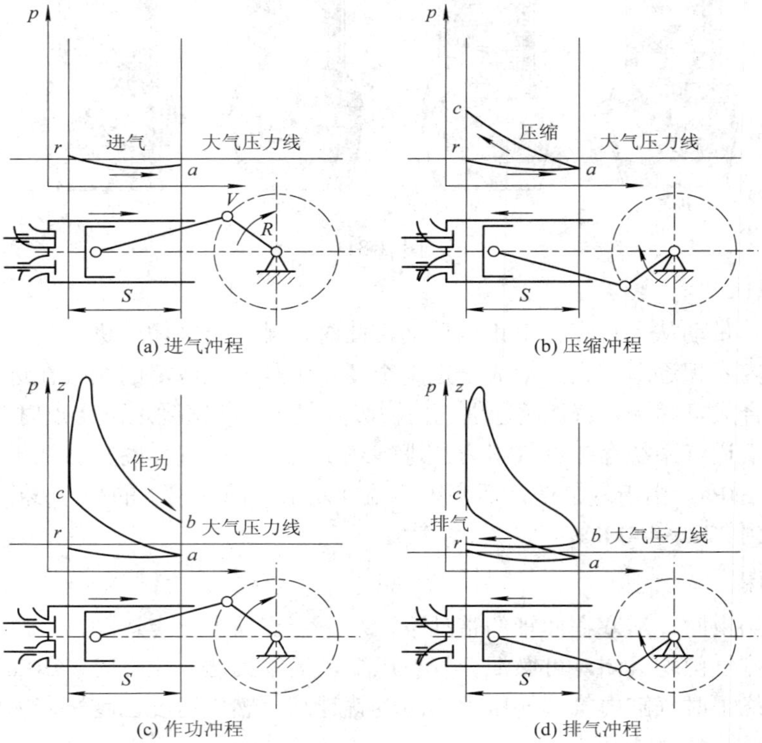

图 1-32

(三) 四冲程柴油发动机的工作过程

四冲程柴油机和四冲程汽油机一样，每个工作循环也是由进气、压缩、作功和排气四个冲程组成。但由于所使用燃料的性质不同，可燃混合气的形成和着火方式与汽油机有很大区别。下面主要叙述柴油机与汽油机工作循环的不同之处。

1. 进气冲程

进气冲程不同于汽油机的是进入气缸的不是可燃混合气，而是纯空气。上一冲程残留的废气温度也比汽油机低，进气冲程终了的压力约为 0.075～0.095 MPa，温度约为 320～350 K。

2. 压缩冲程

压缩冲程不同于汽油机的是压缩纯空气，由于柴油的压缩比大(约为 16～22)，因此压缩终了的温度和压力都比汽油机高，压力可达 3～5 MPa，温度可达 800～1000 K。

3. 作功冲程

此冲程与汽油机有很大差异，压缩冲程末，喷油泵将高压柴油经喷油器呈雾状喷入气缸内的高温高压空气中，被迅速汽化并与空气形成混合气。由于此时气缸内的温度远高于柴油的自燃温度(约 500 K)，柴油混合气便立即自行着火快速燃烧，且此后一段时间内边喷油边燃烧，气缸内的压力和温度急剧升高，推动活塞下行作功。

作功冲程中，瞬时压力可达 5～10 MPa，瞬时温度可达 1800～2200 K，作功冲程终了时的压力约为 0.125 MPa，温度约为 800～1000 K。

4. 排气冲程

此冲程与汽油机基本相同。排气冲程终了时的气缸压力约为 0.105～0.125 MPa，温度约为 800～1000 K。

二、任务实施

（一）任务内容

绘制四冲程发动机工作过程示意图。

（二）任务实施准备

(1) 器材与设备：绘图工具、图纸。
(2) 参考资料：相关教材。

（三）任务实施步骤

(1) 分析四冲程发动机工作过程。
(2) 绘制发动机工作过程示意图。
(3) 填写学习任务单。

三、拓展知识

（一）二冲程汽油机

二冲程汽油机的工作循环也是由压缩、进气、燃烧膨胀、排气过程组成，但它是在曲轴旋转一圈(360°)、活塞上下往复运动的两个冲程内完成的。因此，二冲程发动机与四冲程发动机的工作原理不同，结构也不一样。其工作过程如图 1-33 所示。

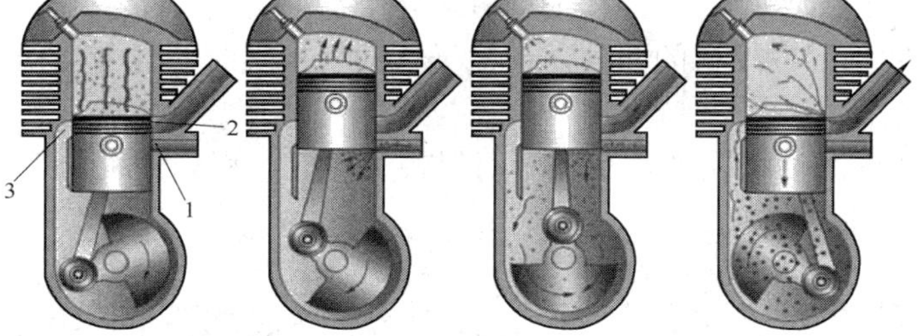

1—进气道；
2—排气道；
3—扫气孔

(a) 压缩　(b) 进气　(c) 燃烧　(d) 排气

图 1-33

第一冲程：活塞从下止点向上止点运动，事先已充满活塞上方气缸内的混合气被压缩，新的可燃混合气又被吸入活塞下方的曲轴箱内。

第二冲程：活塞从上止点向下止点运动，活塞上方进行作功过程和换气过程，而活塞下方则进行可燃混合气的预压缩。

（二）二冲程柴油机

二冲程柴油机和二冲程汽油机的工作过程类似，所不同的是，柴油机进入气缸的不是可燃混合气，而是纯空气。例如带有扫气泵的二冲程柴油机工作过程如下(见图 1-34)。

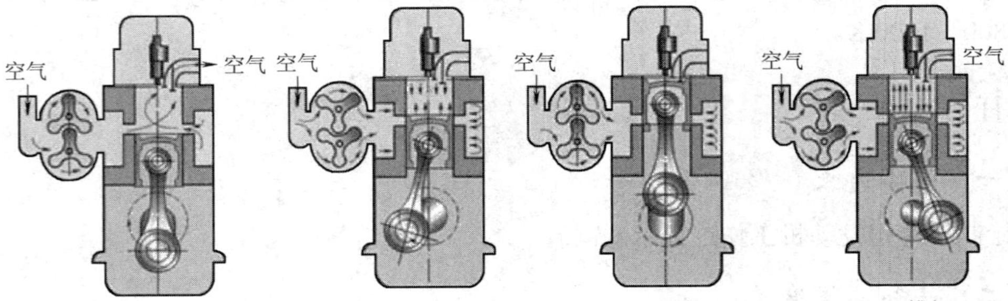

(a) 换气　(b) 压缩　(c) 燃烧　(d) 排气

图 1-34

第一冲程：活塞从下止点向上止点运动，冲程开始前不久，进气孔和排气门均已开启，利用从扫气泵流出的空气使气缸换气。活塞继续向上运动，进气孔被关闭，排气门也关闭，空气受到压缩。当活塞接近上止点时，喷油器将高压柴油以雾状喷入燃烧室，燃油和空气混合后燃烧，使气缸内的压力增大。

第二冲程：活塞从上止点向下止点运动，开始时气体膨胀，推动活塞向下运动，对外作功。当活塞下行到大约 2/3 冲程时，排气门开启，排出废气，气缸内的压力降低，进气孔开启，进行换气，换气一直延续到活塞向上运动 1/3 冲程进气孔关闭结束。

（三）二冲程发动机的特点

(1) 对于汽油机，由于进、排气过程几乎是完全重叠进行的，所以在换气过程中有混合气损失和废气难以排净的缺点，经济性较差。对于柴油机，由于进入柴油机的是纯空气，因此其没有混合气损失。

(2) 完成一个工作循环，曲轴只转一周，当与四冲程发动机转速相等时，其作功次数比四冲程多一倍，因此，二冲程发动机运转平稳，与同排量四冲程发动机比较在理论上发出功率应是四冲程发动机的两倍，但由于汽油机换气时的混合气损失，因而实际上仅能达到 1.5～1.6 倍。

(3) 二冲程汽油机在摩托车上应用得较多，二冲程柴油机由于没有混合气损失，经济性比二冲程汽油机要好。

思　考　题

1. 发动机有哪些类型？
2. 简述发动机的基本术语及含义。
3. 简述内燃机型号的排列顺序及符号所代表的意义。
4. 简述四冲程发动机的组成及工作过程。

项目二 曲柄连杆机构

曲柄连杆机构是发动机实现工作循环、完成能量转换的传动机构，可用来传递力和改变运动方式。工作中，曲柄连杆机构在作功冲程中把活塞的往复运动转变成曲轴的旋转运动，对外输出动力，而在其他三个冲程中，即进气、压缩、排气冲程中又把曲轴的旋转运动转变成活塞的往复直线运动。总的来说曲柄连杆机构是发动机借以产生并传递动力的机构，通过它把燃料燃烧后发出的热能转变为机械能。

曲柄连杆机构由机体组、活塞连杆组、曲轴飞轮组三部分组成。

在发动机作功时，气缸内的最高温度可达 2500 K 以上，最高压力可达 3～5 MPa，现代汽车发动机最高转速可达 3000～6000 r/min，则活塞在气缸内每秒钟要完成约 100～200 个冲程，可见其线速度是很大的。此外，与可燃混合气和燃烧废气接触的机件还会受到化学腐蚀。因此，曲柄连杆机构工作条件的特点是高温、高压、高速和化学腐蚀。

任务一 机 体 组

知识目标

□ 掌握机体组的组成。
□ 掌握机体组各组件的结构。

技能目标

□ 掌握机体组的拆装、检测过程和规范。

一、基础知识

机体组是发动机的支架，是曲柄连杆机构、配气机构和发动机各系统主要零部件的装配基体。气缸盖用来封闭气缸顶部，并与活塞顶和气缸壁一起形成燃烧室。另外，气缸盖和机体内的水套和油道以及油底壳又分别是冷却系统和润滑系统的组成部分。

现代汽车发动机机体组主要由气缸体、气缸盖、气缸盖罩、气缸衬垫、主轴承盖以及油底壳等组成(见图 2-1)。镶嵌气缸套的发动机，机体组还包括干式或湿式气缸套。

(一) 气缸盖罩

气缸盖罩放置在气缸盖上，其功用是保护气门及其传动机构，防止润滑油外泄。气缸盖罩通常采用铝合金、镁合金或塑料制成，上有机油加注口和曲轴箱通风管。

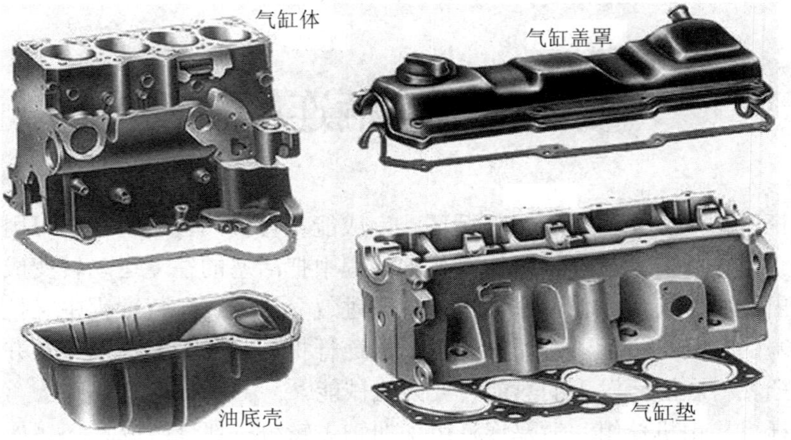

图 2-1

（二）气缸体

发动机的气缸体和曲轴箱常铸成一体，称为气缸体-曲轴箱，简称为气缸体(见图 2-2)。作为发动机各个机构和系统的装配基体，还要承受高温、高压气体的作用力，因而要求气缸体应具有足够的刚度和强度。气缸体一般用高强度灰铸铁或铝合金铸造。气缸体上有气缸、气缸套、水套和油道等。

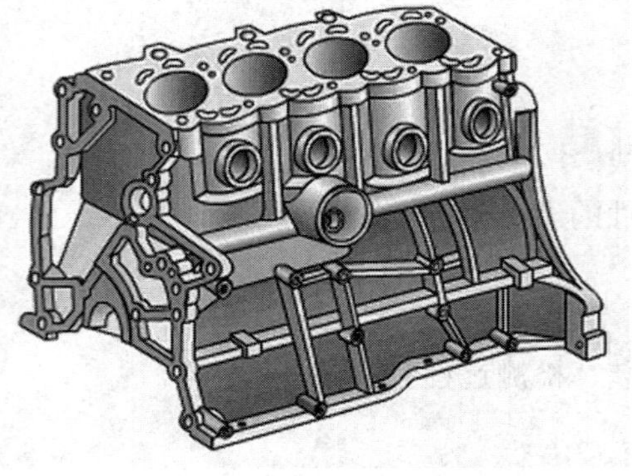

图 2-2

根据气缸体与油底壳安装平面的位置不同，通常把气缸体分为以下三种形式：

(1) 一般式气缸体。一般式气缸体(见图 2-3)的油底壳安装平面和曲轴回转中心在同一高度。优点是机体高度小，重量轻，结构紧凑，便于加工，曲轴拆装方便；但缺点是刚度和强度较差。

(2) 龙门式气缸体。龙门式气缸体(见图 2-4)的油底壳安装平面低于曲轴的回转中心。优点是强度和刚度都好，能承受较大的机械负荷；但缺点是工艺性较差，结构笨重，加工较困难。

(3) 隧道式气缸体。隧道式气缸体(见图 2-5)曲轴的主轴承孔为整体式，采用滚动轴承，主轴承孔较大，曲轴从气缸体后部装入。优点是结构紧凑，刚度和强度好；但缺点是加工精度要求高，工艺性较差，曲轴拆装不方便。

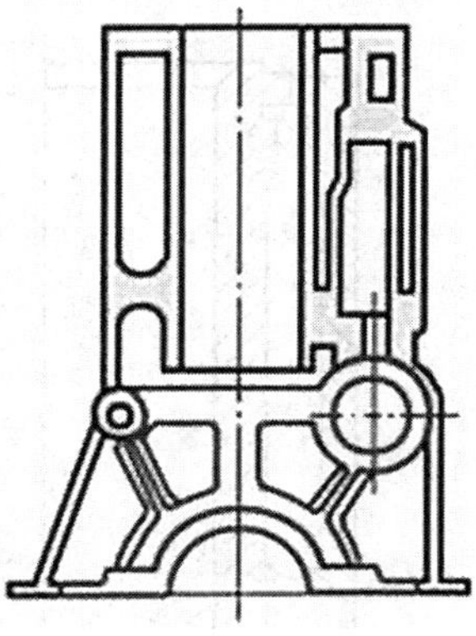

图 2-3

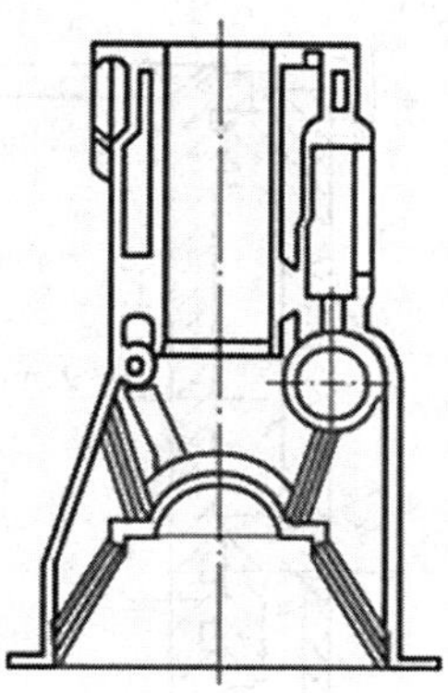

图 2-4

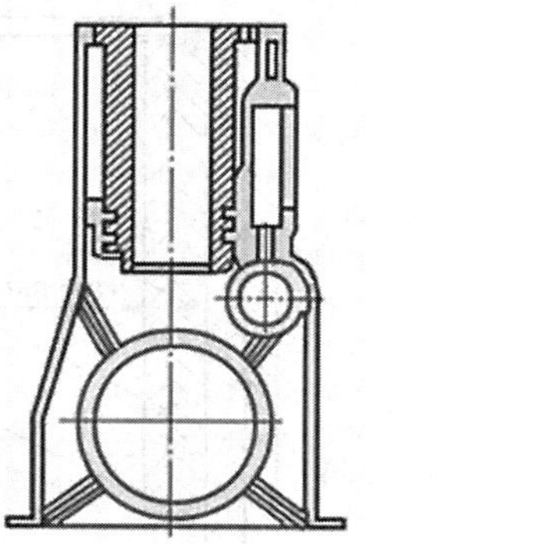

图 2-5

1. 气缸

气缸体上半部有若干个为活塞在其中运动导向的圆柱形空腔，称为气缸。气缸工作表面由于经常与高温、高压的燃气相接触，且有活塞在其中作高速往复运动，故必须耐高温、耐磨损、耐腐蚀。为了满足以上要求，同时为了降低成本，一般采用表面镀耐磨材料层或镶嵌气缸套等方式处理。

汽车发动机气缸排列形式基本上有三种：直列式、V 型和水平对置式(见图 2-6)。

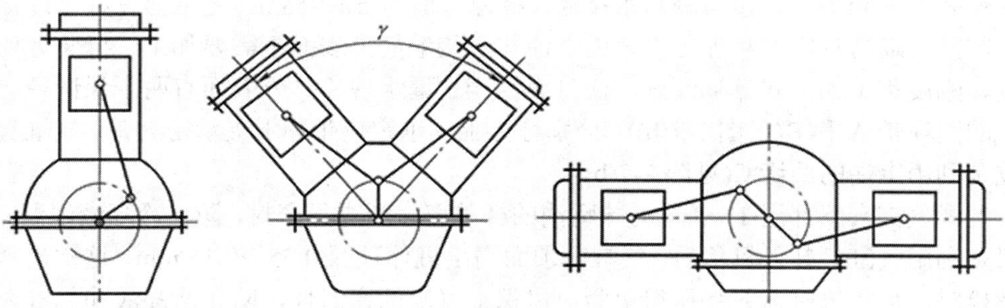

直列式　　V型　　水平对置式

图 2-6

直列式发动机的各个气缸排成一列，一般是垂直布置的。但为了降低发动机的高度，有时也把气缸布置成倾斜的，甚至是水平的。这种排列形式的气缸体结构简单，加工容易，但长度和高度较大。一般六缸以下发动机多采用直列式。

V 型发动机将气缸排成两列，其气缸中心线的夹角小于 180°。它的特点是缩短了发动机的长度，降低了发动机高度，增加了气缸体的刚度，重量也有所减轻，但加大了发动机宽度，且形状复杂，加工困难，一般多用于缸数多的大功率发动机上。

水平对置式发动机的高度比其他形式的小得多，在某些情况下，使得汽车(特别是轿车和大型客车)的总布置更为方便。

2. 气缸套

气缸套是一个圆筒形零件，安装于气缸中，上由气缸盖压紧固定，活塞在其内孔作往复运动。气缸套有干式气缸套(见图 2-7(a))和湿式气缸套(见图 2-7(b)、(c))两种。

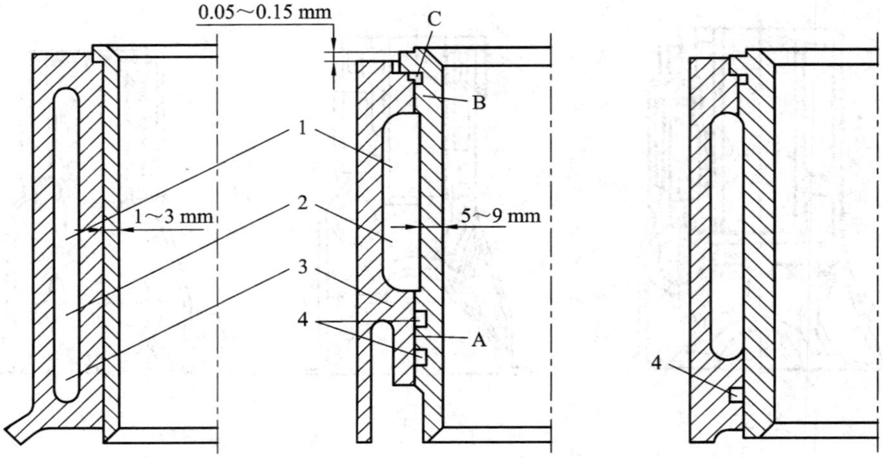

(a) 干式　　(b) 湿式　　(c) 湿式

1、3—气缸套；2—水套；4—橡胶密封圈；A—下支撑密封圈；B—上支撑密封带；C—缸套凸缘平面

图 2-7

干式气缸套的外壁不直接与冷却液接触，装入气缸后和气缸的壁面直接接触，壁厚较薄，一般为 1～3 mm。它的强度和刚度都较好，但加工比较复杂，内、外表面都需要进行精加工，拆装不方便，散热不良。

湿式气缸套外壁直接与冷却水接触，壁厚一般为 5～9 mm。它散热良好，冷却均匀，加工容易，通常只需要精加工内表面，而与水接触的外表面不需要加工，拆装方便，但是强度、刚度都不如干式气缸套好，而且容易产生漏水现象。外表面有两个保证径向定位的凸出的圆环带 A 和 B(见图 2-7(b))，分别称为上支承定位带和下支承密封带。气缸套的轴向定位是利用上端的凸缘 C(见图 2-7(b))。

湿式气缸套下部用 1～3 道耐热耐油的橡胶密封圈进行密封，防止冷却液泄漏。上部的密封是利用气缸套装入机体后，气缸套顶面高出机体顶面 0.05～0.15 mm，这样当紧固气缸盖螺栓时，可将气缸盖衬垫压得更紧，以保证气缸的密封性，防止冷却液和气缸内的高压气体窜漏。

3. 曲轴箱

气缸体下半部为支承曲轴的曲轴箱，其内腔为曲轴运动的空间。

4. 水套

气缸周围和气缸盖中均有用以充注冷却液的空腔，称为水套。气缸体和气缸盖上的水套是相互连通的，利用水套中的冷却液流过高温零件的周围而将热量带走，对气缸体和气缸盖随时加以冷却，保证发动机能在高温下正常工作。

(三) 气缸盖与燃烧室

1. 气缸盖

气缸盖的主要作用是封闭气缸上部，并与活塞顶部和气缸壁一起构成燃烧室。

气缸盖承受气体压力和紧固气缸盖螺栓所形成的机械负荷，同时还由于与高温燃气接触而承受很高的热负荷。为了保证气缸的良好密封，气缸盖既不能损坏，也不能变形。为此气缸盖应具有足够的强度和刚度。为了使气缸盖的温度分布尽可能的均匀，避免进、排气门座之间发生热裂纹，应对气缸盖进行良好的冷却。气缸盖一般都由优质灰铸铁或合金铸铁铸造，轿车用的汽油机则多采用铝合金气缸盖。

气缸盖是结构复杂的箱形零件(见图 2-8)，其上加工有进、排气门座孔，气门导管孔，火花塞安装孔(汽油机)或喷油器安装孔(柴油机)。在气缸盖内还铸有水套、进排气道和燃烧室或燃烧室的一部分。气缸盖上还加工有凸轮轴承孔或凸轮轴承座及其润滑油道。

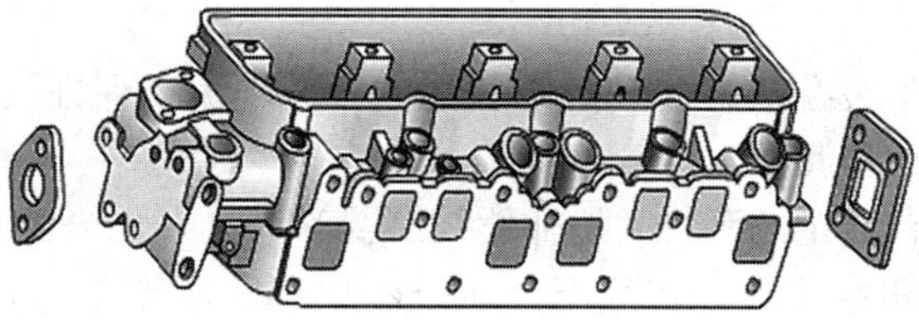

图 2-8

水冷发动机的气缸盖有整体式和单体式两种结构形式(见图 2-9)。在多缸发动机中，全部气缸共用一个气缸盖的，则称该气缸盖为整体式气缸盖；若每缸一盖，则为单体式气缸盖。风冷发动机均为单体式气缸盖。

单体式　　整体式

图 2-9

2. 燃烧室

燃烧室由活塞顶部和气缸盖上相应的凹部空间组成。燃烧室的形状对发动机的工作影响很大。所以，对燃烧室有两点基本要求：一是结构尽可能紧凑，冷却面积要小，以减少热量损失和缩短火焰冲程；二是使混合气在压缩终了时具有一定的涡流运动，以提高混合气燃烧速度，保证混合气得到及时、完全和充分的集中燃烧。

汽油机常见的燃烧室形状有半球形(见图 2-10)、楔形(见图 2-11)与盆形(见图 2-12)。

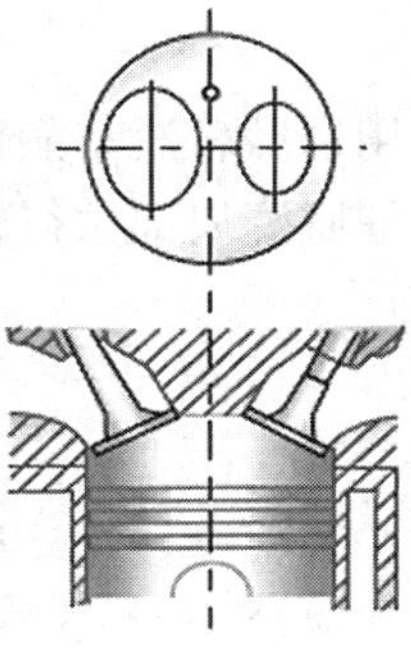

图 2-10

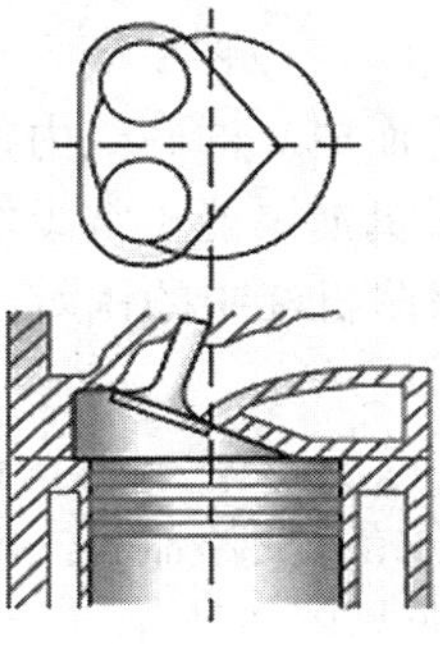

图 2-11

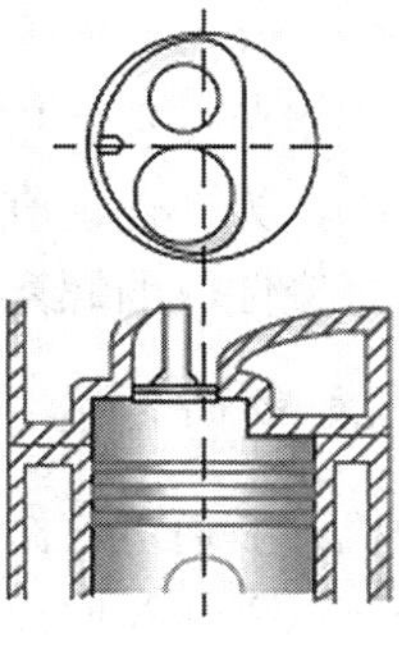

图 2-12

半球形燃烧室结构紧凑，火花塞布置在燃烧室顶部中央，火焰冲程短而均匀，故燃烧速率高，散热少，热效率高，排气净化好，在轿车发动机上被广泛地应用。

楔形燃烧室结构简单、紧凑，散热面积小，热损失也小，能保证混合气在压缩冲程中形成良好的涡流运动，有利于提高混合气的混合质量、减小进气阻力、提高充气效率。

盆形燃烧室结构简单，成本低，但不够紧凑，热损失大。

(四) 气缸垫

气缸垫(见图 2-13)装在气缸盖和气缸体之间，其功用是保证气缸盖与气缸体接触面的密封，防止漏气，漏水和漏油。

气缸垫的材料要有一定的弹性，能补偿气缸盖和气缸体结合面的不平度，以确保密封，同时要有好的耐热性和耐压性，在高温高压下不烧损、不变形。目前应用较多的是铜皮-石棉结构的气缸垫，由于铜皮-石棉气缸垫翻边处有三层铜皮，因此压紧时较之石棉不易变形。有的发动机还采用弹性金属制作的气缸垫。

安装气缸垫时，首先要检查气缸垫的质量和完好程度，所有气缸垫上的孔要和气缸体上的孔对齐。其次要严格按照说明书上的要求上好气缸盖螺栓。拧紧气缸盖螺栓时，必须由中央对称地向四周扩展的顺序分 2～3 次进行，最后一次拧紧到规定的力矩。

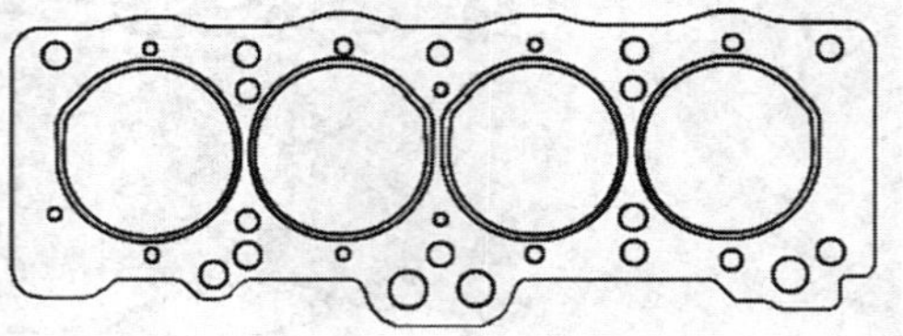

图 2-13

(五) 油底壳

油底壳(见图 2-14)的作用是储存机油并封闭曲轴箱。

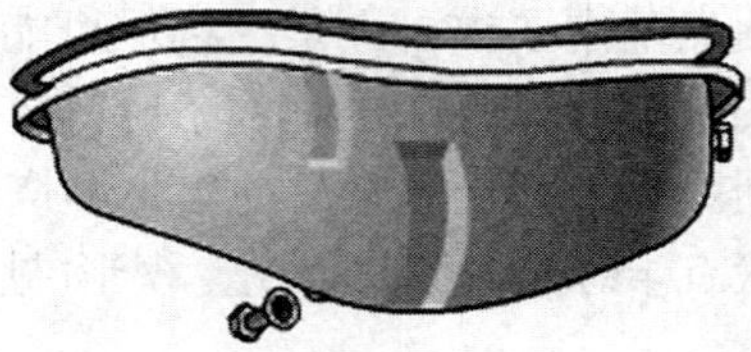

图 2-14

油底壳用薄钢板冲压或用铝铸而成。油底壳内设有挡板，用以减轻汽车颠簸时油面的震荡。此外，为了保证汽车倾斜时机油泵能正常吸油，通常将油底壳局部做得较深。油底壳底部设有磁性放油螺塞，可以吸附机油中的铁屑。

(六) 发动机支承

发动机一般通过气缸体和飞轮壳或变速器壳上的支承支撑在车架上。发动机的支承方法一般有三点支承和四点支承两种(见图 2-15)。三点支承可布置成前一后二或前二后一。采用四点支承法时，前后各有两个支承点。

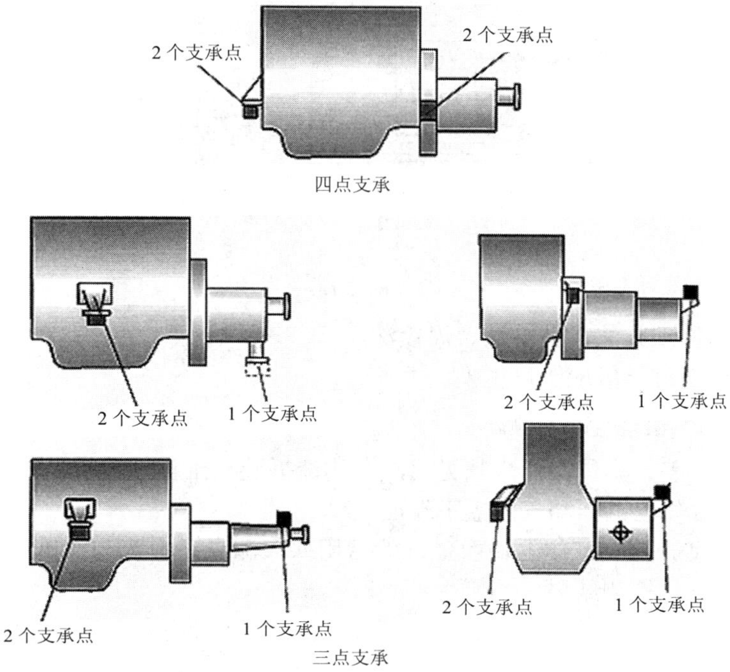

图 2-15

二、任务实施

(一) 任务内容

(1) 气缸体和气缸盖裂纹检测。
(2) 气缸体和气缸盖变形检测。
(3) 气缸磨损检测。
(4) 气缸压力检测。

(二) 任务实施准备

(1) 器材与设备：发动机拆装台架、发动机故障检测台架、量缸表、游标卡尺、千分尺、刀口尺、塞尺、气缸压力表、水压机、套装工具、清洁工具。

(2) 参考资料：《汽车构造拆装与维护保养实训》、发动机维修手册。

(三) 任务实施步骤

1. 气缸体和气缸盖裂纹检测

检测气缸体和气缸盖裂纹的方法常用水压法(见图 2-16)。对于新镶气缸套的气缸体或修补过的气缸体，均应对其进行水压试验。试验时，应用专用的盖板封住气缸体水道口，用水压机将水压入缸体水道中(见图 2-16)，要求在 300～400 kPa 的压力下，保持约 5 min。如出现由里向外有水珠渗出，即表明该处有裂纹。

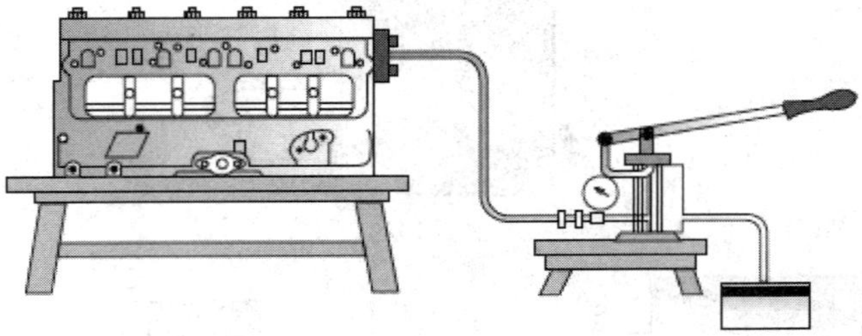

图 2-16

气缸裂纹的修理方法有粘结法、焊接法。

气缸盖出现裂纹一般应予以更换。

2. 气缸体和气缸盖变形检测

(1) 拆卸气缸盖。具体操作步骤见《汽车构造拆装与维护保养实训》相关内容。

(2) 清洁气缸体上端面和气缸盖下端面。

(3) 将刀口尺放在气缸体上端面上，然后用塞尺测量刀口尺与气缸体上端面间的间隙(见图 2-17)，并记录检测结果。

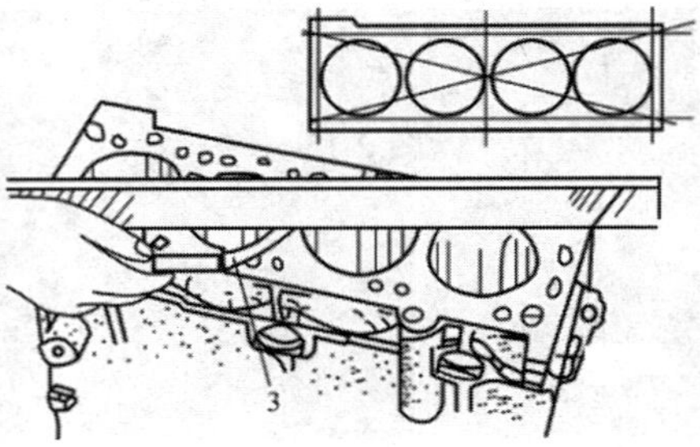

图 2-17

3. 气缸磨损检测

(1) 清洁气缸壁。

(2) 用游标卡尺测量被测气缸的直径，根据此值选择测杆，应保证测到最大直径。

(3) 组装量缸表。

(4) 将量缸表的测杆伸入到气缸内，测量气缸壁①处磨损量(见图 2-18)，并记录结果。

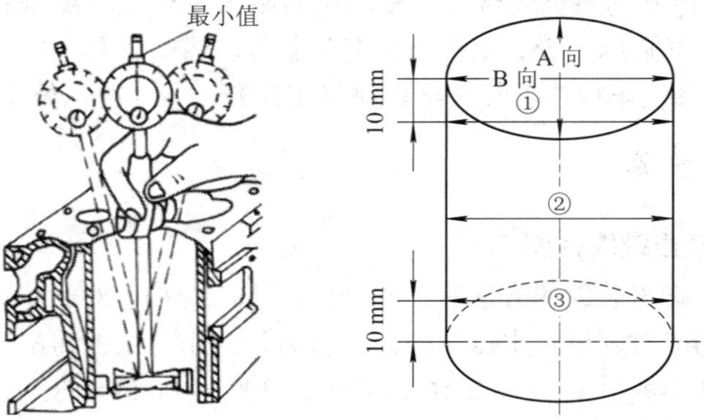

图 2-18

通常是分别测量A向和B向的气缸磨损量。量缸表测杆与气缸轴线要保持垂直。

(5) 用同样的方法测量气缸壁②和③处的磨损量(见图2-18)，并记录结果。

(6) 安装气缸盖。具体操作步骤见《汽车构造拆装与维护保养实训》相关内容。

4. 气缸压力检测

(1) 启动发动机，使其达到正常工作温度后熄火。

(2) 拆除汽油机某缸火花塞。

(3) 将节气门置于全开位置。

(4) 将手持式气缸压力表锥形橡皮头紧压在火花塞孔上。

(5) 用起动机带动发动机运转3～5 s，转速在150 r/min左右。

(6) 记录下气缸压力表的读数，重复2-3次，取其平均值。若测得的各缸压力都很低，则应给气缸内加入20～30 ml发动机润滑油，然后摇转发动机数转，再依上述步骤测量各缸压力。

(7) 安装火花塞。

三、拓展知识

(一) 气缸体和气缸盖裂纹

1. 故障现象

发动机在使用过程中，有时会出现冷却液异常消耗、润滑油中有水、发动机过热等现象出现；冬季环境温度低时，发动机起动后有冷却液从缸体某部位渗出。

2. 故障原因

(1) 发动机长时间超负荷工作。

(2) 发动机处于高温状态时，突加冷水。

(3) 水套水垢过多，减小冷却水的通过面积；水垢传热性差，降低了发动机的散热性能；发动机因工作温度升高、热应力过大而出现裂纹。

(4) 发动机起动后，立即高速运转，致使在薄弱部位出现裂纹。

(5) 没有按规定的顺序和扭矩拆装气缸盖，造成气缸盖受力不均匀。

(6) 装配气缸盖时，螺栓扭紧力矩超过规定的最大值，使气缸体螺孔周围的金属发生变形等。

(7) 受热不均匀。

(二) 气缸磨损

1. 故障现象

发动机动力不足，活塞敲缸，烧机油，漏气，压缩比明显下降。

2. 故障原因

(1) 润滑不良。一个原因是由于气缸上部靠近燃烧室，温度较高，润滑油在高温作用下会变稀，结果是其黏度下降，油膜不易形成，甚至被烧掉；另一原因是进入气缸的混合气中含有细小的燃料油滴，尤其低温时这种现象更为严重，它不断冲刷气缸壁上的润滑油，这样在气缸的上部造成了严重的干摩擦和半干摩擦。

(2) 机械磨损。发动机在作功冲程的瞬间，气缸内高压气体窜入活塞环背面，增大了活塞环对气缸壁的压力，使活塞环与气缸壁的摩擦力增大，磨损增加。

(3) 化学腐蚀的磨损。低温时，气缸内燃烧后的生成物与水蒸气作用生成酸，软化了气缸壁，被软化部分极易被活塞环刮去，导致了气缸的磨损，而且温度越低这种现象越严重。

(4) 磨料的影响。吸入气缸空气中的硬粒灰尘及不完全燃烧时产生的积炭，润滑油中未滤清的金属微粒等磨料，进入气缸壁与活塞、活塞环的配合表面之间，随着活塞在气缸中的往复运动，造成气缸的磨料磨损。

(5) 爆震燃烧。爆震燃烧是汽油机的一种不正常燃烧现象。由于燃烧室末端的混合气在火花塞跳火形成的火焰尚未到达之前，受先燃混合气膨胀的进一步压缩和热辐射的影响，自行产生一个或几个火焰中心而燃烧，这种现象称为爆震燃烧，简称爆燃。爆燃的冲击波还将油膜从缸壁吹散和点燃，使润滑性能变坏，并增强了腐蚀作用。

任务二　活塞连杆组

知识目标

- 掌握活塞连杆组的组成。
- 掌握活塞连杆组各组件的结构。

技能目标

- 掌握活塞连杆组的拆装、检测过程和规范。

一、基础知识

活塞连杆组通常由活塞、活塞销、活塞环(气环和油环)、连杆、连杆盖、连杆轴瓦等主要零件组成。其作用是将燃烧过程中获得的气体压力传递给曲轴。

(一) 活塞

活塞的功用是与气缸盖、气缸壁等共同组成燃烧室，承受气体压力，并将此力通过活塞销传给连杆，以推动曲轴旋转。

工作条件：活塞直接与高温气体接触，瞬时温度可达 2500 K 以上，散热条件又很差，所以活塞工作时温度很高，顶部高达 600～700 K，且温度分布很不均匀；活塞顶部承受气体压力很大，特别是作功冲程压力最大(汽油机高达 3～5 MPa，柴油机高达 6～9 MPa)，这就使得活塞产生运动冲击，并承受侧压力的作用；活塞在气缸内以很高的速度(8～12 m/s)往复运动，且速度在不断地变化，这就产生了很大的惯性力，使活塞受到很大的附加载荷。活塞在这种恶劣的条件下工作，会产生变形并加速磨损，还会产生附加载荷和热应力，同时还受到燃气的化学腐蚀作用。

要求：要有足够的刚度和强度，传力可靠；导热性能好，要耐高压、耐高温、耐磨损；质量小，重量轻，尽可能地减小往复惯性力。

铝合金材料基本上满足上面的要求，因此，活塞材料一般都采用高强度铝合金，但在一些低速柴油机上采用灰铸铁或耐热钢。

活塞的基本结构包括顶部、头部、裙部三个部分(见图 2-19)。

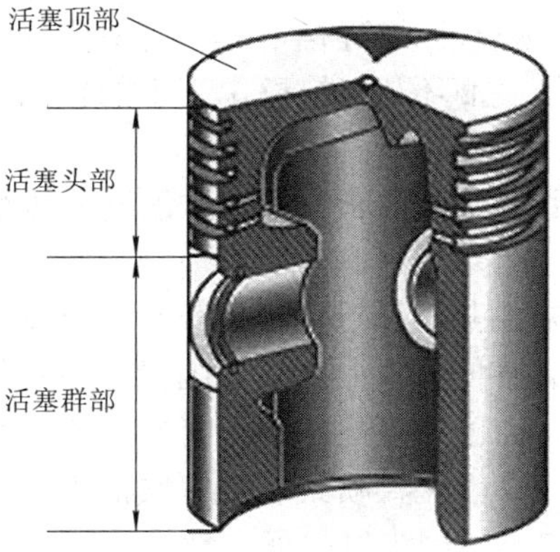

图 2-19

1. 活塞顶部

活塞顶部承受气体压力，它是燃烧室的组成部分，其形状、位置、大小都和燃烧室的具体形式有关，都是为满足可燃混合气形成和燃烧的要求。按其顶部形状可分为三大类：平顶活塞、凸顶活塞和凹顶活塞(见图 2-20)。活塞顶部有尺寸标记和方向标记(见图 2-21)。

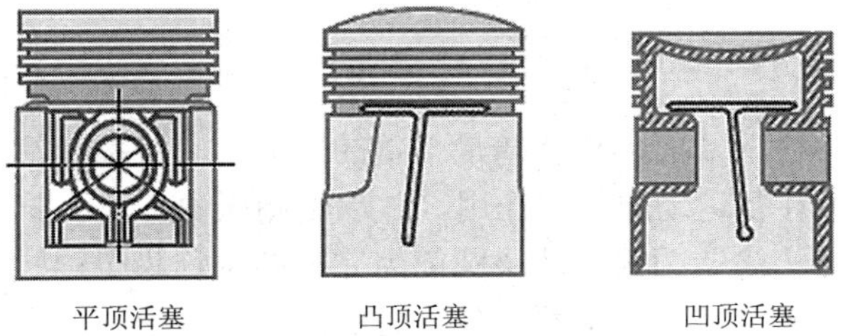

图 2-20

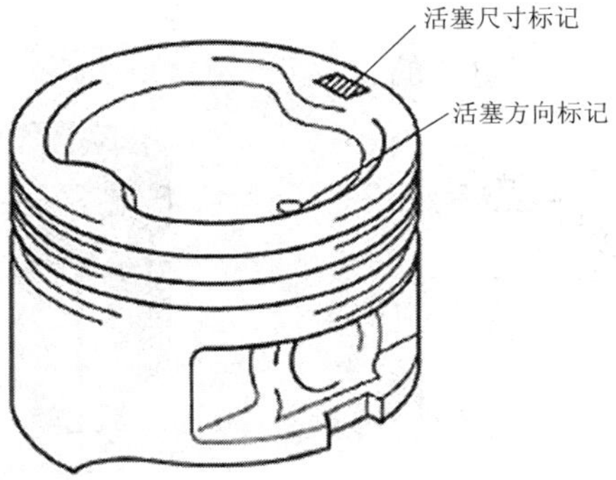

图 2-21

平顶活塞结构简单、制造容易、受热面积小、应力分布较均匀。

凸顶活塞凸起呈球状，顶部强度高，起导向作用，有利于改善换气过程。

凹顶活塞凹坑的形状，有利于可燃混合气的燃烧，提高压缩比，防止碰撞气门。

2. 活塞头部

由活塞顶部至油环槽下端面之间的部分称为活塞头部。它有数道环槽，用以安装活塞环，起密封作用，又称为防漏部。柴油机压缩比高，一般有四道环槽，上部三道安装气环，下部安装一道油环。汽油机一般有三道环槽，其中有两道气环槽和一道油环槽，在油环槽底面上钻有许多径向小孔，使被油环从气缸壁上刮下的机油经过这些小孔流回油底壳。第一道环槽工作条件最恶劣，一般应离顶部较远些。

活塞顶部吸收的热量主要也是经过防漏部通过活塞环传给气缸壁，再由冷却液传出去。活塞头部的作用除了用来安装活塞环外，与活塞环一起密封气缸，防止可燃混合气漏到曲轴箱内，同时还将 70%～80% 的热量通过活塞环传给气缸壁。

活塞环槽的磨损是影响活塞使用寿命的重要因素。在强化程度较高的发动机中，第一道环槽温度较高，磨损严重。为了增强环槽的耐磨性，通常在第一环槽或第一、二环槽处镶嵌耐热护圈(见图 2-22)。在高强化直喷式燃烧室柴油机中，在第一环槽和燃烧室喉口处均镶嵌耐热护圈，以保护喉口不致因为过热而开裂。

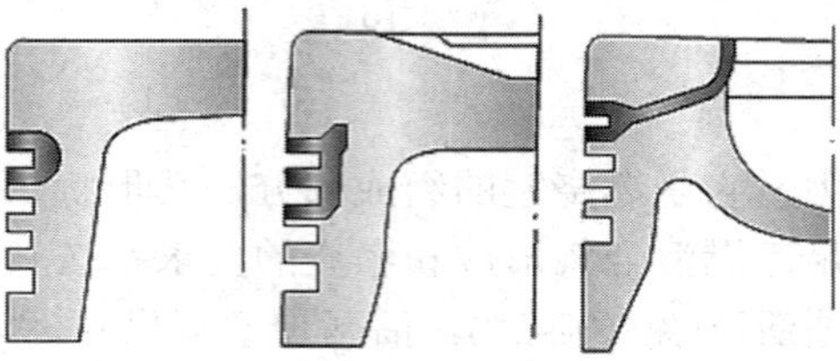

图 2-22

3. 活塞裙部

活塞裙部指从油环槽下端面起至活塞最下端的部分，它包括装活塞销的销座孔。活塞裙部对活塞在气缸内的往复运动起导向作用，并承受侧压力。

裙部的基本形状为一薄壁圆筒，若该圆筒为完整的则称为全裙式(见图 2-23)。许多高速发动机为了减小活塞质量，在活塞不受作用力的两侧，即沿销座孔轴线方向的裙部切去一部分，形成拖板式裙部(见图 2-24)，这种结构的活塞裙部弹性较好，可以减小活塞与气缸的装配间隙。此外，这种活塞裙部的结构还可为曲轴上的平衡重块准备了运动空间，这对于短冲程的高速汽油机来说是很重要的。

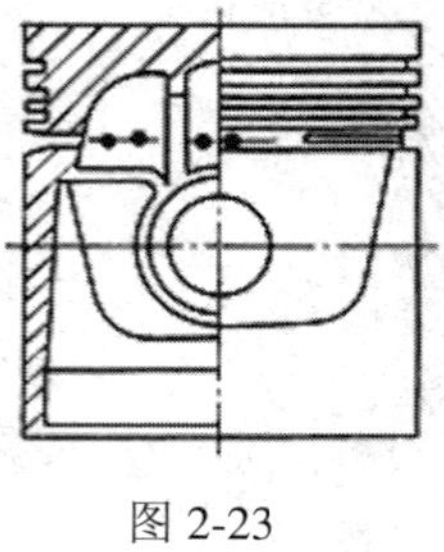

图 2-23

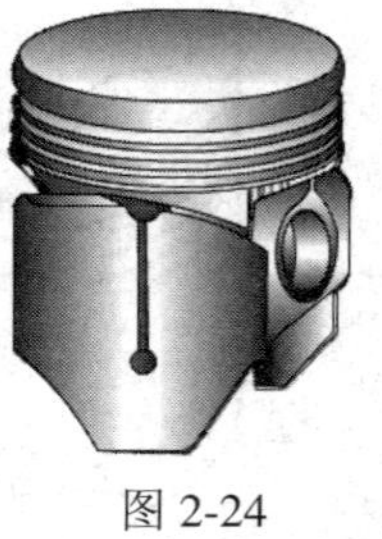

图 2-24

为了使活塞在正常工作温度下与气缸壁保持比较均匀的间隙，以免在气缸内卡死或加大局部磨损，必须在冷态下预先把活塞加工成不同的形状。

(1) 预先将活塞裙部加工成椭圆形(见图 2-25(a))。因为裙部活塞销座孔部分的金属多，受热膨胀量大，同时裙部承受气体侧压力的作用，均导致沿活塞销轴的变形量大于其他方向。为了使裙部在工作时具有正确的圆柱形，在加工时预先把活塞裙部做成椭圆形状，椭圆的长轴方向与销座垂直。

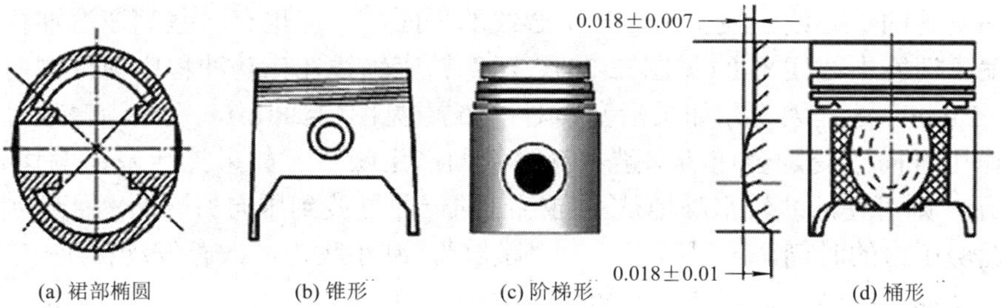

(a) 裙部椭圆　(b) 锥形　(c) 阶梯形　(d) 桶形

图 2-25

(2) 预先将活塞做成锥形、阶梯形或桶形。活塞工作时的温度是上部高、下部低，造成膨胀量上部大、下部小。为了使工作时活塞上下直径趋于相等，即为圆柱形，就必须预先把活塞做成上小下大的锥形(见图 2-25(b))、阶梯形(见图 2-25(c))或桶形(见图 2-25(d))。

(3) 预先在活塞裙部开槽。在裙部开横向的隔热槽，可以减小活塞裙部的受热量；在裙部开纵向膨胀槽，可以补偿裙部受热后的变形量。槽的形状有π形或 T 形(见图 2-26)。裙部开竖槽后，会使其开槽的一侧刚度变小，在装配时应使其位于作功冲程中承受侧压力较小的一侧。

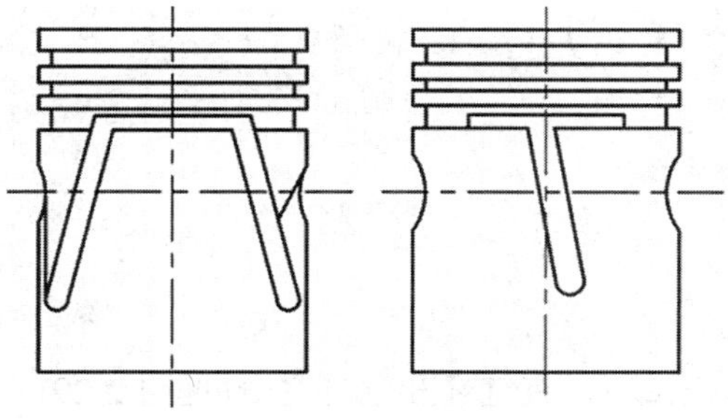

π形　T 形

图 2-26

(4) 裙部铸恒范钢(见图 2-27)。恒范钢为低碳铁镍合金，其膨胀系数仅为铝合金的 1/10，活塞销座内铸入恒范钢片，牵制了裙部的热膨胀变形量。

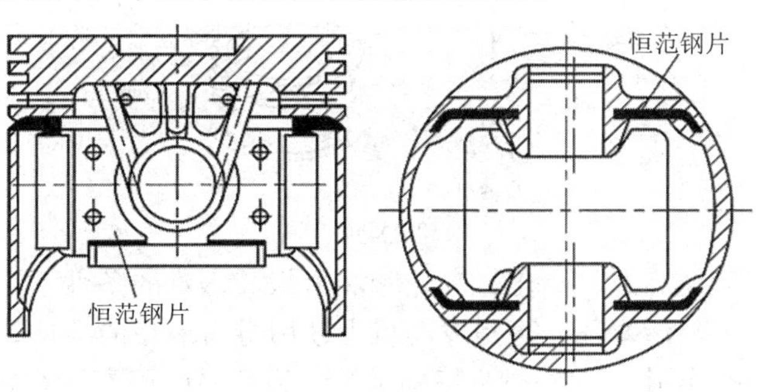

图 2-27

4. 活塞销座

活塞销座的作用是将活塞顶部的气体作用力经活塞销传给连杆。活销座通常由肋片与活塞内壁相连，以提高其刚度。

活塞销座孔内有安放弹性卡环的卡环槽。卡环用来防止活塞销在工作中发生轴向窜动。

活塞销座孔的中心线一般位于活塞中心线的平面内，但也有一些高速汽油机的活塞销孔中心线偏离活塞中心线平面(见图 2-28)。活塞销座轴线在作功冲程中向受侧向力的一面偏移了 1～2mm，这是因为，如果活塞销对中布置(见图 2-28(a))，则当活塞越过上止点时侧压力的作用方向改变，会使活塞敲击气缸壁面产生噪声。如果把活塞销偏移布置(见图 2-28(b))所示，则可使活塞较平顺地从压向气缸的一面过渡到压向另一面，且过渡时刻早于达到最高燃烧压力的时刻，可以减轻活塞"敲缸"，减小噪声，改善发动机工作的平顺性。但这种活塞销偏置的结构，却使活塞裙部两端的尖角负荷增大，引起这些部位的磨损或变形增大。这就要求活塞的间隙应尽可能地减小。

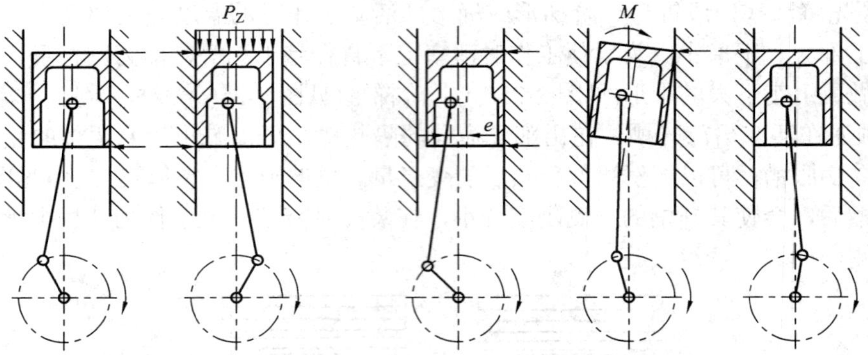

图 2-28

(二) 活塞环

活塞环是具有弹性的开口环，有气环和油环之分(见图 2-29)。

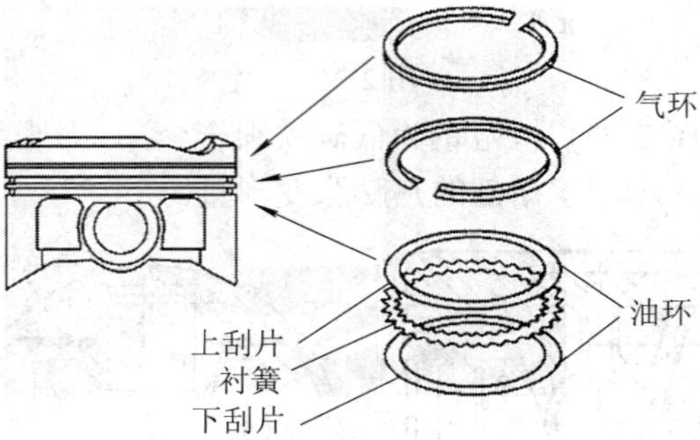

图 2-29

工作条件：活塞环在高温、高压、高速和润滑极其困难的条件下工作，尤其是第一道环最为困难，长期以来，活塞环一直是发动机上使用寿命最短的零件。活塞环工作时受到气缸中高温高压燃气的作用，温度很高(特别是第一道环温度可高达 600 K)，活塞环在气缸内随活塞一起作高速运动，加上高温下机油可能变质，使环的润滑条件变坏，难以保证良好的润滑，因而磨损严重。另外，由于气缸壁的锥度和椭圆度，活塞环随活塞往复运动时，沿径向会产生一张一缩运动，使环受到交变应力而容易折断。因此，要求活塞环弹性好，强度高、耐磨损。目前广泛采用的活塞环材料是合金铸铁(在优质灰铸铁中加入少量铜、铬、钼等合金元素)，第一道环镀铬，其余环一般镀锡或磷化。

1. 气环

气环也叫压缩环，用来密封活塞与气缸壁的间隙，防止气缸内的气体窜入油底壳，以及将活塞头部的热量传给气缸壁，再由冷却水或空气带走。另外气环还起到刮油、布油的辅助作用。

气环开有切口，具有弹性，在自由状态下外径大于气缸直径，它与活塞一起装入气缸后，外表面紧贴在气缸壁上，形成第一密封面(见图 2-30)，被封闭的气体不能通过环周与气缸之间，便进入了环与环槽的空隙，把环压到环槽端面形成第二密封面。同时，作用在环背的气体压力又大大加强了第一密封面的密封作用。气环密封效果一般与气环数量有关，汽油机一般采用 2 道气环，柴油机一般多采用 3 道气环。

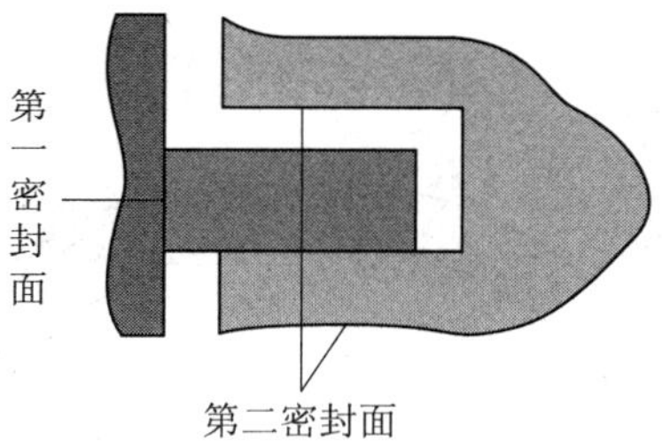

图 2-30

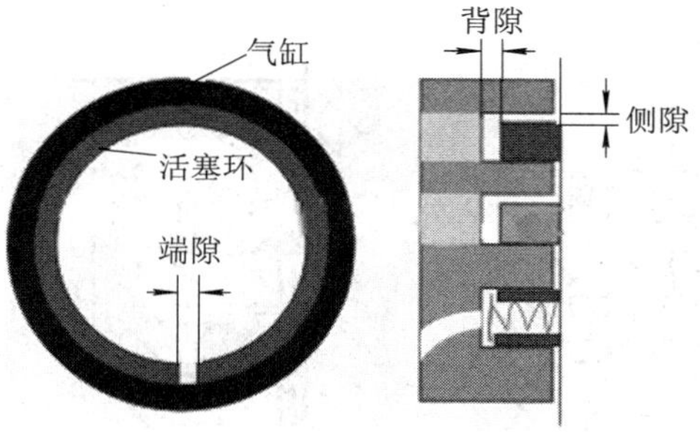

图 2-31

发动机工作时，活塞和活塞环都会发生膨胀。因此，活塞环在气缸内应有开口间隙，与环槽间应有侧隙和背隙(见图 2-31)。

开口间隙又称端隙，是活塞环装入气缸后开口处的间隙。

侧隙又称边隙，是环高方向上与环槽之间的间隙。

背隙是活塞及活塞环装入气缸后，活塞环背面与环槽底部间的间隙。油环的背隙较气环大，目的是增大存油间隙，以利于减压泄油。为了测量方便，维修中以环的厚度与环槽的深度差来表示背隙，此数值比实际背隙要小。

气环的断面形状很多，常见的有矩形环、锥面环、扭曲环、梯形环和桶面环(见图 2-32)。根据发动机的结构特点和强化程度，选择不同断面形状的气环组合，可以得到最好的密封效果和使用性能。

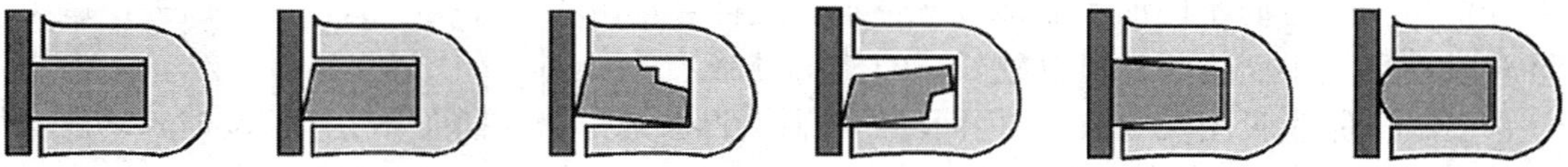

(a) 矩形环　(b) 锥面环　(c) 正扭曲内切环　(d) 反曲内切环　(e) 梯形环　(f) 桶面环

图 2-32

(1) 矩形环(见图 2-32(a))。断面为矩形，结构简单，传热面积大，大量用在第一道气环。

为了提高第一道气环的耐磨性，有的矩形环外圆面上会镀铬。但矩形环会产生“泵油作用”，即会把气缸壁面上的机油不断送入气缸中(见图 2-33)。这是因为活塞下行时，由于环与气缸壁的摩擦阻力及环的惯性，环被压靠在环槽的上端面上，气缸壁面上的油被刮入下边隙和内边隙；活塞上行时，环又被压靠在环槽的下端面，结果第一道环背隙里的机油就进入燃烧室，燃烧后形成蓝烟冒出，造成机油消耗量增加；还会在燃烧室内形成积炭，造成气缸、活塞、活塞环磨损加剧，甚至使活塞环在环槽内卡死失效；会使火花塞积炭，不能正常点火。所以除第一道气环外，广泛采用锥面环和扭曲环。

(2) 锥面环(见图 2-32(b))。断面呈锥形，外圆工作面上加工一个很小的锥面(0.5°～1.5°)，减小了环与气缸壁的接触面，提高了表面接触压力，有利于磨合和密封。活塞下行时，便于刮油；活塞上行时，由于锥面的“油楔”作用，能在油膜上“飘浮”过去，减小磨损，安装时要注意有标志(见图 2-34)的一面朝上，不能装反，否则会引起机油上窜。

活塞环标志常见的有“0”、“00”、“T1”、“T2”、“R”、“R1”、“R2”、“S”、“2.5”等，一般“R”代表厂标，“S”代表标准环，“2.5”代表修理尺寸为 +0.25 mm，字母后的“1”、“2”表示安装顺序为第一道、第二道等。

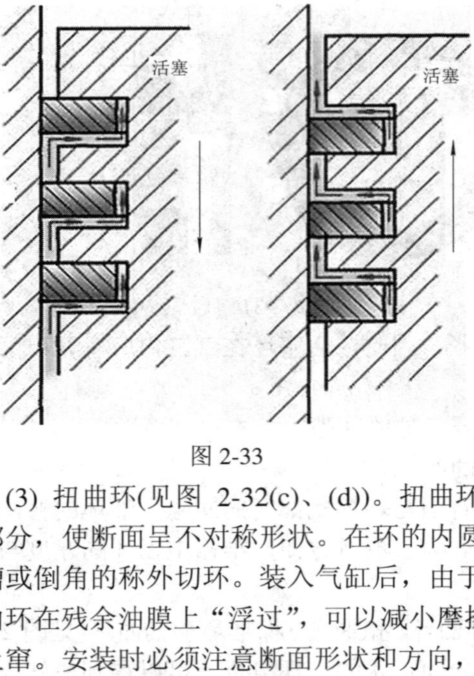

图 2-33

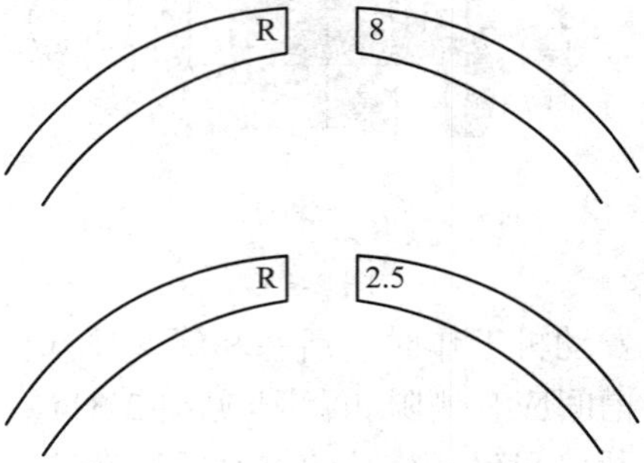

图 2-34

(3) 扭曲环(见图 2-32(c)、(d))。扭曲环是在矩形环的内圆上边缘或外圆上下边缘切去一部分，使断面呈不对称形状。在环的内圆部分切槽或倒角的称内切环，在环的外圆部分切槽或倒角的称外切环。装入气缸后，由于断面不对称，会发生扭曲变形。活塞上行时，扭曲环在残余油膜上“浮过”，可以减小摩擦和磨损。活塞下行时，则有刮油效果，避免机油上窜。安装时必须注意断面形状和方向，内切口朝上，外切口朝下，不能装反。

(4) 梯形环(见图 2-32(e))。断面呈梯形，工作时，梯形环在压缩冲程和做功冲程随着活塞受侧压力的方向不同而不断地改变位置，这样会把沉积在环槽中的积炭挤出去，避免了环被粘在环槽中而折断，可以延长环的使用寿命。

(5) 桶面环(见图 2-32(f))。桶面环的外圆为凸圆弧形。当桶面环上下运动时，均能与气缸壁形成楔形空间，使机油容易进入摩擦面，减小磨损。由于它与气缸呈圆弧接触，故对气缸表面的适应性和对活塞偏摆的适应性均较好，有利于密封，但表面加工较困难，价格高。

2. 油环

油环是具有回油孔或等效结构，能从气缸壁上刮下机油的活塞环。在活塞下行时刮除气缸壁上多余的机油，上行时在气缸壁上铺涂一层均匀的油膜，有利于润滑和密封。

油环有整体式和组合式两种(见图 2-35)。

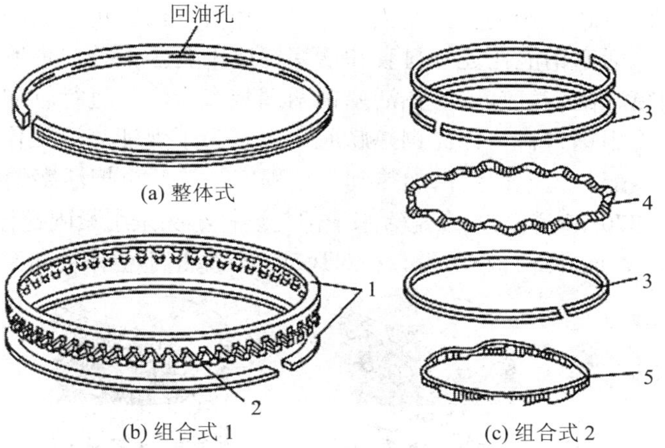

1、3—刮油片；2、4、5—衬簧

图 2-35

(1) 普通油环。普通油环又叫整体式油环(见图 2-35(a))，环的外圆柱面中间加工有凹槽，凹槽中开有小孔或切槽。当活塞向下运动时，将缸壁上多余的机油刮下，通过凹槽上的小孔或切槽流回曲轴箱；当活塞上行时，刮下的机油仍通过回油孔流回曲轴箱。

(2) 组合油环。组合油环(见图 2-35(b))由上下刮油片与中间的扩张器组成。扩张器由轴向衬簧和径向衬簧组成，轴向衬簧产生轴向弹力，径向衬簧产生径向弹力，使刮油钢片紧紧压向气缸壁和活塞环槽。刮油钢片表面镀铬，很薄，刮油效果好；而且刮油片彼此独立，对气缸壁面适应性好。

(三) 活塞销

活塞销(见图 2-36(a))用来连接活塞和连杆，并将活塞承受的力传给连杆。

活塞销在高温下周期地承受很大的冲击载荷，其本身又作摆转运动，而且处于润滑条件很差的情况下工作。因此，要求活塞销具有足够的强度和刚度，表面韧性好，耐磨性好，重量轻。

活塞销一般都做成空心圆柱体，采用低碳钢和低碳合金钢制成，外表面经渗碳淬火处理以提高硬度，精加工后进行磨光，有较高的尺寸精度和表面光洁度。

活塞销的内孔有三种形状：圆柱形(见图 2-36(b))、两段截锥与一段圆柱组合(见图 2-36(c))、两段截锥形(见图 2-36(d))。

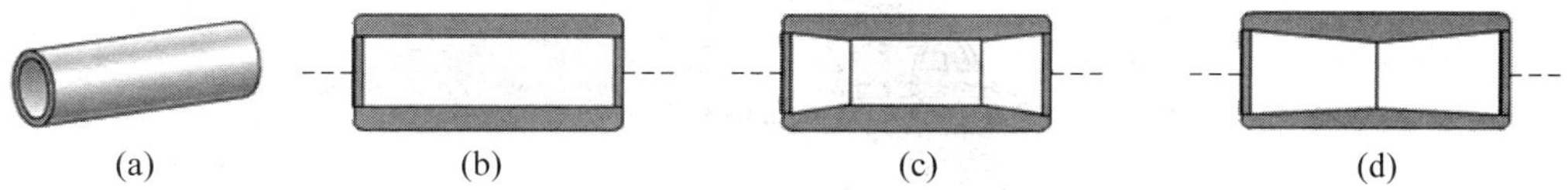

图 2-36

圆柱形孔结构简单，加工容易，但从受力角度分析，中间部分应力最大，两端较小，所以这种结构质量较大，往复惯性力大；为了减小质量，减小往复惯性力，活塞销做成两段截锥形孔，接近等强度梁，但孔的加工较复杂；组合形孔的结构介于二者之间。

活塞销与活塞销座孔及连杆小头衬套孔的连接方式有全浮式和半浮式两种。

全浮式(见图 2-37(a))安装的特点是当发动机工作时，活塞销、连杆小头和活塞销座都有相对运动，这样，活塞销能在连杆衬套和活塞销座中自由摆动，使磨损均匀。为了防止全浮式活塞销轴向窜动刮伤气缸壁，在活塞销两端装有卡环，进行轴向定位。由于活塞是铝活塞，而活塞销采用钢材料，铝比钢热膨胀量大。为了保证高温工作时活塞销与活塞销座孔为过渡配合，装配时先把铝活塞加热到一定程度，然后再把活塞销装入。

半浮式(见图 2-37(b))安装的特点是活塞中部与连杆小头采用紧固螺栓连接，活塞销只能在销座内作自由摆动，而和连杆小头没有相对运动。活塞销不会作轴向窜动，不需要卡环。

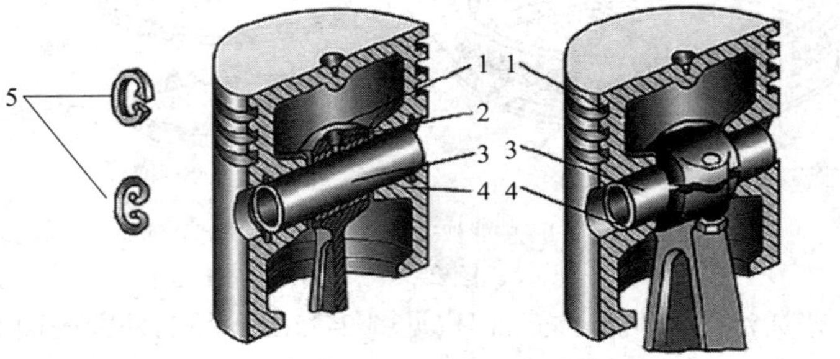

(a) 全浮式　　(b) 半浮式

1—连杆小头；2—连杆衬套；3—活塞销；4—活塞销座；5—卡环

图 2-37

(四) 连杆

连杆的功用是连接活塞与曲轴。

连杆由连杆杆身、连杆盖、连杆衬套、连杆轴瓦和连杆螺栓(见图 2-38)等组成。

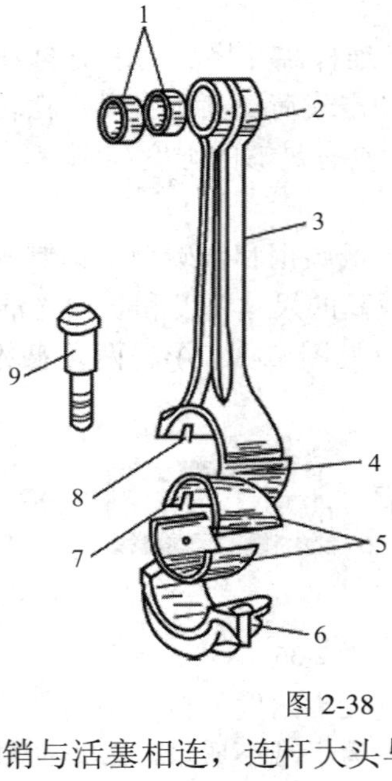

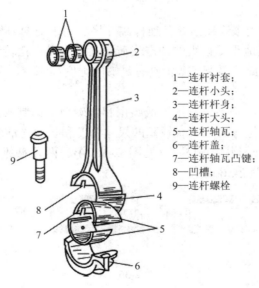

1—连杆衬套；
2—连杆小头；
3—连杆杆身；
4—连杆大头；
5—连杆轴瓦；
6—连杆盖；
7—连杆轴瓦凸键；
8—凹槽；
9—连杆螺栓

图 2-38

连杆小头通过活塞销与活塞相连，连杆大头与曲轴的连杆轴颈相连，并把活塞承受的气体压力传给曲轴，使活塞的往复运动转变成曲轴的旋转运动。

连杆工作时，承受活塞顶部气体压力和惯性力的作用，而这些力的大小和方向都是周期性变化的。因此，连杆受到的是压缩、拉伸和弯曲等交变载荷。这就要求连杆强度高、刚度大、重量轻。连杆一般都采用中碳钢或合金钢经模锻或辊锻而成，然后进行机加工和热处理。

连杆由三部分构成，与活塞销连接的部分称连杆小头，与曲轴连接的部分称连杆大头，连接小头与大头的杆部称连杆杆身。

1. 连杆小头

连杆小头(见图 2-39)与活塞销相连。对全浮式活塞销，由于工作时小头孔与活塞销之间有相对运动，所以常常在连杆小头孔中压入减磨的青铜衬套。为了润滑活塞销与衬套，在小头和衬套上铣有油槽或钻有油孔以收集发动机运转时飞溅上来的润滑油并用以润滑。有的发动机连杆小头采用压力润滑，在连杆杆身内钻有纵向的压力油通道。采用半浮式活塞销是与连杆小头紧配合的，所以小头孔内不需要衬套，也不需要润滑。

2. 连杆杆身

连杆杆身通常做成“I”字形断面(见图 2-40)，抗弯强度好、重量轻。采用压力法润滑的连杆，杆身中部都制有连通大、小头的油道。

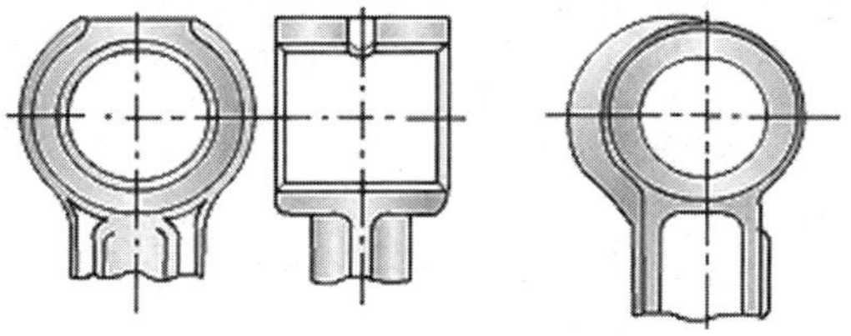

全浮式连杆小头　　半浮式连杆小头

图 2-39

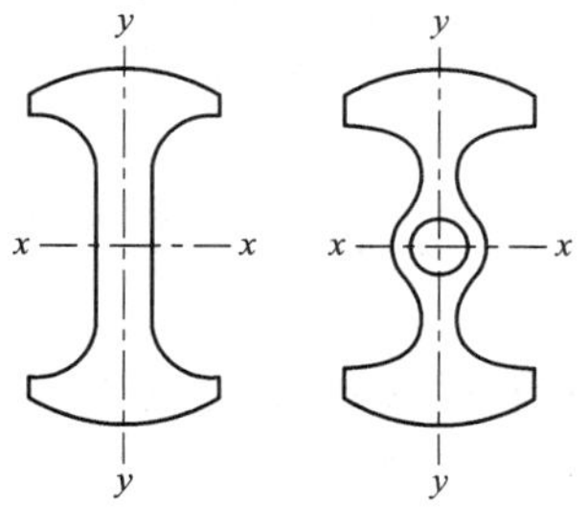

图 2-40

3. 连杆大头

连杆大头与曲轴的连杆轴颈相连，大头有整体式和剖分式两种。一般都采用剖分式，剖分式又分为平分式和斜分式两种(见图 2-41)。

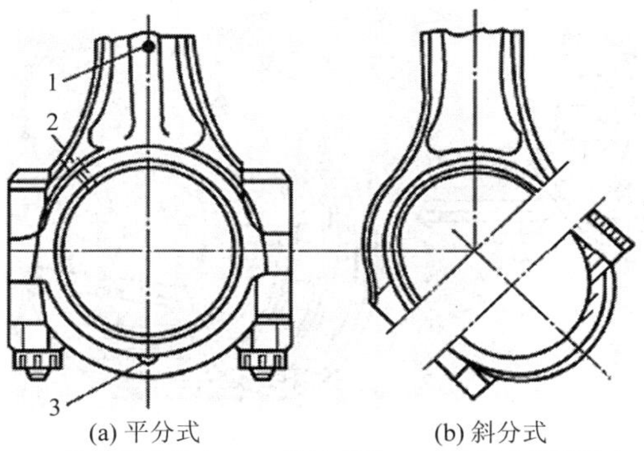

(a) 平分式　　(b) 斜分式

1—连杆装配标志；2—机油喷孔；3—连杆盖装配标志

图 2-41

平分式——剖分面与连杆杆身轴线垂直，汽油机多采用这种连杆。因为，一般汽油机连杆大头的横向尺寸都小于气缸直径，可以方便地通过气缸进行拆装。

斜分式——剖分面与连杆杆身轴线成 30°～60° 夹角。柴油机多采用这种连杆。因为，柴油机压缩比大，受力较大，曲轴的连杆轴颈较粗，相应的连杆大头尺寸往往超过了气缸直径。为了使连杆大头能通过气缸，便于拆装，一般都采用斜切口，最常见的是 45° 夹角。

4. 连杆盖

把连杆大头分开可取下的部分叫连杆盖。连杆与连杆盖配对加工，加工后，在它们同一侧打上配对记号，安装时不得互相调换或变更方向。为此，在结构上采取了定位措施。平分式连杆大头的连杆盖与连杆的定位多采用连杆螺栓定位，利用连杆螺栓中部精加工的圆柱凸台或光圆柱部分与经过精加工的螺栓孔来保证。斜分式连杆大头的连杆盖与连杆的定位方法有锯齿定位、圆销定位、套筒定位和止口定位(见图 2-42)。

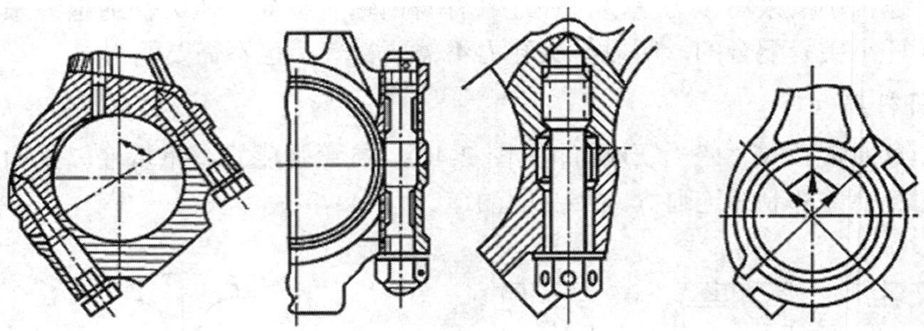

(a) 锯齿定位　(b) 圆销定位　(c) 套筒定位　(d) 止口定位

图 2-42

连杆盖和连杆大头用连杆螺栓连在一起，连杆螺栓在工作中承受很大的冲击力，若折断或松脱，将造成严重事故。为此，连杆螺栓都采用优质合金钢，并经精加工和热处理特制而成。安装连杆盖拧紧连杆螺栓螺母时，要用扭力扳手分 2～3 次交替均匀地拧紧到规定的扭矩，拧紧后还应可靠地锁紧。连杆螺栓损坏后绝不能用其他螺栓来代替。

5. 连杆轴瓦

为了减小摩擦阻力和曲轴连杆轴颈的磨损，连杆大头孔内装有连杆轴瓦。轴瓦分上、下两个半片，目前多采用薄壁钢背轴瓦，在其内表面浇铸有耐磨合金层(见图 2-43)。

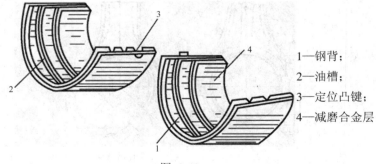

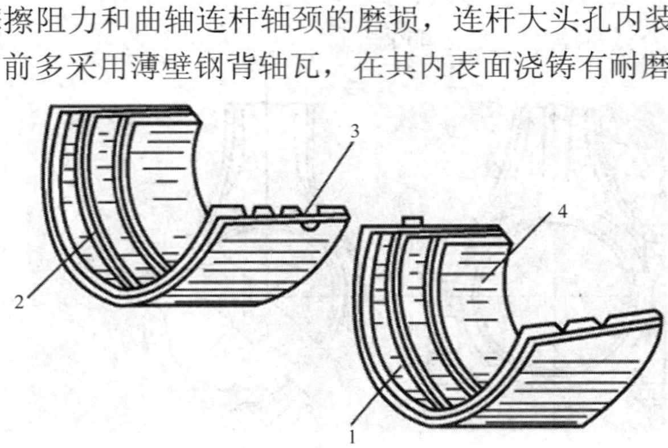

图 2-43

耐磨合金层具有质软、容易保持油膜、磨合性好、摩擦阻力小、不易磨损等特点。耐磨合金常采用的有巴氏合金、铜铝合金、高锡铝合金。连杆轴瓦的背面有很高的光洁度。半个轴瓦在自由状态下不是半圆形，当轴瓦装入连杆大头孔内时，又有过盈，故能均匀地紧贴在大头孔壁上，具有很好的承受载荷和导热的能力，并可以提高工作可靠性和延长使用寿命。

6. 连杆螺栓

连杆螺栓工作时连杆螺栓承受交变载荷，因此在结构上应尽量增大连杆螺栓的弹性，而在加工方面要精细加工过渡圆角，消除应力集中，以提高其抗疲劳强度。连杆螺栓用优质合金钢制造，如 40Cr、35CrMo 等。经调质后滚压螺纹，表面进行防锈处理。

二、任务实施

(一) 任务内容

(1) 活塞和活塞环检查。

(2) 连杆弯曲检查。

(二) 任务实施准备

(1) 器材与设备：发动机拆装台架、千分尺、塞尺、工作灯、连杆校验仪、活塞环拆装钳、活塞环压缩器、套装工具和清洁用具。

(2) 参考资料：《汽车构造拆装与维护保养实训》、发动机维修手册。

(三) 任务实施步骤

(1) 清洁、检查发动机。

(2) 拆卸活塞连杆组。具体操作步骤见《汽车构造拆装与维护保养实训》相关内容。

(3) 活塞检查。

① 活塞积炭清理。

② 活塞裙部直径检查。用千分尺在距活塞裙部下边缘 10～15 mm 处与活塞销垂直方向测量(见图 2-44)。

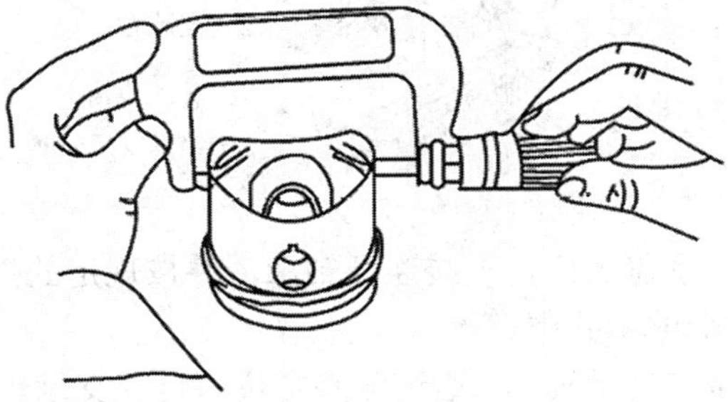

图 2-44

(4) 活塞环检查。

① 检查活塞环弹力。手按压活塞环，使其端口并拢，然后放开，根据并拢时的用力和放开恢复状态来判别。

② 检查活塞环端隙和侧隙(见图 2-45)。

③ 检查活塞环漏光度(见图 2-46)。将被检验的活塞环放入相应的气缸内，用活塞将活塞环向下推平，保证活塞环平放在气缸内。在活塞环的下边放一个工作灯，环的上部放一块盖板盖住环的内圈，让工作灯发光，从上部观察环的外圆与气缸内壁之间的漏光缝隙。

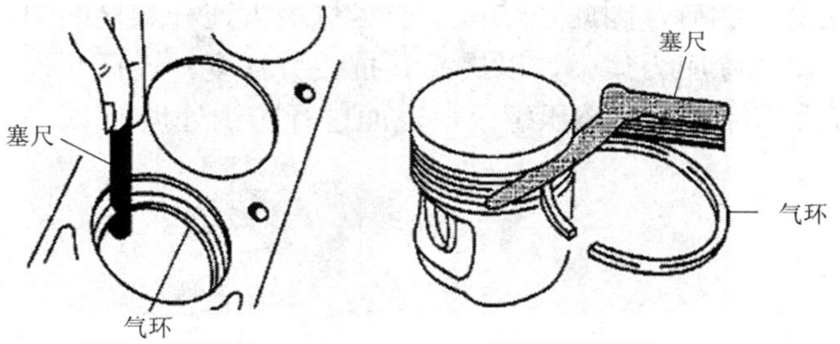

测量活塞环端隙　　测量活塞环背隙

图 2-45

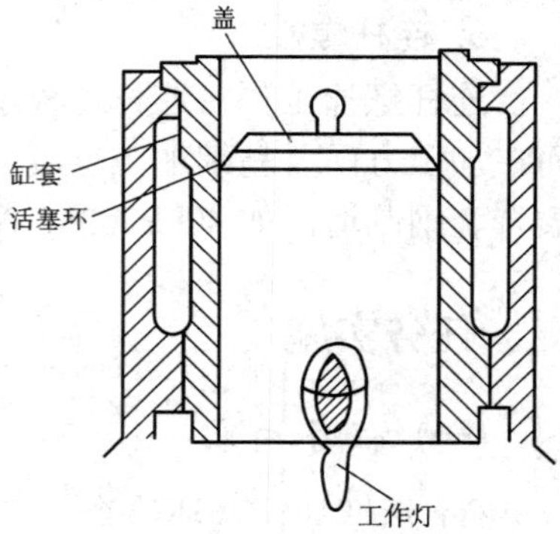

图 2-46

(5) 连杆变形检查。连杆变形检查有弯曲检查、扭曲检查和双重弯曲检查。

连杆变形的检验在连杆校验仪上(见图 2-47)进行。连杆校验仪能检验连杆的弯曲、扭曲、双重弯曲的程度及方位。校验仪上的支承轴，它能保证连杆大端承孔轴向与检验平板相垂直。

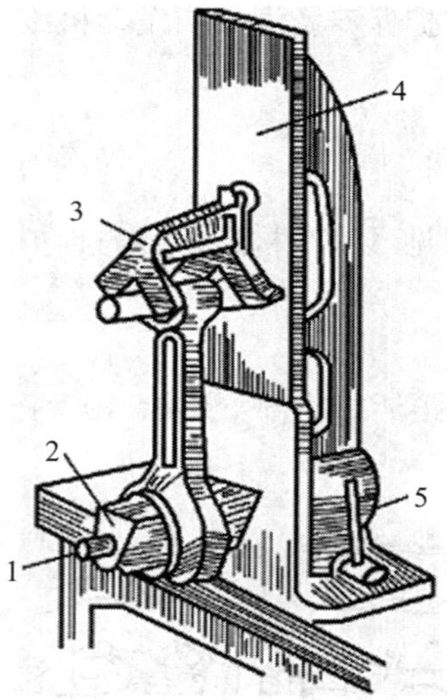

1—调整螺钉；
2—支承轴；
3—量规；
4—检验平板；
5—锁紧支承轴板杆

图 2-47

① 将连杆大端的轴承盖装好，不装连杆轴承，并按规定的拧紧力矩将连杆螺栓拧紧，同时将心轴装入小端衬套的承孔中。

② 将连杆大端套装在支承轴上，通过测整定位螺钉使支承轴扩张，并将连杆固定在校验仪上。

测量工具是一个带有 V 形槽的量规(也叫三点规)。三点规上的三点构成的平面，与 V 形槽的对称平面垂直，两下侧点的距离为 100 mm，上侧点与两下侧点连线的距离也是 100 mm。

③ 将三点规的 V 形槽靠在心轴上并推向检验平板。

如三点规的三个侧点都与检验仪的平板接触，说明连杆没变形。

若上侧点与平板接触，两下侧点不接触且与平板的间隙一致，或下两侧点与平板接触，两下侧点不接触，表明连杆弯曲。可用厚薄规测出测点与平板之间的间隙，即为连杆 100 mm 长度上的弯曲度(见图 2-48)。

若只有一个上侧点与平板接触，另一个下侧点与平板不接触，且间隙为上测点与平板间隙的两倍，这时下测点与平板的间隙即为连杆在长度 100 mm 长度上的扭曲度(见图 2-49)。

有时在测量连杆变形时，会遇到下两种情况：

一是连杆同时存在弯曲和扭曲，表现为一个下测点与平板接触，但另一个下测点的间隙不等于上测点间隙的两倍。这时，下测点与平板的间隙为连杆扭曲度，而上测点间隙与下测点间隙的一半的差值为连杆弯曲度。

二是连杆存在图 2-50 所示的双重弯曲，检验时先测量出连杆小头端面与平板的距离，再将连杆翻转 180° 后，按同样方法测出此距离。若两次测出的距离数值不等，则说明连杆有双重弯曲，两次测量数值之差为连杆双重弯曲度。

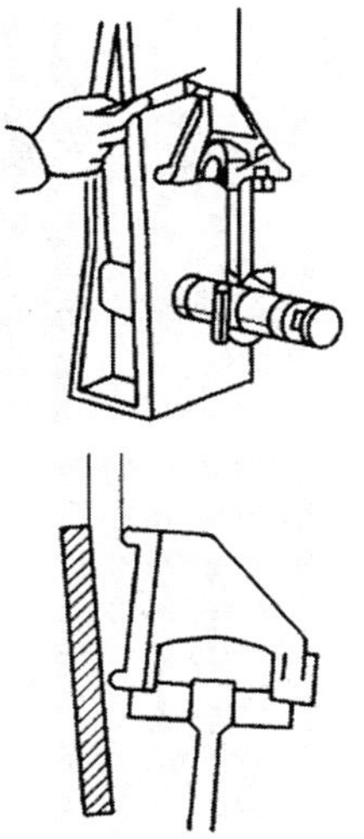
图 2-48

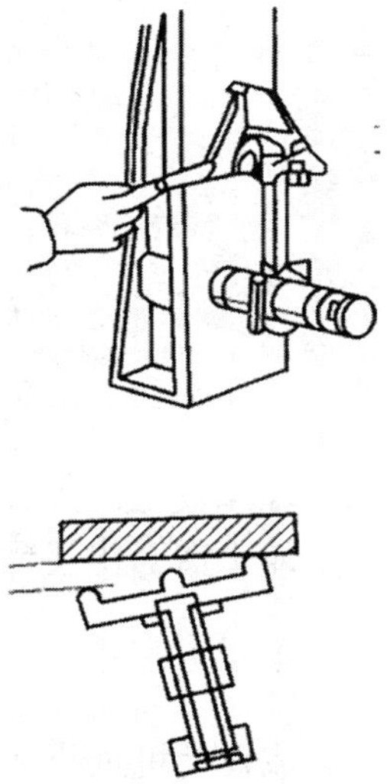
图 2-49

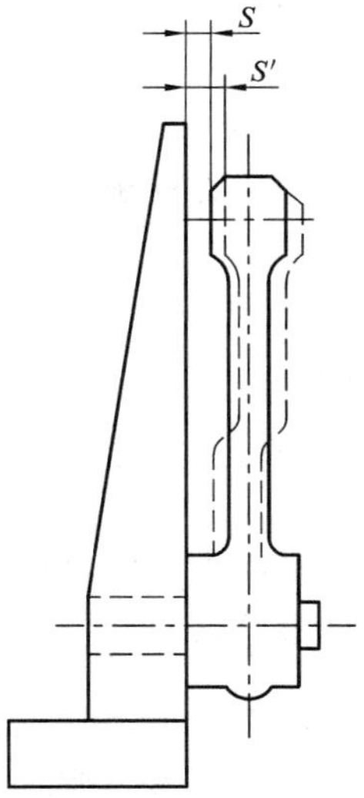

图 2-50

(6) 装配活塞连杆组。具体操作步骤见《汽车构造拆装与维护保养实训》相关内容。

三、拓展知识

(一) 活塞销响

1. 故障现象

(1) 发动机在怠速、低速和从怠速向低速过渡抖动节气门时，有明显而清脆的“嗒、嗒”的似两钢球相撞的金属敲击声。

(2) 发动机转速变化时，响声也周期性地随之变化。

(3) 发动机温度升高，响声不改变。

(4) 单缸断火试验，响声明显减弱或消失。

2. 故障原因

(1) 活塞销与连杆衬套磨损过甚而松旷。

(2) 活塞销与活塞销座孔配合松旷。

(3) 润滑不良。

(二) 活塞敲缸

1. 故障现象

(1) 发动机怠速时，在气缸的上部发出清晰的“嗒、嗒”的金属敲击声。

(2) 在发动机工作温度低时，响声明显，发动机温度升高后响声减弱或消失。

(3) 单缸断火试验，响声明显减弱或消失。

2. 故障原因

(1) 活塞与气缸内壁之间因磨损而间隙过大。

(2) 活塞与气缸内壁之间因为装配质量不好，预留间隙过大。

(3) 活塞环粘环。

(4) 连杆变形。

(5) 活塞销与连杆小头装配过紧。

(三) 拉缸

1. 故障现象

(1) 大量的可燃混合气下窜到曲轴箱，打开机油口有大量的气体排出。

(2) 润滑油上窜到气缸内引起烧机油现象发生，排气管冒烟严重。

(3) 发动机产生敲缸异响，发动机不能正常工作甚至熄火。

(4) 发动机过热，动力不足。

2. 故障原因

(1) 发动机冷却系因泄漏、缺水而造成发动机过热。

(2) 活塞环断裂，刮伤缸壁。

(3) 活塞销卡环脱落，卡环和脱出的活塞销刮伤缸壁。

(4) 活塞环因积炭卡死在环槽内，丧失密封作用。

(5) 气缸内进入异物。

(6) 活塞与缸壁配合间隙过小。

(7) 活塞销装配过紧，引起活塞变形。

(8) 活塞热变形严重或顶部烧蚀熔化。

(四) 气缸漏气

1. 故障现象

(1) 发动机动力不足，怠速不稳，起动困难。

(2) 排气“放炮”，排气管排出大量蓝烟，机油消耗异常。

(3) 加机油口有大量的气体排出。

2. 故障原因

(1) 活塞与气缸之间的配合间隙因磨损或装配不当而过大。

(2) 气缸拉缸导致活塞与气缸间隙变大。

(3) 活塞环折断或磨损严重或活塞环粘死在环槽内。

(4) 进、排气门关闭不严，气门座圈脱落。

(5) 机油变质或润滑不足。

(6) 气缸垫烧蚀。

任务三　曲轴飞轮组

知识目标

□ 掌握曲轴飞轮组的组成。

□ 掌握曲轴飞轮组各组件的结构。

技能目标

□ 掌握曲轴飞轮组的拆装、检测过程和规范。

一、基础知识

曲轴飞轮组主要由曲轴、飞轮和一些附件组成(见图 2-51)。

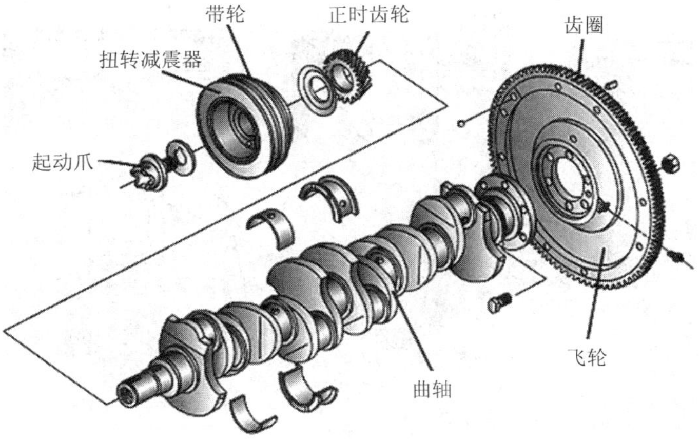

图 2-51

(一) 曲轴

曲轴的功用是把活塞、连杆传来的气体力转变为转矩，用以驱动汽车的传动系统，同时驱动配气机构和其他辅助装置，如风扇、水泵、发电机等。

曲轴在周期性变化的气体力、惯性力及其力矩的共同作用下工作，承受弯曲和扭转交变载荷。因此，曲轴应有足够的抗弯曲、抗扭转的强度和刚度；轴颈应有足够大的承压表面和耐磨性；曲轴的质量应尽量小；对各轴颈的润滑应该充分。

曲轴一般由 45、40Cr、35Mn2 等中碳钢和中碳合金钢模锻而成，轴颈表面经高频淬火或氮化处理，最后进行精加工。现代汽车发动机广泛采用球墨铸铁曲轴。球墨铸铁价格便宜，耐磨性能好，轴颈不需硬化处理，同时金属消耗量少，机械加工量也少。为提高曲轴的疲劳强度，消除应力集中，轴颈表面应进行喷丸处理，圆角处要经滚压处理。

曲轴的基本组成包括前端、主轴颈、连杆轴颈、曲柄、平衡块、后端等(见图 2-52)。一个连杆轴颈和它两端的曲柄及主轴颈构成一个曲拐。

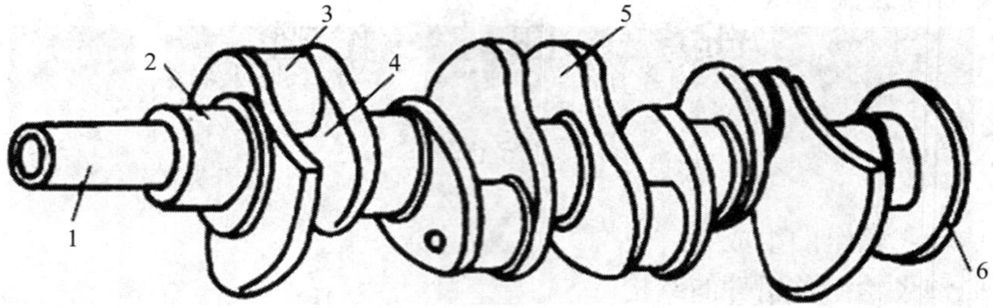

1—前端；2—主轴颈；3—连杆轴颈；4—曲柄；5—平衡块；6—后端

图 2-52

1. 主轴颈

主轴颈是曲轴的支承部分，通过主轴瓦支承在曲轴箱的主轴承座中。曲轴的支承方式有全支承和非全支承两种(见图 2-53)。

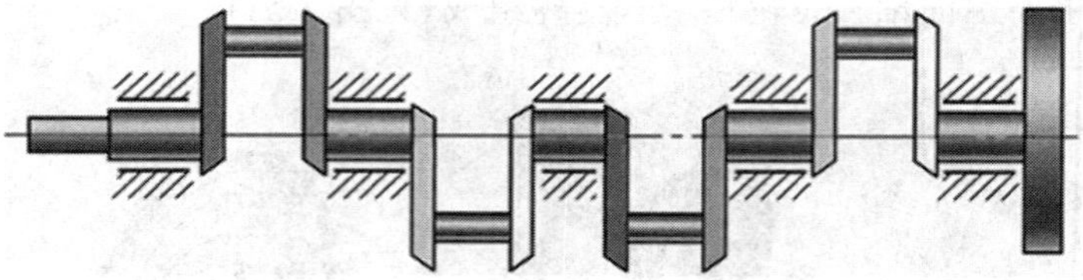

全支承

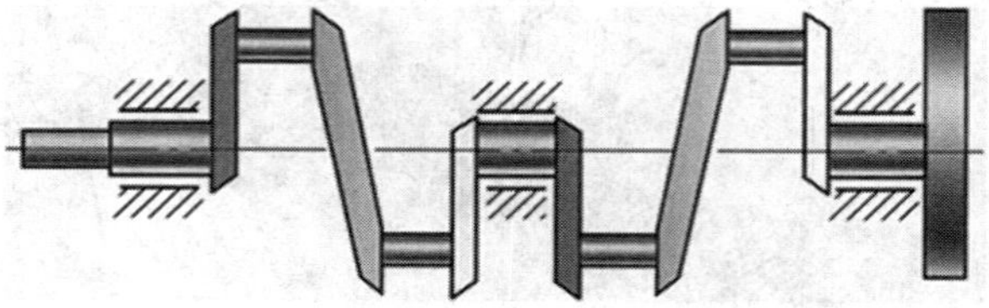

非全支承

图 2-53

全支承方式曲轴的主轴颈数比气缸数目多一个，即每一个连杆轴颈两边都有一个主轴颈。这种支承，曲轴的强度和刚度都比较好，并且减轻了主轴瓦载荷，减小了磨损。

非全支承方式曲轴的主轴颈数比气缸数目少或与气缸数目相等，主轴瓦载荷较大，但缩短了曲轴的总长度，使发动机的总体长度有所减小。

2. 连杆轴颈

连杆轴颈是曲轴与连杆的连接部分。直列发动机的连杆轴颈数目和气缸数相等；V 型发动机的连杆轴颈数等于气缸数的一半。

3. 曲柄和平衡块

曲柄是主轴颈和连杆轴颈的连接部分，断面为椭圆形。为了平衡惯性力，使曲轴旋转平稳，曲柄处铸有平衡块。

4. 曲轴前端和曲轴后端

曲轴前端装有正时齿轮、驱动风扇、水泵的带轮以及启动爪等。为了防止机油沿曲轴轴颈外漏，在曲轴前端装有一个甩油盘，在齿轮室盖上装有油封，防止机油外漏。曲轴后端用来安装飞轮，在后轴颈与飞轮凸缘之间制成挡油凸缘与回油螺纹，以阻止机油向后窜漏。

（二）曲拐布置与多缸发动机的工作顺序

曲轴的形状和曲拐相对位置(即曲拐的布置)取决于气缸数、气缸排列和发动机的发火顺序。安排多缸发动机的发火顺序应注意使连续作功的两缸相距尽可能远，以减轻主轴承的载荷，同时避免可能发生的进气重叠现象。作功间隔应力求均匀，也就是说发动机在完成一个工作循环的曲轴转角内，每个气缸都应发火作功一次。

各缸发火的间隔时间以曲轴转角表示，称为发火间隔角。

四冲程发动机完成一个工作循环曲轴转两圈，其转角为 720°，在曲轴转角 720° 内发动机的每个气缸应该点火作功一次，且点火间隔角是均匀的。因此四冲程发动机的点火间隔角为 720°/*i* (*i* 为气缸数目)，即曲轴每转 720°/*i*，就应有一缸作功，以保证发动机运转平稳。

1. 四冲程直列四缸发动机的曲拐布置和发火顺序

四冲程直列四缸发动机的 4 个曲拐在同一平面内(见图 2-54)，发火间隔角为 720°/4 = 180°，点火顺序为 1—3—4—2 或 1—2—4—3，其工作循环见表 2-1 和表 2-2。

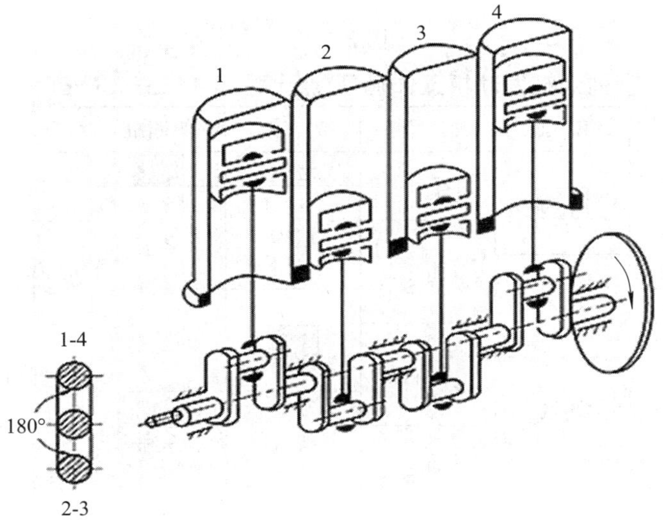

图 2-54

表 2-1　四缸发动机工作循环(点火顺序 1-3-4-2)

曲轴转角/(°)	第一缸	第二缸	第三缸	第四缸
0～180	作功	排气	压缩	排气
180～360	排气	进气	作功	压缩
360～540	进气	压缩	排气	作功
540～720	压缩	作功	进气	进气

表 2-2　四缸发动机工作循环(点火顺序 1-2-4-3)

曲轴转角/(°)	第一缸	第二缸	第三缸	第四缸
0～180	作功	压缩	排气	进气
180～360	排气	作功	进气	压缩
360～540	进气	排气	压缩	作功
540～720	压缩	进气	作功	排气

2. 四冲程直列六缸发动机的曲拐布置和发火顺序

四冲程直列六缸发动机的六个曲拐分别布置在三个平面内(见图 2-55)，发火间隔角为 720°/6 = 120°，点火顺序是 1—5—3—6—2—4，其工作循环表见表 2-3。

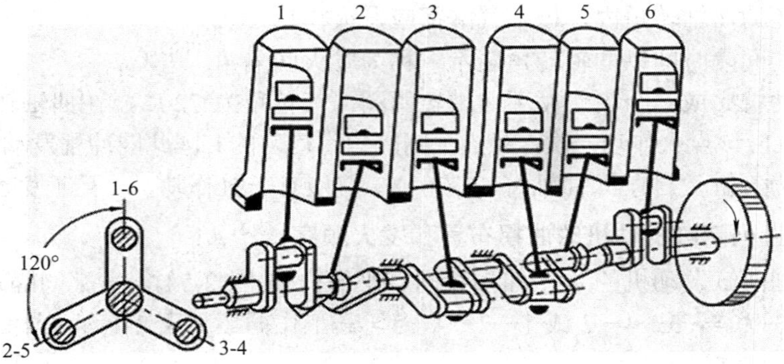

图 2-55

表 2-3　直列六缸发动机工作循环(点火顺序 1—5—3—6—2—4)

<table>
<tr><th colspan="2">曲轴转角/(°)</th><th>第一缸</th><th>第二缸</th><th>第三缸</th><th>第四缸</th><th>第五缸</th><th>第六缸</th></tr>
<tr><td rowspan="3">0～180</td><td>60</td><td rowspan="3">作功</td><td rowspan="2">排气</td><td>进气</td><td>作功</td><td rowspan="2">压缩</td><td rowspan="3">进气</td></tr>
<tr><td>120</td><td rowspan="3">压缩</td><td rowspan="3"></td></tr>
<tr><td>180</td><td rowspan="3">进气</td><td rowspan="3">作功</td></tr>
<tr><td rowspan="3">180～360</td><td>240</td><td rowspan="3">排气</td><td rowspan="3">压缩</td></tr>
<tr><td>300</td><td rowspan="3">作功</td><td rowspan="3">进气</td></tr>
<tr><td>360</td><td rowspan="3">压缩</td><td rowspan="3">排气</td></tr>
<tr><td rowspan="3">360～540</td><td>420</td><td rowspan="3">进气</td><td rowspan="3">作功</td></tr>
<tr><td>480</td><td rowspan="3">排气</td><td rowspan="3">压缩</td></tr>
<tr><td>540</td><td rowspan="3">作功</td><td rowspan="3">进气</td></tr>
<tr><td rowspan="3">540～720</td><td>600</td><td rowspan="3">压缩</td><td rowspan="3">排气</td></tr>
<tr><td>660</td><td rowspan="2">进气</td><td rowspan="2">作功</td></tr>
<tr><td>720</td><td>排气</td><td>压缩</td></tr>
</table>

3. 四冲程 V 型六缸发动机的曲拐布置和发火顺序

四冲程 V 型六缸发动机的发火间隔角仍为 120°，3 个曲拐互成 120°(见图 2-56)。工作顺序为 R1—L3—R3—L2—R3—L1。面对发动机的冷却风扇，右列气缸用 R 表示，由前向后气缸号分别为 R1、R2、R3；左列气缸用 L 表示，气缸号分别为 L1、L2 和 L3，工作循环见表 2-4。

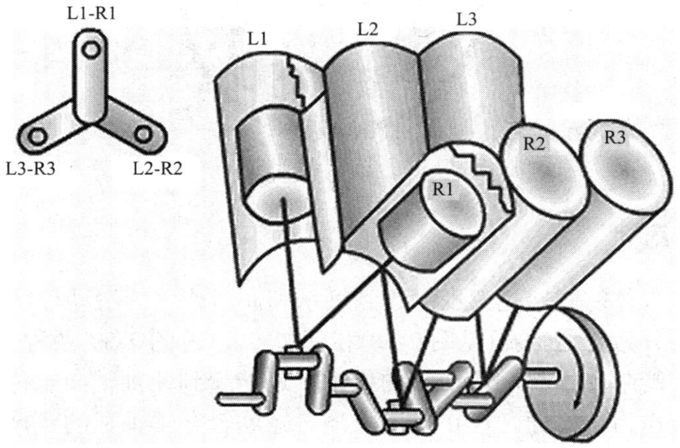

图 2-56

表 2-4　V 型六缸发动机工作循环(点火顺序 R1—L2—R3—L3—R2—L1)

<table>
<tr><th colspan="2">曲轴转角/(°)</th><th>R1</th><th>R2</th><th>R3</th><th>L1</th><th>L2</th><th>L3</th></tr>
<tr><td rowspan="3">0～180</td><td>60</td><td rowspan="3">作功</td><td rowspan="2">排气</td><td>进气</td><td>作功</td><td rowspan="2">压缩</td><td rowspan="3">进气</td></tr>
<tr><td>120</td><td rowspan="3">压缩</td><td rowspan="3"></td></tr>
<tr><td>180</td><td rowspan="3">进气</td><td rowspan="3">作功</td></tr>
<tr><td rowspan="3">180～360</td><td>240</td><td rowspan="3">排气</td><td rowspan="3">压缩</td></tr>
<tr><td>300</td><td rowspan="3">作功</td><td rowspan="3">进气</td></tr>
<tr><td>360</td><td rowspan="3">压缩</td><td rowspan="3">排气</td></tr>
<tr><td rowspan="3">360～540</td><td>420</td><td rowspan="3">进气</td><td rowspan="3">作功</td></tr>
<tr><td>480</td><td rowspan="3">排气</td><td rowspan="3">压缩</td></tr>
<tr><td>540</td><td rowspan="3">作功</td><td rowspan="3">进气</td></tr>
<tr><td rowspan="3">540～720</td><td>600</td><td rowspan="3">压缩</td><td rowspan="3">排气</td></tr>
<tr><td>660</td><td rowspan="2">进气</td><td rowspan="2">作功</td></tr>
<tr><td>720</td><td>排气</td><td>压缩</td></tr>
</table>

(三) 飞轮

飞轮的主要功用是用来储存作功冲程的能量，用于克服进气、压缩和排气冲程的阻力及其他阻力，使曲轴能均匀地旋转。

飞轮是高速旋转件，是一个很重的铸铁圆盘，用螺栓固定在曲轴后端的接盘上，具有很大的转动惯量。因此，要进行精确的平衡校准，平衡性能要好，以达到静平衡和动平衡。

飞轮外缘压有的齿圈与起动电机的驱动齿轮啮合，供起动发动机用(见图 2-57)；汽车离合器也装在飞轮上，利用飞轮后端面作为驱动件的摩擦面，来对外传递动力。

图 2-57

(四) 曲轴轴瓦

安装在曲轴和缸体的固定托架上，起到轴承和润滑作用的滑动轴承叫做曲轴轴瓦。

曲轴轴瓦一般分为普通轴瓦(见图 2-58)和翻边轴瓦(见图 2-59)两种。

翻边轴瓦不仅能起支撑和润滑曲轴的作用，还能起到曲轴轴向定位的作用。翻边轴瓦是将轴瓦两侧翻边作为止推面，在止推面上浇铸减摩合金。轴瓦的止推面与曲轴止推面之间留有 0.06～0.25 mm 的间隙，从而限制了曲轴轴向窜动量。

汽车行驶时由于踩踏离合器而对曲轴施加轴向推力，使曲轴发生轴向窜动。过大的轴向窜动将影响活塞连杆组的正常工作和破坏正确的配气定时和柴油机的喷油定时。为了保证曲轴轴向的正确定位，需装设止推轴承，而且只能在一处设置止推轴承，以保证曲轴受热膨胀时能自由伸长。曲轴止推轴承一般用翻边轴瓦或半圆环止推片。

半圆环止推片(见图 2-60)一般为四片，上、下各两片，分别安装在机体和主轴承盖上的浅槽中，用定位舌或定位销定位，防止其转动。装配时，需将有减摩合金层的止推面朝向曲轴的止推面，不能装反。

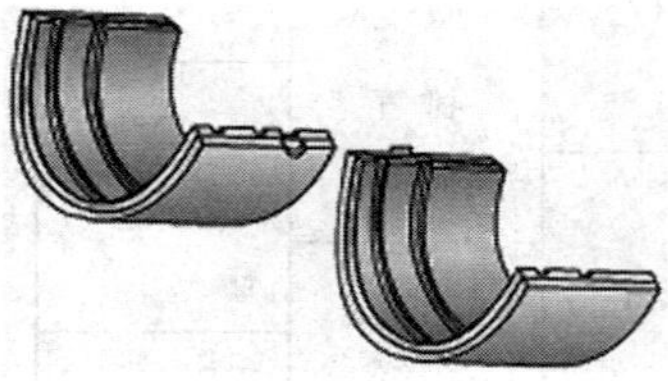

图 2-58

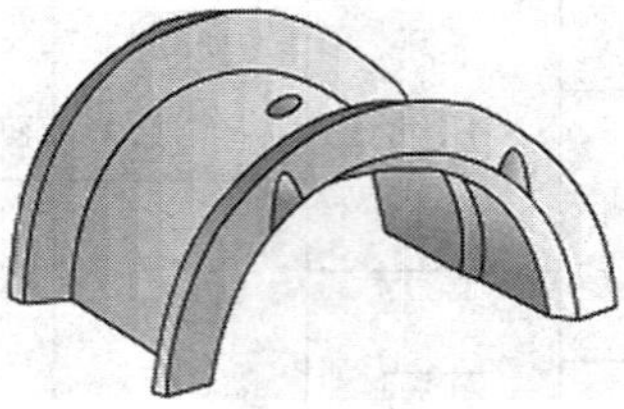

图 2-59

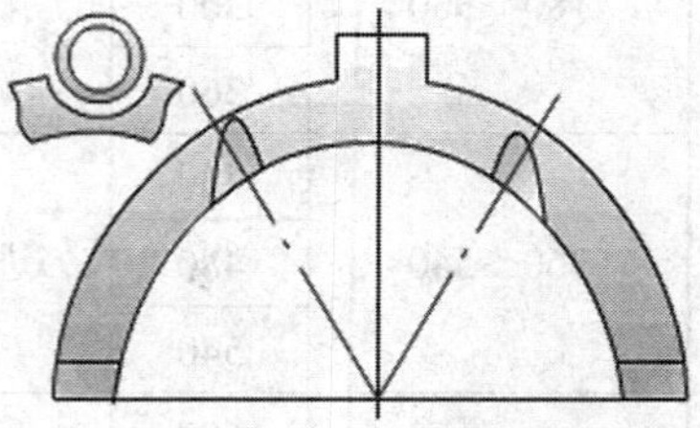

图 2-60

(五) 曲轴扭转减震器

曲轴是一种扭转弹性系统，其本身具有一定的自振频率。在发动机工作过程中，经连杆传给连杆轴颈的作用力的大小和方向都是周期性变化的，所以曲轴各个曲拐的旋转速度也是呈忽快忽慢的周期性变化，而安装在曲轴后端的飞轮转动惯量最大，可以认为是匀速旋转。

曲轴各曲拐的转动比飞轮有时快有时慢，这种现象称之为曲轴的扭转振动。

扭转减振器的功用就是吸收曲轴扭转振动的能量，消减扭转振动，避免发生强烈的共振及其引起的严重恶果。一般低速发动机不易达到临界转速，但曲轴刚度小、旋转质量大、缸数多及转速高的发动机，由于自振频率低，强迫振动频率高，容易达到临界转速而发生强烈的共振。因此，为了消减曲轴的扭转振动，有的发动机在曲轴前端装有曲轴扭转减振器，使曲轴扭转振动能量逐渐消耗于减振器内的摩擦，从而使振幅逐渐减小。

1. 橡胶曲轴扭转减振器

橡胶曲轴扭转减振器(见图 2-61)的壳体与曲轴连接，减振器壳体与扭转振动惯性质量粘结在硫化橡胶层上。发动机工作时，减振器壳体与曲轴一起振动，由于惯性质量滞后于减振器壳体，因而在两者之间产生相对运动，使橡胶层来回揉搓，振动能量被橡胶的内摩擦阻尼吸收，从而使曲轴的扭振得以消减。橡胶扭转减振器结构简单，工作可靠，制造容易，在汽车上广为应用；但其阻尼作用小，橡胶容易老化，故在大功率发动机上较少应用。

2. 硅油曲轴扭转减振器

硅油曲轴扭转减振器(见图 2-62)由钢板冲压而成的减振器壳体与曲轴连接。侧盖与减振器壳体组成封闭腔，其中滑套着扭转振动惯性质量。惯性质量与封闭腔之间留有一定的间隙，里面充满高黏度硅油。当发动机工作时，减振器壳体与曲轴一起旋转、一起振动，惯性质量则被硅油的黏性摩擦阻尼和衬套的摩擦力所带动。由于惯性质量相当大，因此它近似作匀速转动，于是在惯性质量与减振器壳体间产生相对运动。曲轴的振动能量被硅油的内摩擦阻尼吸收，使扭振消除或减轻。硅油扭转减振器减振效果好，性能稳定，工作可靠，结构简单，维修方便，所以在汽车发动机上的应用日益普遍。但它需要良好的密封和较大的惯性质量，致使减振器尺寸较大。

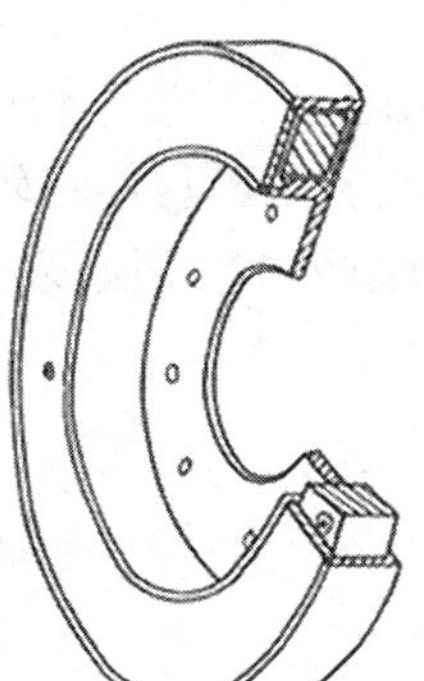

图 2-61

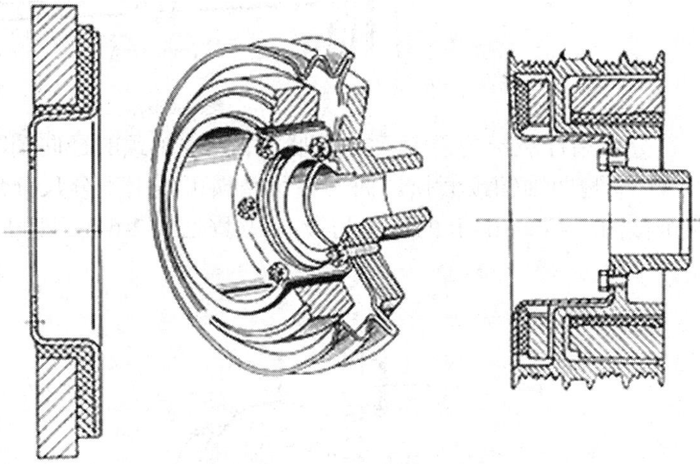

图 2-62

二、任务实施

(一) 任务内容

(1) 曲轴弯曲检测。

(2) 曲轴轴颈磨损检测。

(3) 曲轴轴向隙检测。

(4) 曲轴径向隙检测。

(二) 任务实施准备

(1) 器材与设备：发动机拆装台架、千分尺、百分表、V 形块、套装工具和清洁用具。

(2) 参考资料：《汽车构造拆装与维护保养实训》、发动机维修手册。

(三) 任务实施步骤

(1) 清洁、检查发动机。

(2) 曲轴飞轮组拆卸。具体操作步骤见《汽车构造拆装与维护保养实训》相关内容。

(3) 检测曲轴弯曲。将曲轴两端主轴颈分别放置在检验平板的 V 形块上，将百分表测头抵在中间主轴颈上，慢慢转动曲轴一圈(见图 2-63)。

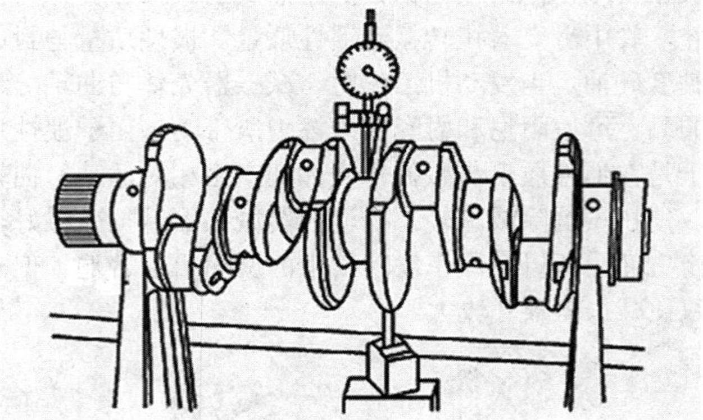

图 2-63

百分表指针所示的最大摆差，即为中间主轴颈的径向圆跳动误差值。

(4) 检测曲轴轴颈磨损。曲轴轴颈磨损可采用千分尺分别测量每道主轴颈与连杆轴颈的两个截面Ⅰ-Ⅰ、Ⅱ-Ⅱ的最大与最小尺寸(见图 2-64)，即可计算出曲轴磨损量、圆度与圆柱度。

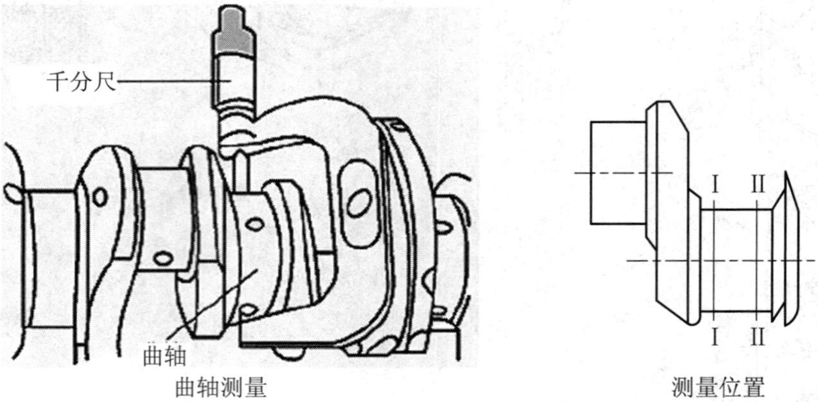

曲轴测量　　测量位置

图 2-64

(5) 检测曲轴轴向间隙。可以将百分表头触及曲轴一端，轴向推动曲轴，观察百分表摆动情况(见图 2-65)；也可以用塞尺塞入主轴颈与主轴承盖之间进行测量。

(6) 检测曲轴径向间隙。

① 清洁连杆轴瓦和曲轴连杆轴颈。

② 将塑料间隙测量片沿着轴向置于轴颈上(见图 2-66)。

③ 装上连杆轴承盖，按规定力矩紧固连杆螺栓(注意不要转动曲轴)，然后拆下连杆轴承盖，测量塑料间隙测量片压扁后的厚度，与规定值相比较。

图 2-65

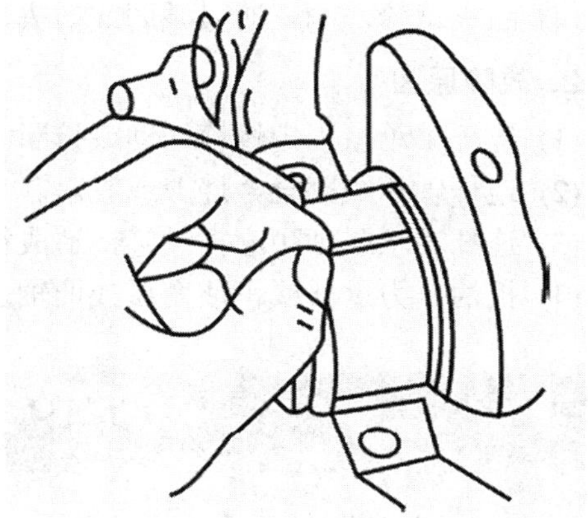

图 2-66

(7) 装配曲轴飞轮组。具体操作步骤见《汽车构造拆装与维护保养实训》相关内容。

三、拓展知识

(一) 曲轴主轴承响

1. 故障现象

(1) 发动机稳定运转不响，转速突然变化时，发出低沉、连续的“喹、喹”的金属敲击声，严重时伴随发动机振动。

(2) 发动机有负荷时响声明显。

(3) 响声随发动机转速的提高而增大。

(4) 产生响声的部位是在发动机缸体下部曲轴箱处。

(5) 单缸断火时响声无明显变化，相邻两缸同时断火时，响声明显减弱或消失。

2. 故障原因

(1) 曲轴轴承盖固定螺栓松动。

(2) 曲轴轴承盖螺栓拧紧力不够。

(3) 曲轴轴承或轴颈磨损，导致轴承径向间隙过大。

(4) 润滑不良致使轴承合金烧蚀或脱落。

(5) 润滑油变质或压力过低。

(6) 曲轴弯曲变形或轴向窜动量大

（二）连杆轴承响

1. 故障现象

(1) 发动机加速时，有连续明显的“铛铛”声，响声清脆，短促而坚实，并随发动机转速的升高而增大，随负荷的增加而增强。

(2) 发动机温度发生变化时，响声不变化。

(3) 发动机负荷变化时，响声随负荷的增加而加剧。

(4) 断火试验，响声明显减弱或消失，但复火时响声又立即出现。

2. 故障原因

(1) 连杆轴承盖固定螺栓松动或折断。

(2) 连杆轴承减磨合金烧毁或脱落。

(3) 连杆轴承或轴颈磨损过甚，造成径向间隙过大。

(4) 机油压力过低或机油变质或曲轴通往连杆轴颈的油道堵塞。

思 考 题

1. 简述曲柄连杆机构的作用及组成。
2. 简述机体组的作用及组成。
3. 简述气缸体、气缸套的作用、类型及结构形式。
4. 简述气缸盖和燃烧室的作用及结构。
5. 简述气缸垫的作用及类型。
6. 简述油底壳的作用及结构。
7. 简述活塞连杆组的组成及作用。
8. 简述活塞的作用、结构及类型。
9. 简述活塞环的作用、结构及类型。
10. 简述活塞销的作用、结构及类型。活塞销与连杆的连接方式有哪些？
11. 简述连杆的作用及结构。
12. 简述曲轴的作用及结构。
13. 简述四冲程直列四缸发动机的曲拐布置和发火顺序。
14. 简述飞轮的作用及结构。
15. 简述曲轴扭转减振器的作用及类型。

项目三　配 气 机 构

四冲程汽车发动机都采用气门式配气机构。

配气机构的功用是按照发动机每一气缸内所进行的工作循环和发火次序的要求，定时开启和关闭各气缸的进、排气门，使新鲜充量得以及时进入气缸，废气得以及时从气缸排出；在压缩与膨胀冲程中，保证燃烧室的密封。

新鲜充量对于汽油机而言就是汽油和空气的混合气，对于柴油机而言是纯空气。进入气缸内的新鲜充量越多，发动机的有效功率和转矩越大。因此，配气机构首先要保证进气充分，进气量尽可能多；同时，废气要排除干净，因为气缸内残留的废气越多，进气量将会越少。其次，配气机构的运动件应该具有较小的质量和较大的刚度，以使配气机构具有良好的动力特性。

任务一　配气机构的类型与组成

知识目标

□ 掌握配气机构的类型。
□ 掌握配气机构的组成。

技能目标

□ 正确区分配气机构和识别配气机构组件。

一、基础知识

（一）配气机构的分类

1. 按气门布置位置分

配气机构有侧置气门式(见图 3-1)和顶置气门式(见图 3-2)两种。

图 3-1

图 3-2

侧置式的气门布置在气缸的一侧，燃烧室结构不紧凑，热量损失大，气道曲折，进气流通阻力大，发动机的经济性和动力性变差。目前，这种布置形式已被淘汰。现代汽车发动机均采用气门布置在气缸盖上的顶置式气门配气机构。

2. 按凸轮轴的位置分

配气机构有下置凸轮轴(见图 3-3)、中置凸轮轴

(见图 3-4)、顶置凸轮轴(见图 3-5)三种。

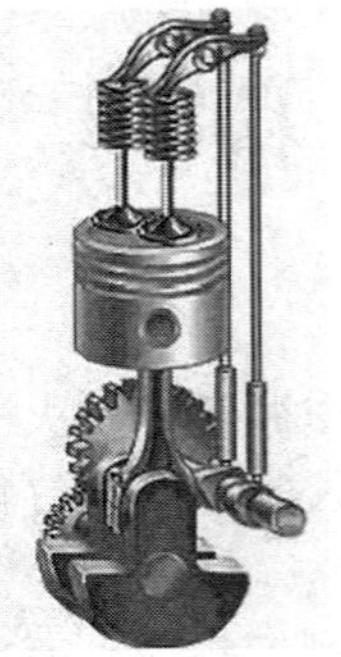

图 3-3

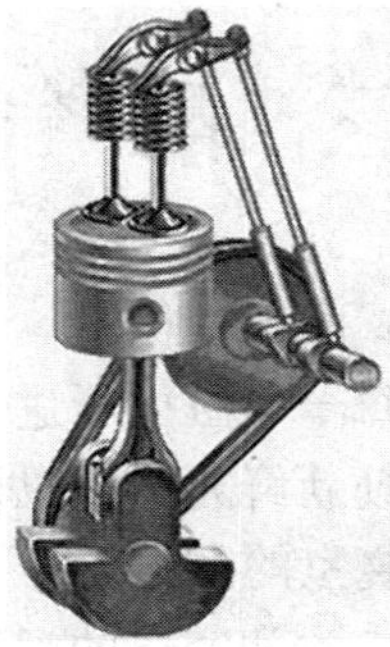

图 3-4

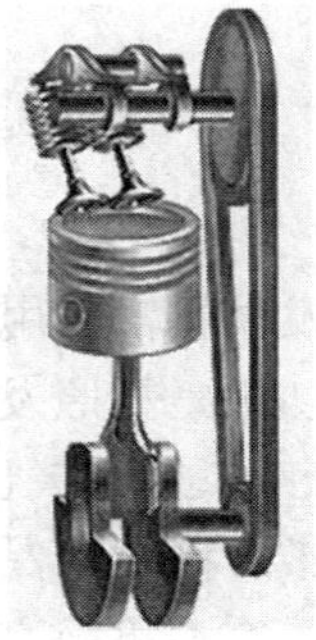

图 3-5

下置凸轮轴配气机构将凸轮轴布置在曲轴箱内，由曲轴正时齿轮带动凸轮轴旋转。这种结构布置的主要优点是凸轮轴离曲轴较近，可用齿轮驱动，传动简单；但存在零件较多、传动距离长、系统弹性变形大、影响配气准确性等缺点。

中置凸轮轴配气机构将凸轮轴布置在曲轴箱上。与凸轮轴下置式相比，省去了推杆，由凸轮轴经过挺柱直接驱动摇臂，减小了气门传动机构的往复运动质量，适应更高速的发动机。

顶置凸轮轴配气机构将凸轮轴布置在气缸盖上，通过摇臂或凸轮来推动气门的开启和关闭。这种传动机构没有推杆等运动件，系统往复运动质量大大减小，非常适合现代高速发动机，尤其是轿车发动机。

3. 按凸轮轴的数量分

顶置凸轮轴配气机构根据顶置凸轮轴的个数，可分为单顶置凸轮轴(SOHC)和双顶置凸轮轴(DOHC)两种。

单顶置凸轮轴配气机构(见图 3-6)仅用一根凸轮轴同时驱动进、排气门，结构简单，布置紧凑。

双顶置凸轮轴配气机构(见图 3-7)由两根凸轮轴分别驱动进、排气门。双凸轮轴布置有利于增加气门数目，提高进排气效率，提高发动机转速，是现代高速发动机配气机构的主要形式。

图 3-6

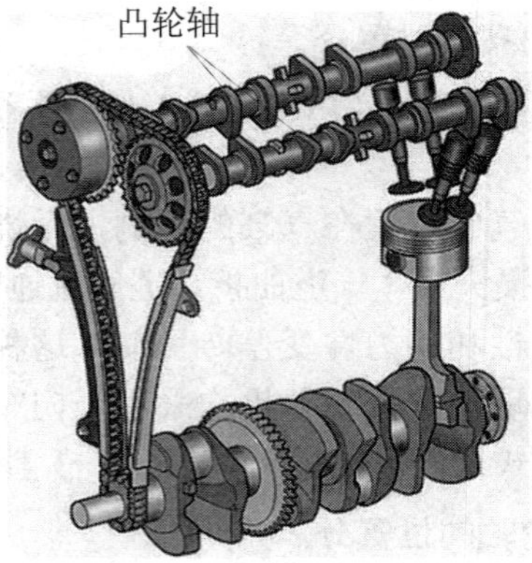

图 3-7

4. 按照驱动气门方式分

顶置凸轮轴配气机构根据气门驱动方式可分为两种，一种是凸轮通过摇臂驱动气门(见图 3-8)，另一种是凸轮直接驱动气门(见图 3-9)。

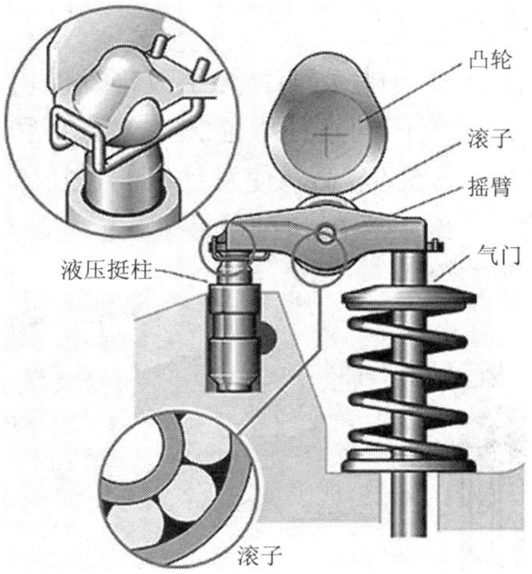

图 3-8

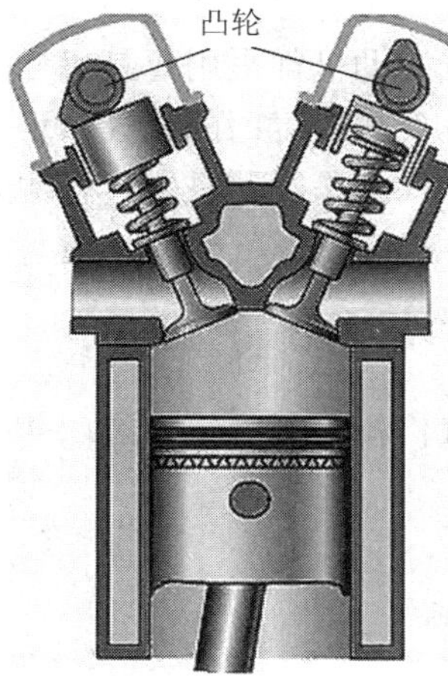

图 3-9

5. 按曲轴和配气凸轮轴的传动方式分

配气机构可分为齿轮传动(见图 3-10)、链传动(见图 3-11)和齿形带传动(见图 3-12)三种。

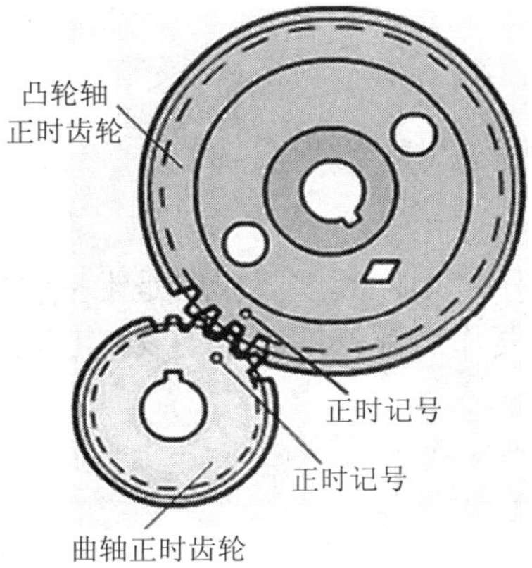

图 3-10

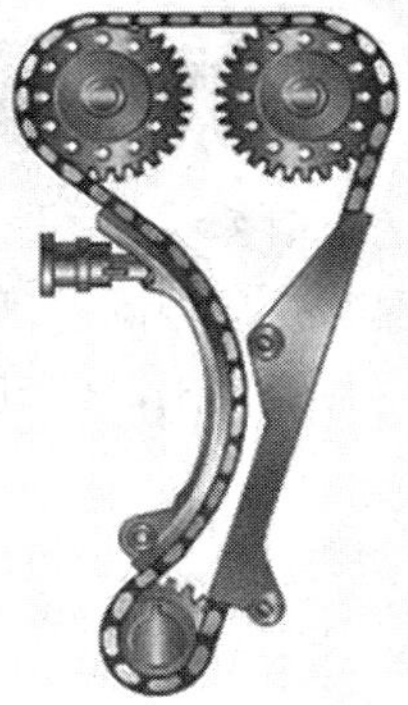
图 3-11

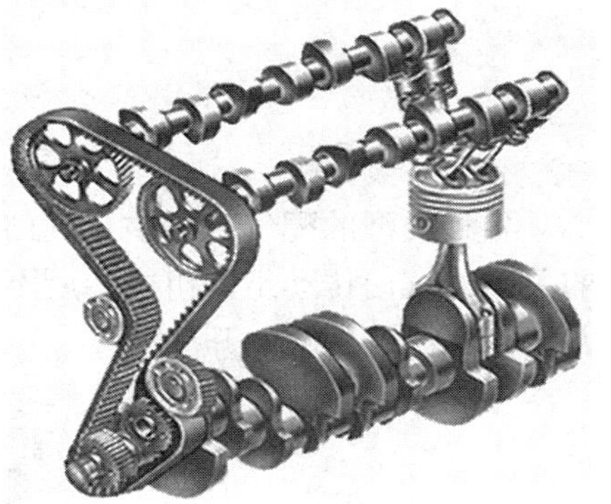
图 3-12

齿轮传动用在凸轮轴下置、中置的配气机构中。一般从曲轴到凸轮轴间的传动只需一对正时齿轮，必要时可加装中间齿轮。为了啮合平稳，减小噪声，正时齿轮多用斜齿轮。也有的齿轮采用夹布胶木制造，以减小噪声。为了装配时保证配气相位的正确，齿轮上都有正时记号，装配时必须按要求对齐。

链传动用在凸轮轴顶置的配气机构中。为使链条在工作时具有一定的张力而不至于脱落，一般装有导链板和张紧轮等。这种传动的优点是布置容易，传动距离较远时，还可用两级链传动；缺点是结构质量及噪声较大，链的可靠性和耐久性不易得到保证。

齿形带传动是现代高速发动机广泛采用的传动方式。齿形带用氯丁橡胶制成，中间夹有玻璃纤维和尼龙织物，以增加强度。齿带的张力可以由张紧轮进行调整。这种传动方式可以减小噪声，减少结构质量和降低成本。

6. 按每缸气门的数目分

配气机构可分为 2 气门、3 气门、4 气门和 5 气门。

传统发动机都采用每缸 2 气门(一个进气门，一个排气门)。为了改善发动机的充气性能，应尽量加大气门的直径，但由于气缸的限制，气门的直径不能超过气缸直径的一半。因此，现代汽车发动机中，普遍采用多气门结构(3～5 气门)，使发动机的进排气流通截面积增大，提高了充气效率，改善了发动机的动力、经济性能和排放性能。

(二) 配气机构组成

配气机构由气门组和气门传动组两部分组成(见图 3-13)。

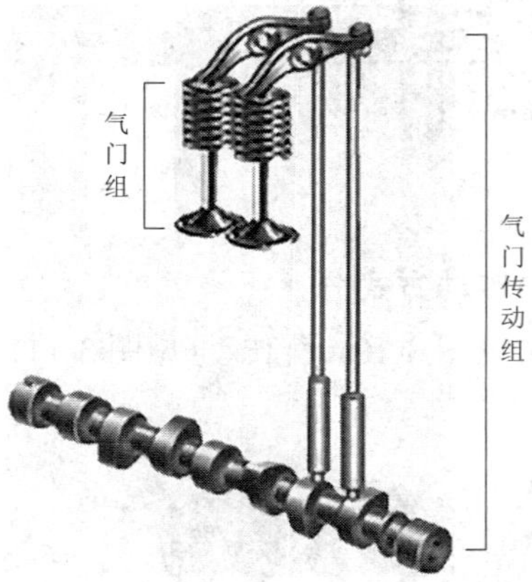

图 3-13

各种类型的配气机构中，气门组的组成是相同的(见图 3-14)，其主要作用是维持气门的关闭。气门传动组的组成有所不同(见图 3-15)，但其主要作用都是定时驱动气门开闭，并保证气门有足够的开度。

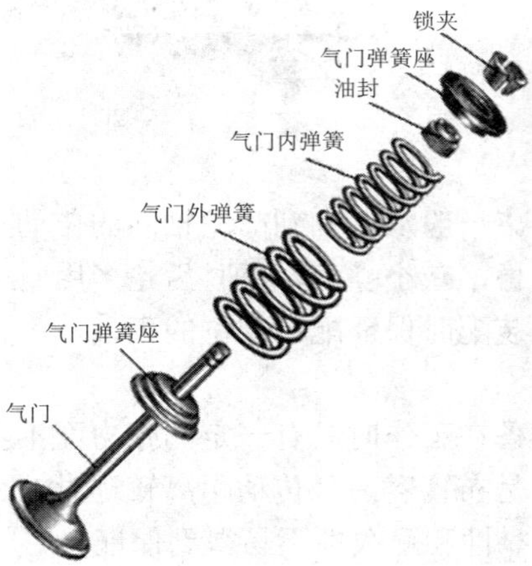

图 3-14

图 3-15

二、任务实施

（一）任务内容

(1) 判别配气机构类型。
(2) 认识配气机构的组件。

（二）任务实施准备

(1) 器材与设备：实训发动机、清洁用具。
(2) 参考资料：相关教材。

（三）任务实施步骤

(1) 清洁、检查发动机。
(2) 辨识实训发动机的配气机构类型。
(3) 识别配气机构的组件。

三、 拓展知识

充气效率(η_V)即充量系数，是指内燃机每个工作循环内，发动机气缸内实际吸入气缸的新鲜空气质量与进气状态下充满气缸工作容积的理论空气质量比值。发动机的充气效率反映了进气过程的完善程度，是衡量发动机进气性能的重要指标。

$$\eta_v = \frac{M_1}{M_s}$$

式中，M_1是实际吸入气缸的新鲜空气的质量；M_S是进气状态下充满气缸工作容积的理论空气质量。

1. 影响充气效率的因素

(1) 进气门关闭时缸内的压力。
(2) 进气门关闭时缸内气体温度。
(3) 残余废气量。
(4) 进排气相位角。
(5) 发动机压缩比。
(6) 进气状态。

2. 提高充气效率的措施

(1) 降低进气系统的阻力损失，提高气缸内进气终了时的压力。
(2) 降低排气系统的阻力损失，以减小气缸内的残余废气系数。
(3) 减少高温零件在进气系统中对新鲜充量的加热，以降低进气终了时的充量温度。
(4) 合理的配气正时和气门升程规律。

3. 提高充气效率的技术

(1) 采用可变配气系统技术。

(2) 合理利用进气谐振。

(3) 对进气进行增压。

任务二 气 门 组

知识目标

□ 掌握气门组各组件的结构。

技能目标

□ 掌握气门组的拆装、检测过程和规范。

一、基础知识

气门组主要由气门、气门座、气门弹簧、弹簧座、气门导管等组成(见图 3-16)。

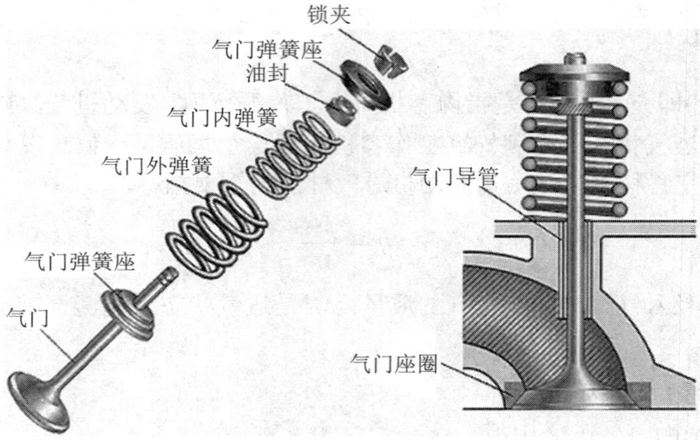

图 3-16

气门组应保证气门能够实现气缸的密封，因此要求：气门头部与气门座贴合严密；气门导管与气门杆的上下运动有良好的导向；气门弹簧的两端面与气门杆的中心线相垂直，以保证气门头在气门座上不偏斜；气门弹簧的弹力足以克服气门及其传动件的运动惯性力，使气门能迅速开闭，并保证气门紧压在气门座上。

(一) 气门

1. 气门的作用

气门的作用是用来封闭或开启进排气道。

2. 气门的工作条件

气门的工作条件非常恶劣。首先，气门直接与高温燃气接触，受热严重，而散热困难，因此气门温度很高；其次，气门承受气体力和气门弹簧力的作用，以及由于配气机构运动件的惯性力使气门落座时受到冲击；第三，气门在润滑条件很差的情况下以极高的速度开启、关闭并在气门导管内作高速往复运动；第四，气门由于与高温燃气中有腐蚀性的气体接触而受到腐蚀。

由于气门工作条件非常恶劣，所以气门应该有足够的强度、刚度，耐磨、耐高温、耐腐蚀、耐冲击。

进气门一般用中碳合金钢制造，如铬钢、铬钼钢和镍铬钢等。排气门则采用耐热合金钢制造，如硅铬钢、硅铬钼钢、硅铬锰钢等。

3. 气门的结构

气门由头部和杆部两部分组成(见图 3-17)。

气门头部用来封闭进、排气道，杆部用来在气门开闭过程中起导向作用。

气门头部由气门顶面和气门锥面组成。气门顶面有平顶、凹顶和凸顶(见图 3-18)等形状。平顶气门结构简单，制造方便，质量轻；凹顶气门头部与气门杆有较大的过渡圆弧，可以减小进气阻力，但受热面积大，不适合作排气门，一般用作进气门；凸顶气门适用于排气门，强度高，排气阻力小，废气的清除效果好，但受热面积大，质量和惯性力大，加工较复杂。

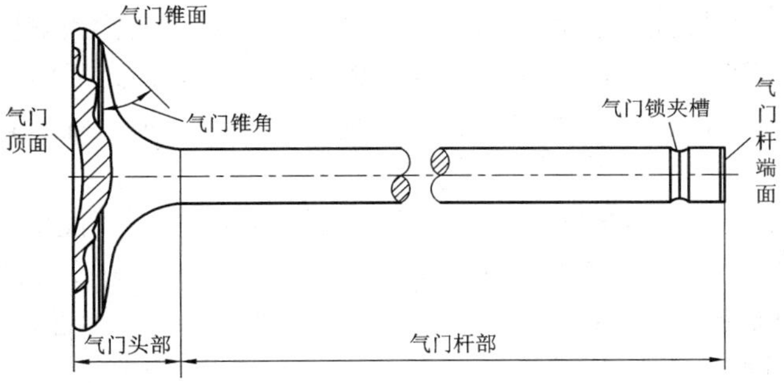

图 3-17

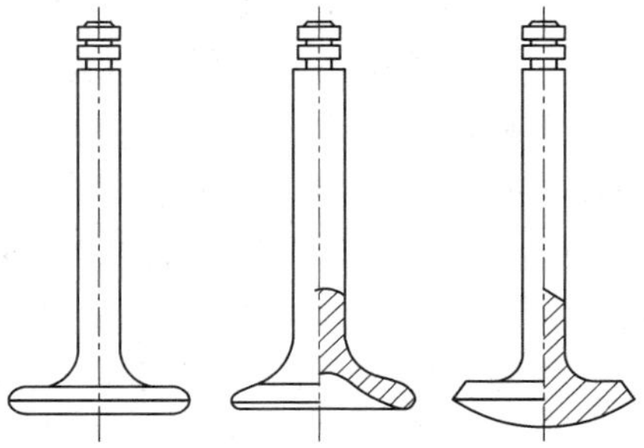

图 3-18

气门与气门座或气门座圈之间靠锥面密封。气门锥面与气门顶面之间的夹角称为气门锥角(见图 3-17)。进、排气门的气门锥角一般均为 45°，只有少数发动机的进气门锥角为 30°。

气门杆为圆柱形，有较高的加工精度和较小的表面粗糙度。气门杆的尾部用以固定气门弹簧座，其结构随弹簧座的固定方式不同而异(见图 3-19)。采用分为两半锥形锁夹固定方式的其尾部开有环形切槽；采用锁销式固定方式的其尾部钻有安装锁销的通孔。

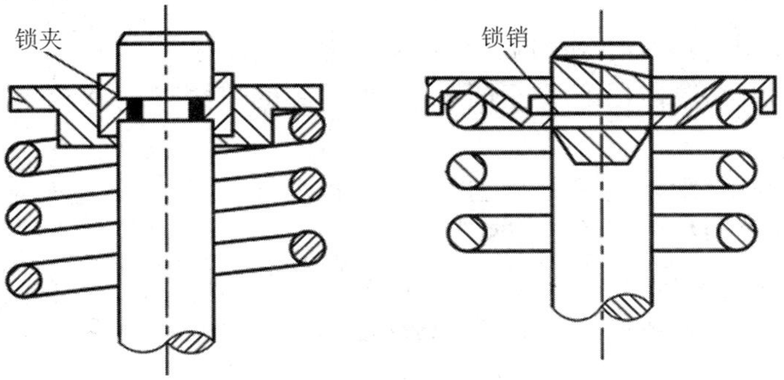

图 3-19

（二）气门导管与气门油封

1. 气门导管

气门导管用来在气门作往复直线运动时进行导向，以保证气门与气门座之间的正确配合与开闭；此外还将气门杆接收的热量部分地传给气缸盖。气门导管的构造如图 3-20 所示。

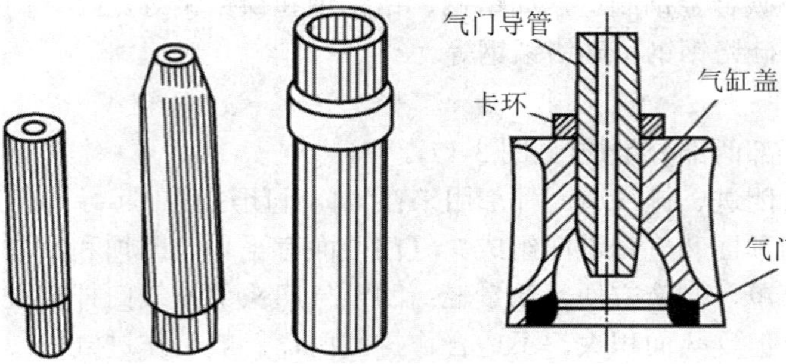

图 3-20

为了保证导向，气门导管应具有一定的长度。气门导管的工作温度也较高，约 500 K。气门导管和气门是靠配气机构飞溅出来的机油进行润滑的，因此易磨损。为了改善润滑性能，气门导管常用灰铸铁、球墨铸铁或铁基粉末冶金制造。导管的内、外圆面加工后将其压入气缸盖的气门导管孔内，然后再精铰内孔。为了防止气门导管在使用过程中松脱，有的发动机对气门导管采用卡环定位。

气门与气门导管间留有 0.05～0.12 mm 的微量间隙，使气门能在气门导管中自由运动，适量的润滑油由此间隙对气门杆和气门导管进行润滑。该间隙过小，会导致气门杆受热膨胀与气门导管卡死；间隙过大，会使机油进入燃烧室燃烧，产生积炭，加剧活塞、气缸和气门磨损，增加润滑油消耗，同时造成排气口冒蓝烟。

2. 气门油封

气门在气门导管中运动，需要润滑，为了防止过多的润滑油通过气门导管进入燃烧室，在气门导管上安装有气门油封。

气门油封在高温下与燃油和机油相接触，因此需要采用耐热性和耐油性优良的材料，由外骨架和氟橡胶共同硫化而成，油封径口部安装有自紧弹簧或钢丝。

（三）气门弹簧

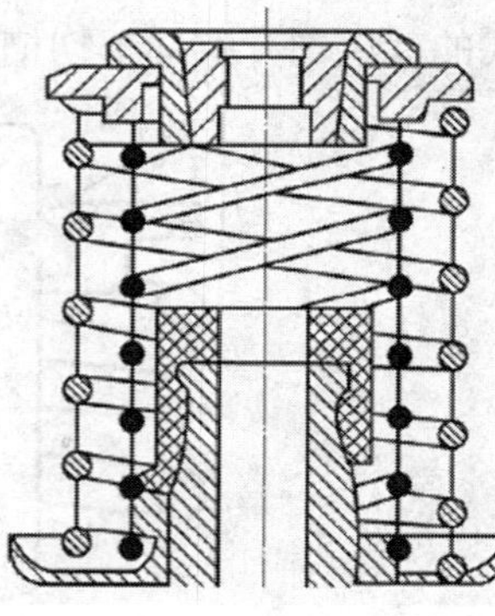

图 3-21

气门弹簧的作用是在气门关闭时，保证气门与气门座之间的密封；在气门开启时，保证气门不因运动时产生的惯性力而脱离凸轮。

气门弹簧多为圆柱形螺旋弹簧，它的一端支撑在气缸盖上，另一端支撑在气门杆尾端的弹簧座上。

一些高速发动机通常在一个气门上同心安装两根直径不同、旋向相反的内外弹簧(见图 3-21)。这样能提高气门弹簧的工作可靠性，也可以防止共振；而且当一根弹簧折断时，另一根可维持工作，还可防止折断的弹簧圈卡入另一个弹簧圈内；此外还能使气门弹簧的高度减小。当装有两根气门弹簧时，注意弹簧圈的螺旋方向应相反。

气门弹簧多用中碳锰钢、铬钒钢等优质冷拔弹簧钢丝制造，并经热处理。为提高其抗疲劳强度，钢丝表面经抛光或喷丸处理。为了避免弹簧锈蚀，弹簧表面应进行镀锌、磷化处理。弹簧的两个端面须磨光并与弹簧轴线相垂直。

(四) 气门座与气门座圈

气缸盖上与气门锥面相贴合的部位称气门座。

气门座的作用是与气门头部一起对气缸起密封作用，同时接受气门头部传来的热量，起到散热的作用。

气门座的形式有两种：一种是直接在气缸盖上加工出气门座；另一种是用耐热合金钢或合金铸铁单独制成气门座圈，镶嵌在气缸盖上，以提高使用寿命和便于修理更换。

气门座的锥角由三部分组成(见图 3-22)。其中45° (或 30°)的锥面与气门密封锥面贴合，为保证有一定的贴合压力，使密封可靠。30° 和 60° 锥角是用来修正工作锥面的宽度和上、下位置的(有些发动机是15° 和 75°)，以使其达到规定的要求。

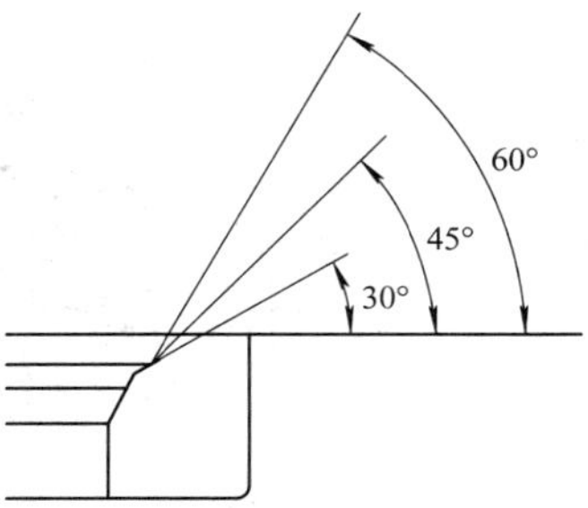

图 3-22

二、任务实施

(一) 任务内容

气门组拆装检测。

(二) 任务实施准备

(1) 器材与设备：实训发动机、游标卡尺、千分尺、百分表、V 形块、平板、角尺、顶尖、套装工具、气门拆装钳、清洁工具等。

(2) 参考资料：《汽车构造拆装与维护保养实训》、发动机维修手册。

(三) 任务实施步骤

(1) 拆卸气门。具体操作步骤见《汽车构造拆装与维护保养实训》相关内容。

(2) 检测气门。

① 测量气门杆与气门导管的配合间隙(见图 3-23)。

② 测量气门杆直径(见图 3-24)。

③ 测量气门头部边沿厚度(见图 3-25)。

④ 检测气门杆的弯曲度(见图 3-26)。

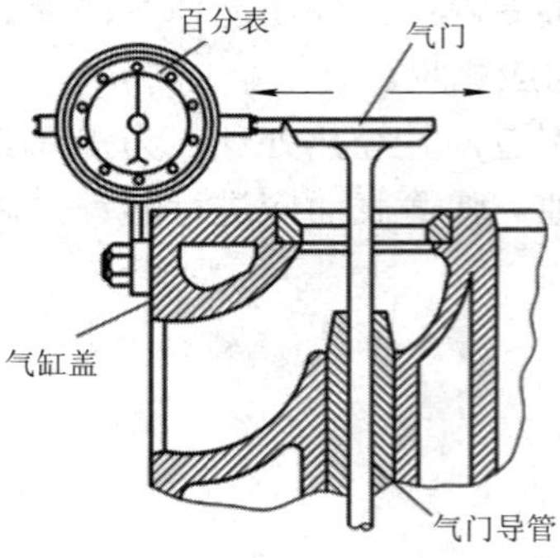

图 3-23

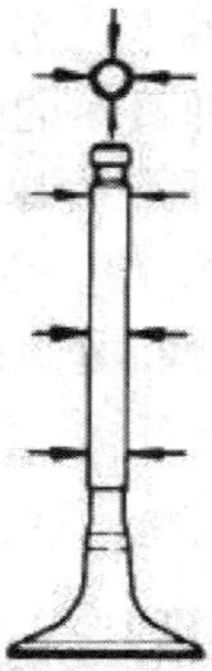
图 3-24

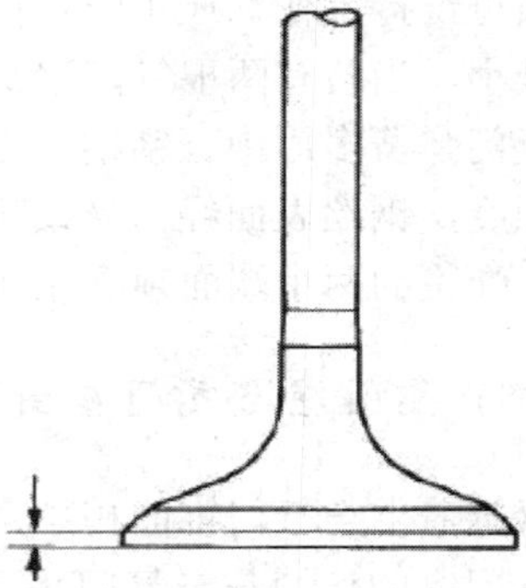
图 3-25

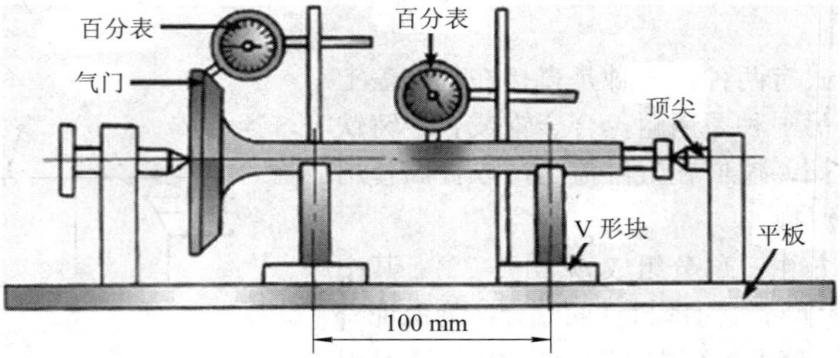

图 3-26

(3) 测量气门弹簧的自由长度和垂直度(见图 3-27)。

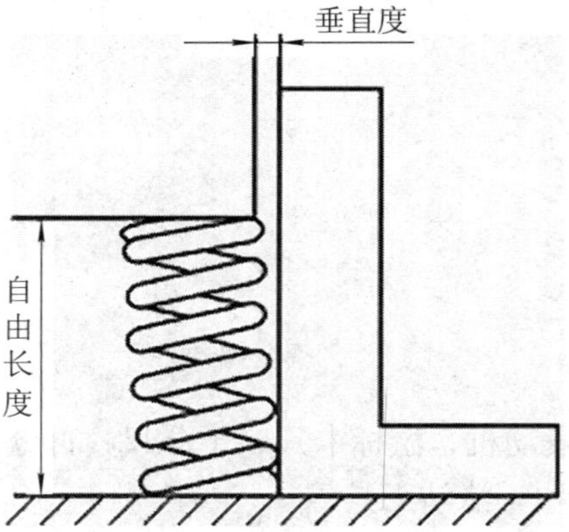

图 3-27

三、拓展知识

(一) 气门脚异响

1. 故障现象

(1) 发动机怠速时，发出有节奏的“嗒、嗒、嗒”响声。

(2) 转速增高，响声也随之增高。

(3) 发动机温度变化或做断火试验时，响声不变。

2. 故障原因

(1) 气门间隙过大。

(2) 气门杆与气门导管的配合间隙过大。

(3) 气门间隙调整螺钉松动或间隙处的接触面不平。

(4) 液力挺柱失效。

（二）气门座圈异响

1. 故障现象

(1) 与气门脚响相似，但比其响声大，且有忽大忽小的“嚓、嚓、嚓”声。

(2) 中速时响声清晰，高速杂乱。

(3) 单缸断火，响声不变，有时更明显。

(4) 发动机处于低温时响声易出现。

2. 故障原因

(1) 气门座圈产生裂纹或破碎。

(2) 气门座圈松动。

（三）气门漏气

1. 故障现象

发动机起动困难、进气管回火、排气管放炮、冒烟、油耗增加，配气机构出现异响等。

2. 故障原因

(1) 气门与气门座工作面磨损、烧蚀或有积炭，气门关闭不良。

(2) 气门与气门导管的配合间隙过大，气门杆晃动导致气门关闭不良。

(3) 气门在气门导管内发涩或卡住，气门不能上下移动。

(4) 气门弹簧折断或弹力不足。

（四）气门弹簧异响

1. 故障现象

(1) 发动机怠速时有明显的“嚓、嚓”响声。

(2) 各种转速下均有清脆的响声，拆下气门室盖响声更为明显。

2. 故障原因

气门弹簧过软或折断。

任务三　气门传动组

知识目标

□ 掌握气门传动组的组成。

□ 掌握气门传动组各组件的结构。

技能目标

□ 掌握气门传动组的拆装、检测过程和规范。

一、基础知识

气门传动组的主要作用是使进、排气门按照配气相位规定的时间开启与关闭。

气门传动组主要由凸轮轴、挺柱、推杆、摇臂与摇臂轴等组成。由于气门驱动形式和凸轮轴位置的不同，气门传动组的零件组成差别很大。

（一）凸轮轴

1. 作用

凸轮轴由发动机曲轴驱动，用来驱动和控制各缸气门的开启，使其符合发动机的工作顺序、配气相位及气门开度的变化规律等要求。

2. 凸轮轴的工作条件与制造材料

由于凸轮轴在工作中受到气门开启间歇性冲击载荷，因此凸轮轴要有足够的韧性和刚度，凸轮轴轴颈和凸轮工作表面应该有较高的尺寸精度、较小的表面粗糙度和足够的刚度，还应有较高的耐磨性和良好的润滑。凸轮轴通常由优质碳钢或合金钢锻造，也可用合金铸铁或球墨铸铁铸造。凸轮轴轴颈和凸轮工作表面经热处理后磨光。

3. 凸轮轴的安装位置

凸轮轴的安装位置有下置式、中置式和上置式三种。下置式配气机构的凸轮轴位于曲轴箱内，中置式配气机构的凸轮轴位于机体上部，上置式配气机构的凸轮轴位于气缸盖上。

现在大多数量产车的发动机配备的是顶置式凸轮轴。顶置式凸轮轴结构的主要优点是运动件少，传动链短，整个机构的刚度大，使凸轮轴更加接近气门，减少了底置式凸轮轴由于凸轮轴和气门之间较大的距离而造成的往返动能的浪费。顶置式凸轮轴的发动机由于气门开闭动作比较迅速，因而转速更高，运行的平稳度也比较好。

4. 凸轮轴的驱动

凸轮轴由曲轴驱动，其传动机构有齿轮式、链条式及齿形带式。

齿轮传动机构用于下置式和中置式凸轮轴的传动。汽油机一般只用一对定时齿轮，即曲轴定时齿轮和凸轮轴定时齿轮。柴油机需要同时驱动喷油泵，所以增加一个中间齿轮。为了保证齿轮啮合平顺、噪声低、磨损小，定时齿轮都是圆柱螺旋齿轮并用不同的材料制造。曲轴定时齿轮用中碳钢制造，凸轮轴定时齿轮则采用铸铁或夹布胶木。为了保证正确的配气定时和喷油定时，在传动齿轮上刻有定时记号，装配时必须对正记号。

链传动机构用于中置式和上置式凸轮轴的传动，尤其是上置式凸轮轴的高速汽油机采用链传动机构的很多。链条一般为滚子链，工作时应保持一定的张紧度，不使其产生振动和噪声。为此在链传动机构中装有导链板并在链条的松边装置张紧器。

齿形带传动机构用于上置式凸轮轴的传动，与齿轮和链传动机构相比具有噪声小、质量轻、成本低、工作可靠和不需要润滑等优点。另外，齿形带伸长量小，适合有精确定时要求的传动，因此被越来越多的汽车发动机特别是轿车发动机所采用。齿形带由氯丁橡胶制成，中间夹有玻璃纤维，齿面粘覆尼龙编织物。在使用中不能使齿形带与水或机油接触，否则容易引起跳齿。齿形带轮由钢或铁基粉末冶金制造。为了确保传动可靠，齿形带需保持一定的张紧力，为此在齿形带传动机构中也设置了由张紧轮与张紧弹簧组成的张紧器。

5. 凸轮轴的结构

凸轮轴主要由凸轮、凸轮轴颈两部分组成(见图 3-28)。

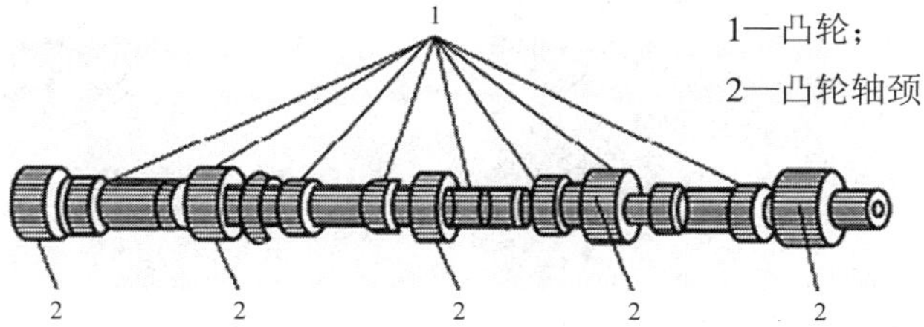

1—凸轮；
2—凸轮轴颈

图 3-28

凸轮轴颈用于支承凸轮轴，装有镶有巴氏合金或青铜薄壁的衬套作为轴承安装于机体轴承座孔中。

同一缸的进、排气凸轮称为异名凸轮，各缸的进气凸轮(或者排气凸轮)称为同名凸轮。从各缸同名凸轮的排列顺序也可以判断该发动机的作功顺序(见图 3-29)。

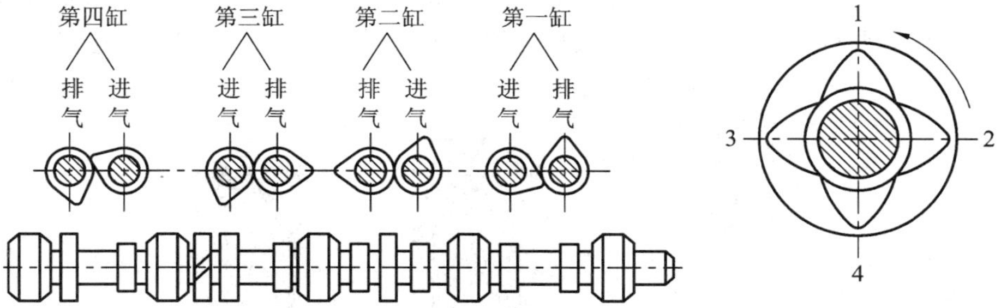

图 3-29

凸轮轴上各同名凸轮的相对角位置与凸轮轴旋转方向、发动机工作顺序及气缸数或作功间隔角有关(见图 3-30)。如果从发动机前端看凸轮轴逆时针方向旋转，则工作顺序为 1—3—4—2 的四缸发动机其作功间隔角为 720° /4 = 180° 曲轴转角，相当于 90° 凸轮轴转角，即各同名凸轮间的夹角为 90° 。对于工作顺序为 1—5—3—6—2—4 的六缸发动机，其同名凸轮间的夹角为 60° 。同一气缸的进、排气凸轮的相对角位置即异名凸轮相对角位置，取决于配气定时及凸轮轴旋转方向。

气门开启和关闭的时刻、持续时间以及开闭的速度等由凸轮的轮廓形状(见图 3-31)决定。*O* 点为凸轮轴回转中心，凸轮轮廓上的 *AB* 段和 *DE* 段为缓冲段，*BCD* 段为工作段。挺柱在 *A* 点开始升起，在 *E* 点停止运动，凸轮转到 *AB* 段内某一点处，气门间隙消除，气门开始开启。此后随着凸轮继续转动，气门逐渐开大，至 *C* 点气门开度达到最大。然后气门逐渐关闭，在 *DE* 段内某一点处气门完全关闭，接着气门间隙恢复。气门最迟在 *B* 点开始开启，最早在 *D* 点完全关闭。由于气门开始开启和关闭落座时均在凸轮升程变化缓慢的缓冲段内，其运动速度较小，因而可以防止强烈的冲击。

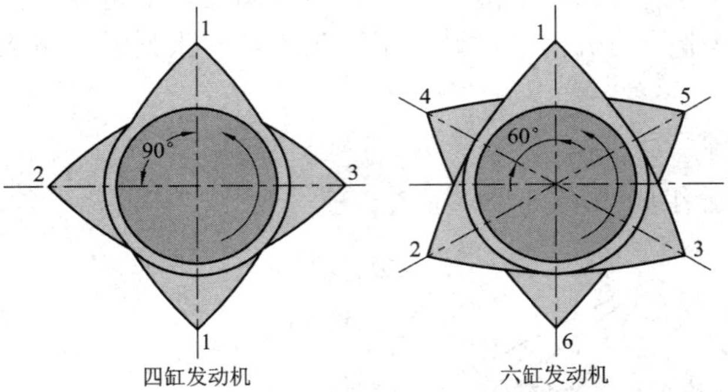

图 3-30

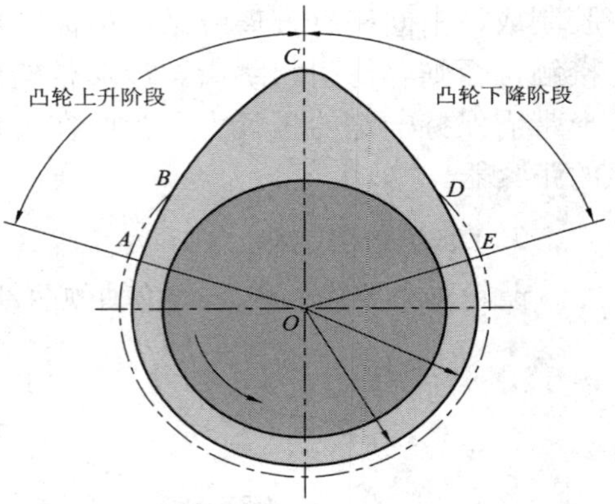

图 3-31

（二）挺柱

挺柱的作用是将凸轮的推力传给推杆或气门，并承受凸轮轴旋转时所施加的侧向力，并将其传给机体或气缸盖。制造挺柱的材料有碳钢、合金钢、镍铬合金铸铁和冷激合金铸铁等。

1. 机械挺柱

机械挺柱常见的结构形式有菌式、筒式和滚轮式三种(见图 3-32)。大多数发动机采用筒式挺柱，其下端有油孔，以便使从气缸盖流下来的机油顺利流出润滑凸轮。

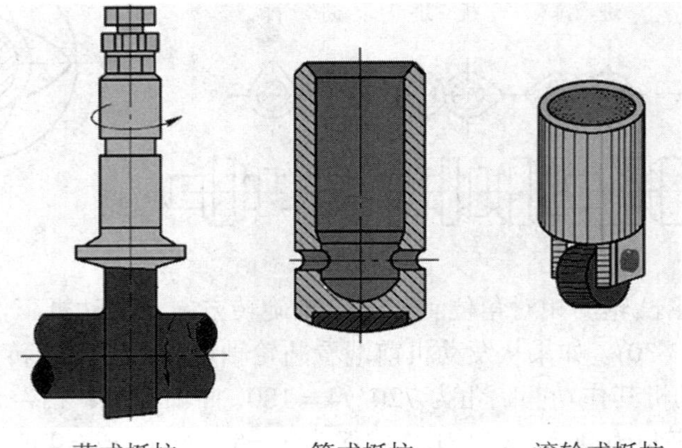

菌式挺柱　　筒式挺柱　　滚轮式挺柱

图 3-32

2. 液力挺柱

为了防止热膨胀后气门关闭不严，大多数发动机预留了气门间隙，使发动机工作时配气机构产生撞击和噪声。为了消除这一弊端，越来越多的发动机，尤其是轿车发动机采用液力挺柱(见图 3-33)，借以实现零气门间隙。

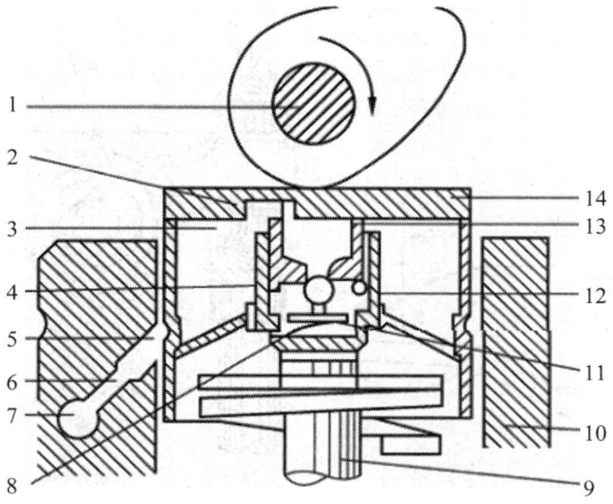

1—凸轮轴；2—键形槽；3—低压油腔；4—球形阀；5—斜油孔；6—量油孔；7—缸盖主油道；8—高压油腔；9—气门；10—缸盖；11—压力弹簧；12—油缸；13—柱塞；14—挺柱体

图 3-33

(三) 推杆

在下或中置凸轮轴配气机构中，推杆下端与挺柱接触，上端与摇臂调整螺钉接触，其功用是将挺柱传来的运动和作用力传给摇臂。

推杆(见图 3-34)是一个细长、空心或实心杆件，上端常做成凹球形，与摇臂调整螺钉的凸球形头部配合，下端常做成凸球形，与挺柱的凹球面配合。

推杆传递的力很大，所以极易弯曲。因此，要求推杆有较好的纵向稳定性和较大的刚度。推杆一般用冷拔无缝钢管制造，也可以用中碳钢制成实心推杆，这时两端的球头与推杆锻成一个整体。

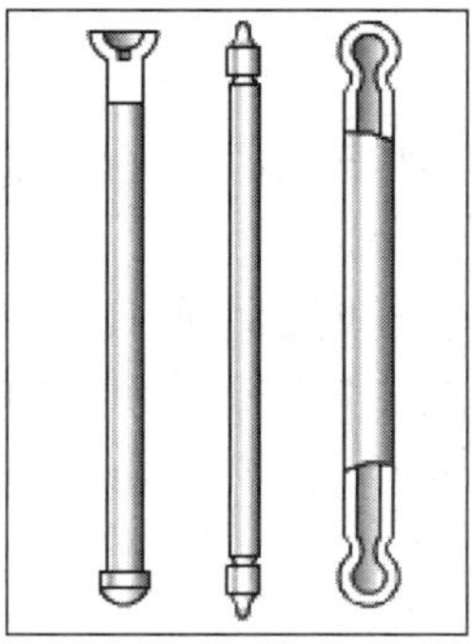

图 3-34

(四) 摇臂

摇臂的功用是将推杆和凸轮传来的运动和作用力，改变方向传给气门使其开启。

摇臂实际上是一个双臂杠杆，以摇臂轴为支点，两臂一般不等长(见图 3-35)。长臂端用于推动气门，其工作面制成圆弧状，保证摆动时与气门杆端面作滚滑运动；短臂端安装有调整螺钉，用来调整气门间隙；摇臂中间轴孔内镶有衬套和摇臂轴配合(见图 3-36)。

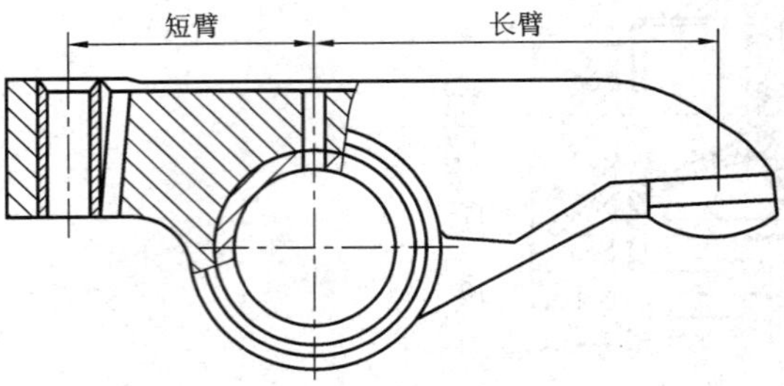

图 3-35

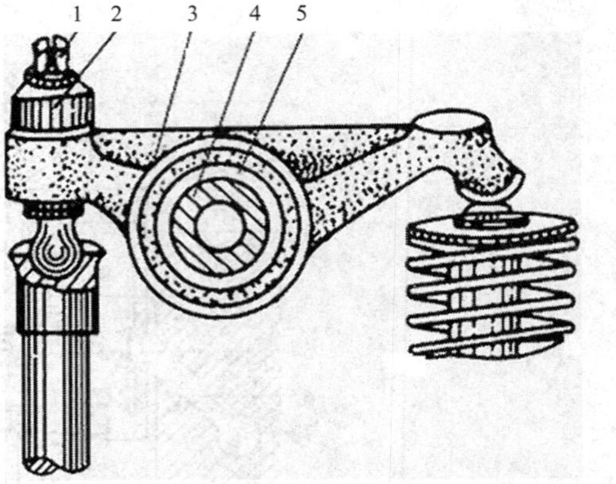

1—调整螺钉；2—锁紧螺母；3—摇臂；4—摇臂轴；5—衬套

图 3-36

摇臂在摆动过程中承受很大的弯矩而且速度快，因此应有足够的强度和刚度以及较小的质量。摇臂由锻钢、可锻铸铁、球墨铸铁或铝合金制造。

(五) 摇臂轴组件

摇臂轴组件主要由摇臂轴、摇臂轴支座及定位弹簧等组成(见图 3-37)。

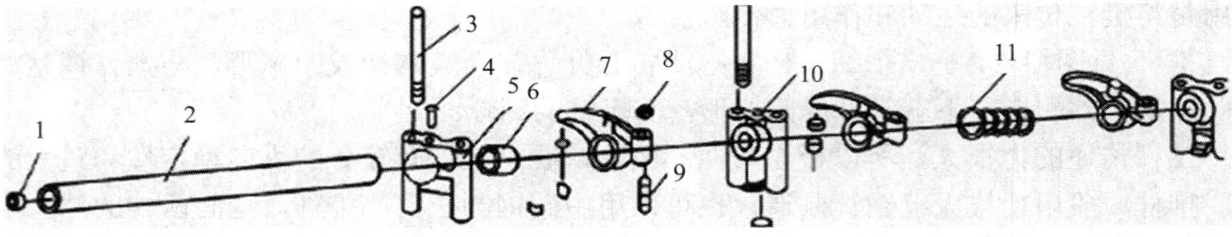

1—碗形塞；2—摇臂轴；3—螺母；4—紧固螺钉；5—摇臂轴支座；6—衬套；
7—摇臂；8—锁紧螺母；9—调整螺钉；10—调中间支座；11—定位弹簧

图 3-37

摇臂通过青铜衬套支承在空心的摇臂轴上，再一起固定在摇臂轴支座上。为了防止摇臂窜动，相邻两摇臂之间装有定位弹簧。

摇臂轴是一根空心轴，在安装各摇臂部位的径向钻有油孔。摇臂轴支承于摇臂轴支座孔内，并用紧固螺钉固定，以防转动。摇臂轴中间支座用螺栓固定在气缸盖上，中间支座内有油孔与气缸盖油道相通，润滑油经支座油孔和摇臂轴上的油孔进入摇臂轴内腔和摇臂中的油道流向摇臂两端进行润滑。

二、任务实施

(一) 任务内容

气门传动组组件检测。

(二) 任务实施准备

(1) 器材与设备：实训发动机、千分尺、游标卡尺、塑料间隙塞尺、弹簧秤、直尺、套装工具、清洁工具等。

(2) 参考资料：《汽车构造拆装与维护保养实训》、发动机维修手册。

(三) 任务实施步骤

(1) 拆卸气门传动组。具体操作步骤见《汽车构造拆装与维护保养实训》相关内容。

(2) 检查凸轮轴外观。检查凸轮轴有无裂痕，凸轮轴轴颈有无明显的擦伤，键槽有无严重磨损或扭曲，凸轮是否磨损出严重的沟槽。

(3) 检测凸轮磨损。用外径千分尺测量凸轮的高度和基圆的直径(见图 3-38)。

(4) 检测凸轮轴弯曲变形。将凸轮轴两端轴颈架在 V 形块上，V 形块和百分表座放置在平板上，使百分表的触头与凸轮轴中间轴颈垂直接触(见图 3-39)。转动凸轮轴，观察百分表的摆差(径向圆跳动量)。

凸轮轴的弯曲程度是用凸轮轴中间轴颈相对两端轴颈的径向圆跳动误差来衡量的。

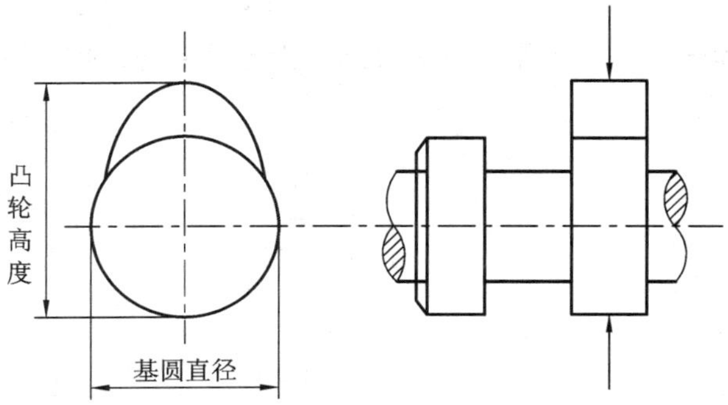

图 3-38

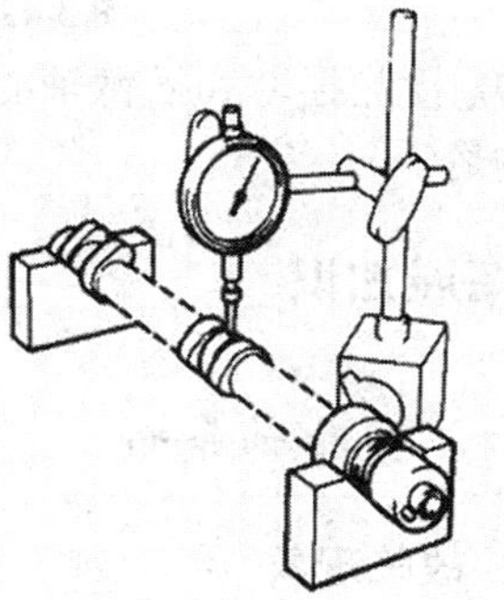

图 3-39

(5) 检测凸轮轴轴向间隙。凸轮轴安装在缸盖上，百分表用支架支承，将百分表测杆顶部抵住凸轮轴端面，轴向撬动凸轴，观察百分表指针的变化，指针的变化量就是凸轮轴轴向间隙(见图 3-40)。

(6) 检测凸轮轴径向间隙。拆下轴承盖，将塑料间隙塞尺纵向放入轴承盖内，以规定力矩拧紧轴承盖螺栓(拧紧过程防止凸轮轴转动)。然后拆下轴承盖，取出已压扁的塑料间隙塞尺，与附带有不同宽度色标的标尺相对比，标尺上与塑料间隙塞尺压扁宽度相等的刻线值，即为轴承的间隙值(见图 3-41)。

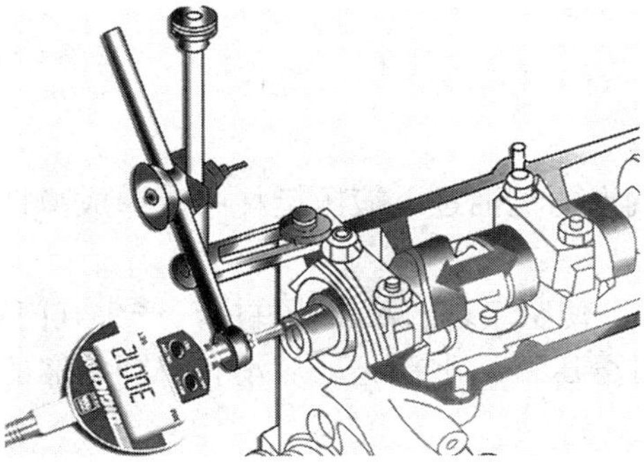

图 3-40

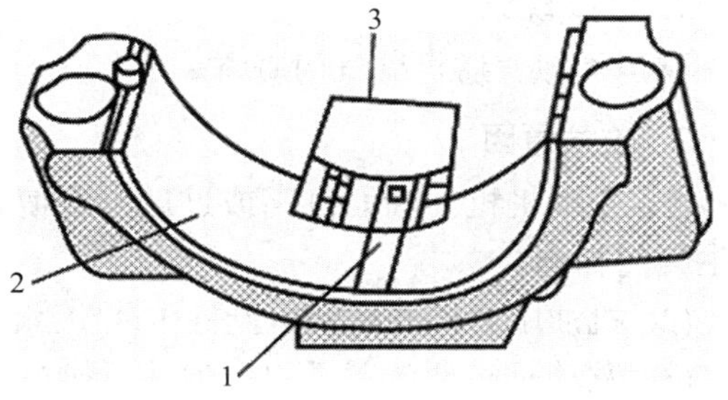

1—塑料间隙塞尺；2—轴承盖；3—标尺

图 3-41

(7) 测量正时链条长度。用弹簧秤钩拉链条，在拉力为 50 N 时，测量链条长度(见图3-42)。

(8) 检测正时链轮磨损。把链条套在凸轮轴正时链轮和曲轴正时链轮上，用手指捏紧链条后，用游标卡尺测量其链轮直径(见图3-43)。

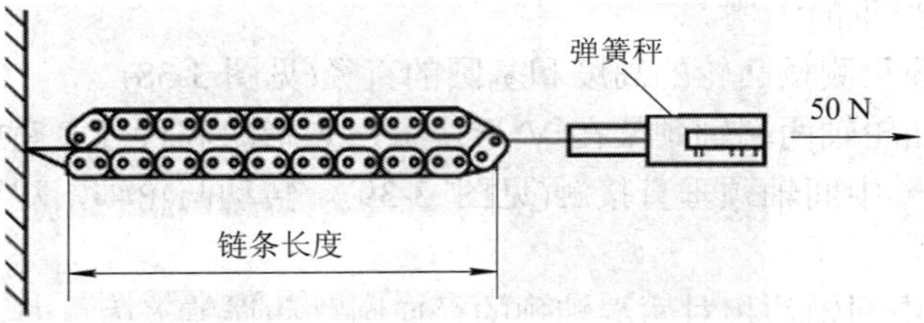

图 3-42

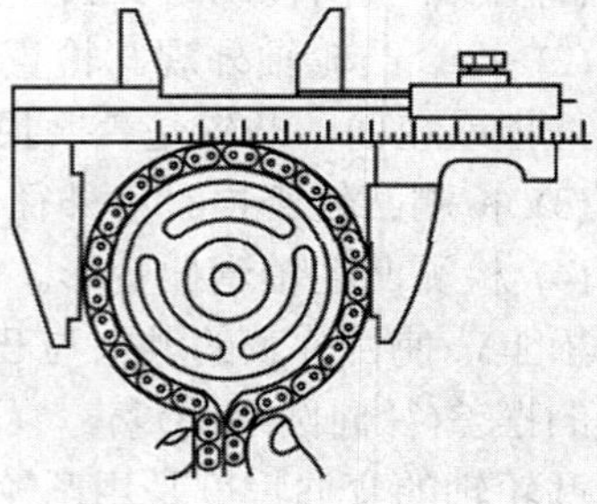
图 3-43

(9) 检测摇臂和摇臂轴的配合间隙。具体操作步骤见《汽车构造拆装与维护保养实训》相关内容。

三、拓展知识

(一) 凸轮轴异响

1. 故障现象

(1) 中速时，发动机缸盖处发出有节奏的“嗒嗒”响声，高速时消失。

(2) 单缸断火时，响声不变。

2. 故障原因

(1) 凸轮轴轴承与轴颈的配合间隙过大、松旷。

(2) 凸轮轴轴承松转或轴承合金烧蚀、剥落或磨损过大。

(3) 凸轮轴轴向间隙过大或凸轮轴弯曲。

(二) 液压挺柱异响

1. 故障现象

响声类似普通机械气门脚响。

2. 故障原因

(1) 发动机机油油面过高或过低，致使有气泡的机油进入液压挺柱中，形成弹性体而产生气门脚响。

(2) 机油压力过低，液压挺柱中缺少润滑油，使空气进入液压挺柱中，产生气门脚响。

(3) 发动机长期放置不用，使液压挺柱被过分压缩，重新起动后没有得到足够的机油补充而使空气进入，产生气门脚响。

(4) 液压挺柱失效。

(三) 正时齿轮异响

1. 故障现象

(1) 发动机怠速时或转速改变时，正时齿轮室盖处发出杂乱而轻微的声响。转速提高后，声响消失；急减速时，声响尾随出现。

(2) 声响有时受温度影响，温度高时，声响明显。

(3) 有时声响伴有正时齿轮室盖振动。

2. 故障原因

(1) 正时齿轮磨损或装配不当，使啮合间隙过大或过小。

(2) 曲轴和凸轮轴中心线不平行。

(3) 凸轮轴正时齿轮松动或润滑不良。

(4) 凸轮轴正时齿轮轮齿折断或齿轮径向破裂。

任务四 可变进气控制技术

知识目标

□ 掌握配气相位的意义。

□ 掌握典型可变进气控制系统的结构与工作过程。

技能目标

□ 掌握配气正时的调整过程和规范。

一、基础知识

传统的发动机配气相位在发动机制造装配好之后便无法改变，但理想的配气相位应随着发动机的转速、负荷及工况而可以改变。例如，发动机低速时，在气门重叠角范围内，由于气流惯性的减弱，可能造成废气倒流，转矩不足，尤其当转速在 1000 r/min 以下时更为明显；而在高转速时，又由于进气冲程的时间非常短促，造成进气不足、排气不净、功率下降。

为了使发动机在高转速时能提供较大的功率，在低转速时又能产生足够的转矩，现代轿车发动机已有不少采用可变进气控制系统，它能根据发动机的运行状况改变气门升程和配气相位。

(一) 配气相位

配气相位是用曲轴转角表示的进、排气门的开闭时刻和开启延续时间，通常用相对于上、下止点曲拐位置的曲轴转角的环形图来表示(见图 3-44)。

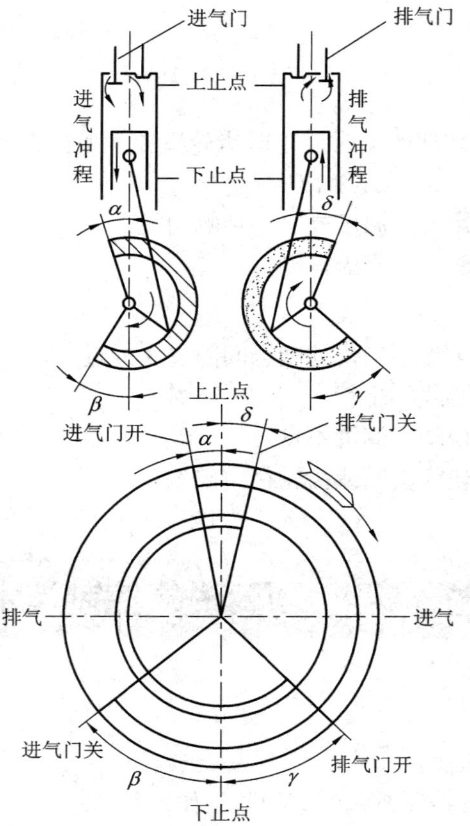

图 3-44

1. 理论上的配气相位分析

理论上讲，进气、压缩、作功、排气各占 180°，也就是说，进、排气门都是在上、下止点开闭，延续时间都是曲轴转角 180°。但实际表明，简单配气的相位对实际工作是很不适应的，它不能满足发动机对进、排气门的要求。原因在于：气门的开闭有个过程，开启的速度总是由慢到快，关闭的速度总是由快到慢。

2. 实际的配气相位分析

为了使进气充足、排气干净，除了从结构上进行改进外(如增大进、排气管道)，还可以从配气相位上采取措施，使气门早开晚闭，以延长进、排气时间。

1) 进气门提前开启

在排气冲程接近终了，活塞到达上止点之前，进气门便开始开启。

从进气门打开时刻到活塞行至上止点所转过的曲轴转角称为进气提前角，用 α 表示，一般为 10°～30°。

进气门提前开启，在活塞到达上止点前时，因进气门已有一定开度，所以可较快地获得较大的进气通道截面，减少进气阻力。

2) 进气门延迟关闭

在进气冲程下止点过后，活塞在压缩冲程上行一段距离后，进气门才关闭。

活塞从下止点行至进气门完全关闭所对应的曲轴转角称为进气迟后角，又称进气迟闭角或进气滞后角，用 β 表示，一般为 40°～80°。

进气门延迟关闭，是因为活塞到达下止点时，由于进气阻力的影响，气缸内的压力仍低于大气压，且气流还有相当大的惯性，仍能继续进气。下止点过后，随着活塞的上行，气缸内压力逐渐增大，进气气流速度也逐渐减小，至流速等于零时，进气门便关闭的 β 角最适宜。若 β 过大便会将进入气缸内的气体重新又压回进气管。

3) 排气门提前开启

在作功冲程接近终了，活塞到达下止点之前，进气门便开始开启。

从排气门打开到活塞行至下止点所对应的曲轴转角称为排气提前角，用 γ 表示，γ 一般为 40°～80°。

在作功冲程快要结束时，排气门提前开启，可以利用作功的余压使废气高速冲出气缸，排气量约占 50%。排气门早开，势必造成功率损失，但因气压低，损失并不大，而早开可以减少排气所消耗的功，又有利于废气的排出，所以总功率仍是提高的。

4) 排气门延迟关闭

在排气冲程结束后，活塞越过上止点以后，活塞在进气冲程下行一段距离后，排气门才关闭。

活塞从上止点到排气门完全关闭所对应的曲轴角度称为排气延迟角，用 δ 表示，一般为 10°～30°。

排气门延迟关闭可延长排气时间，在废气压力和废气惯性力的作用下，使排气干净。

5) 气门叠开

由于进气门提前开启，排气门延迟关闭，所以在同一时间内会有进、排气门同时开启的现象，这种现象称为气门叠开。把两个气门同时开启时间内的曲轴转角称为气门重叠角($\alpha + \delta$)。

在气门叠开时，由于气流各自有自己的流动方向和流动惯性，而重叠时间又很短，所以吸入的可燃混合气不会随同废气排出，废气也不会经进气门倒流入进气管，而只能从排气门排出；同时，进气门附近有降压作用，有利于进气。

由以上分析可以看出，进气过程对应的曲轴转角为 $180° + \alpha + \beta$；排气过程对应的曲轴转角为 $180° + \gamma + \delta$。

(二) 本田 VTEC

VTEC 系统全称是可变气门正时和升程电子控制系统，是本田的专有技术。它能随发动机转速、负荷、水温等运行参数的变化，适当地调整配气正时和气门升程，使发动机在高、低速下均能达到最高效率。

1. VTEC 基本结构

VTEC 系统由控制部分、传感器组成和执行部分。其中控制部分包括发动机控制单元 ECU 和 VTEC 电磁阀；传感器包括发动机转速传感器、车速传感器和冷却液温度传感器；执行部分包括凸轮、摇臂和同步活塞等(见图 3-45)。

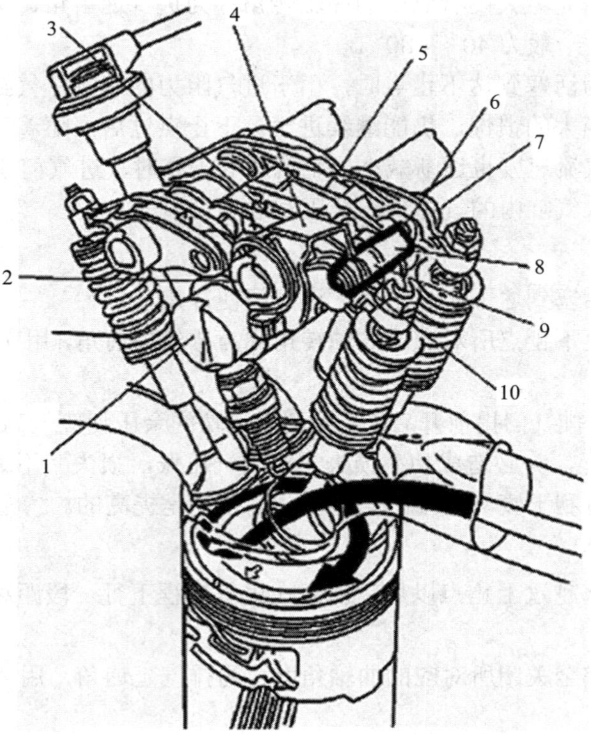

1—凸轮轴；
2—摇臂轴；
3—主摇臂；
4—正时板；
5—中间摇臂；
6—止推活塞；
7—辅助摇臂；
8—同步活塞 B；
9—同步活塞 A；
10—正时活塞

图 3-45

凸轮轴对应于每一缸有五段凸轮参加工作(见图 3-46)，其中排气凸轮 2、6 与常规排气凸轮相同。进气有三个凸轮，主进气凸轮有较大的进气提前角和较大的气门升程，辅助进气凸轮有较小的进气提前角和较小的气门升程，还增加了一个中间进气凸轮，其具有最大的进气提前角和最大的气门升程。

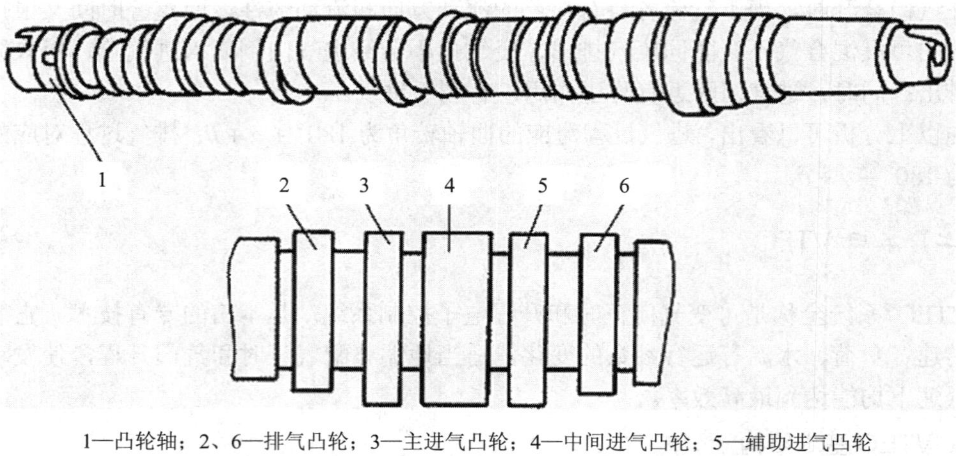

1—凸轮轴；2、6—排气凸轮；3—主进气凸轮；4—中间进气凸轮；5—辅助进气凸轮

图 3-46

三个进气凸轮分别驱动三根摇臂(见图 3-47)，与主进气凸轮、辅助进气凸轮和中间进气凸轮相对应的摇臂分别为主摇臂、辅助摇臂和中间摇臂。三根摇臂内部装有由液压控制

移动的同步活塞和正时活塞等。

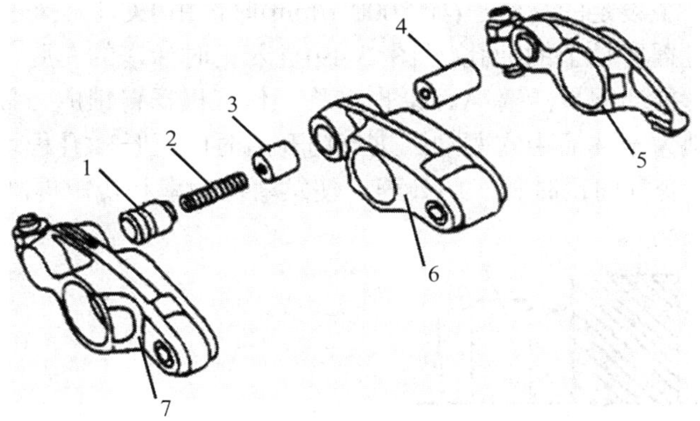

1—正时活塞；2—正时活塞弹簧；3—同步活塞 A；4—同步活塞 B；5—辅助摇臂；6—中间摇臂；7—主摇臂

图 3-47

2. VTEC 工作过程

1) 发动机低速

VTEC 机构的油道内没有机油压力，正时活塞、同步活塞和止推活塞在回位弹簧作用下都处于左端(见图 3-48)，正时板卡入正时活塞，使其不能移动，此时正时活塞和同步活塞正好处在主摇臂内，同步活塞处在中间摇臂内，止推活塞处在辅助摇臂内，使三根摇臂分离，彼此独立工作。主进气凸轮和辅助进气凸轮分别推动主摇臂和辅助摇臂，控制两个进气门的开闭。主进气凸轮升程较大，所以它驱动的气门开度较大；辅助进气凸轮升程较小，所以它驱动的气门开度较小。这时，中间摇臂虽然也被凸轮驱动，但因为三个摇臂彼此分离独立，所以中间摇臂并不参与工作，对气门动作无影响。因此，发动机低速时，VTEC 工作和普通发动机相似。

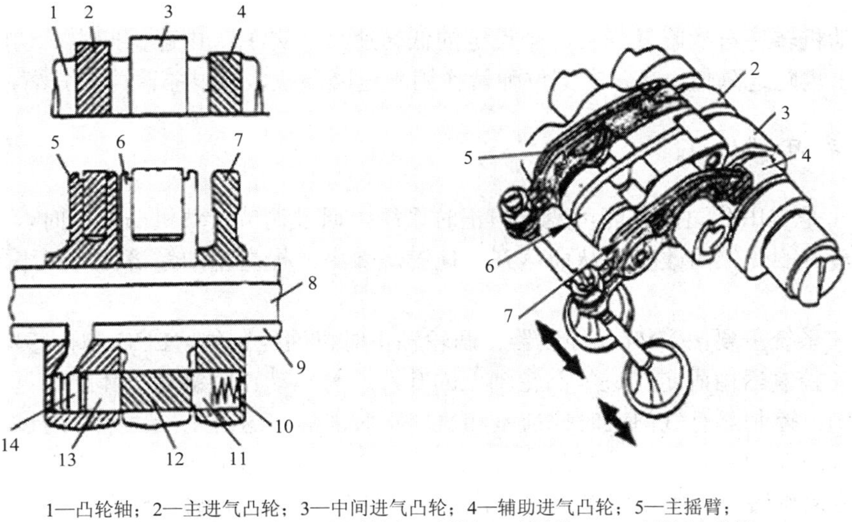

1—凸轮轴；2—主进气凸轮；3—中间进气凸轮；4—辅助进气凸轮；5—主摇臂；
6—中间摇臂；7—辅助摇臂；8—摇臂轴中心油道；9—摇臂轴；10—止推活塞弹簧；
11—止推活塞；12—同步活塞 B；13—同步活塞 A；14—正时活塞

图 3-48

2) 发动机高速

发动机达到某一个设定的高转速(如 3000 r/min)时，由 ECU 传来的信号打开 VTEC 电磁阀，压力机油通过摇臂轴上的油孔(见图 3-49)进入正时活塞的左腔，正时板移出，摇臂内的正时活塞右移，推动同步活塞 A、B 也右移，使三根摇臂锁成一体。由于中间进气凸轮升程最高，摇臂锁为一体后由它驱动，进气门开启时间延长，升程增加。所以发动机高速运转时，VTEC 改变气门正时和气门升程，使发动机功率和转矩提高。

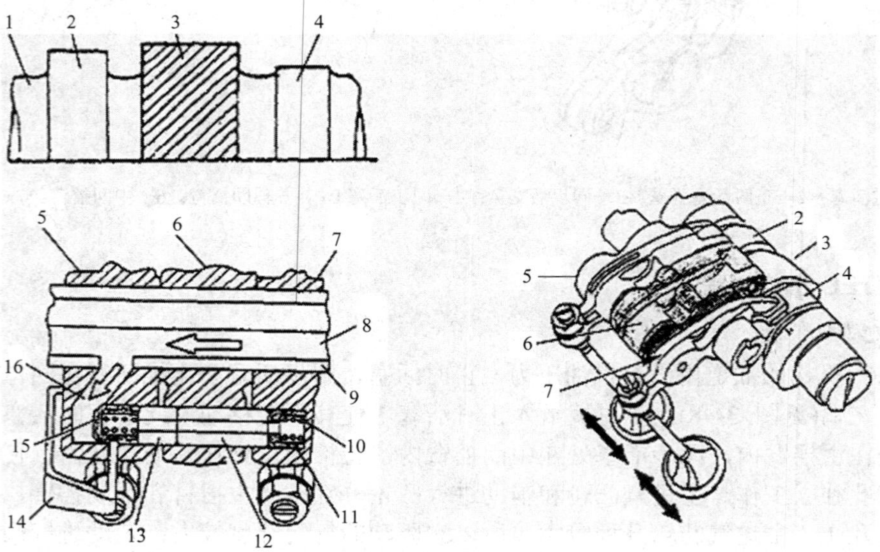

1—凸轮轴；2—主进气凸轮；3—中间进气凸轮；4—辅助进气凸轮；5—主摇臂；6—中间摇臂；7—辅助摇臂；8—摇臂轴中心油道；9—摇臂轴；10—止推活塞弹簧；11—止推活塞；12—同步活塞 B；13—同步活塞 A；14—正时板；15—正时活塞；16—摇臂轴油孔

图 3-49

当发动机转速再次降低到某一个设定的低转速时，VTEC 电磁阀断电，切断油路，摇臂内的液压也随之降低，活塞在回位弹簧作用下退回原位，三根摇臂再次分离，独立工作。

(三) 丰田 VVT-i

VVT-i 是丰田公司的智能可变气门正时系统，通过调节发动机凸轮正时，使进气量可随发动机转速的变化而改变，从而达到最佳燃烧效率，提高燃油经济性，但不能调节气门升程。

VVT-i 系统主要由 VVT-i 控制器、凸轮轴正时机油控制阀、ECU 和传感器组成。

VVT-i 控制器由固定在进气凸轮轴上的叶片、与从动正时链轮一体的壳体和锁销组成(见图 3-50)。控制器有气门正时提前室和气门正时滞后室这两个液压室，通过凸轮轴正时机油控制阀的控制，它可在进气凸轮轴上的提前或滞后油路中传送机油压力，使控制器叶片沿圆周方向旋转，调整连续改变进气门正时，以获得最佳的配气相位。

VVT-i 系统根据来自 ECU 的提前、滞后或保持信号，凸轮轴正时机油控制阀选择至正时调节器的通路(见图 3-51)。

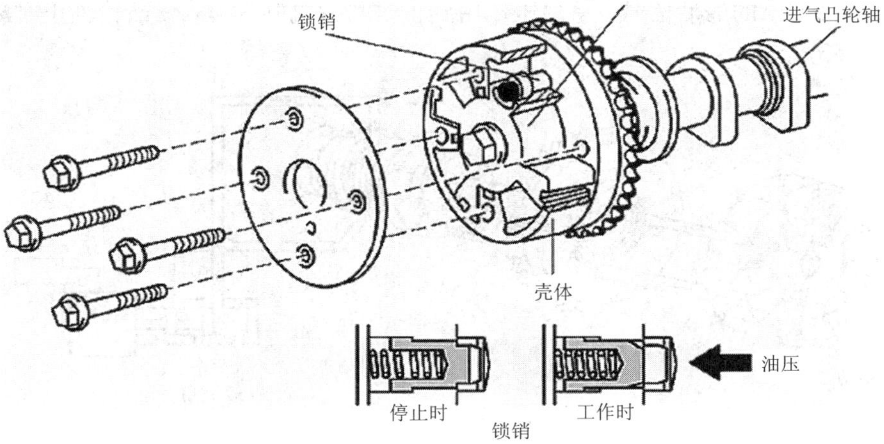

图 3-50

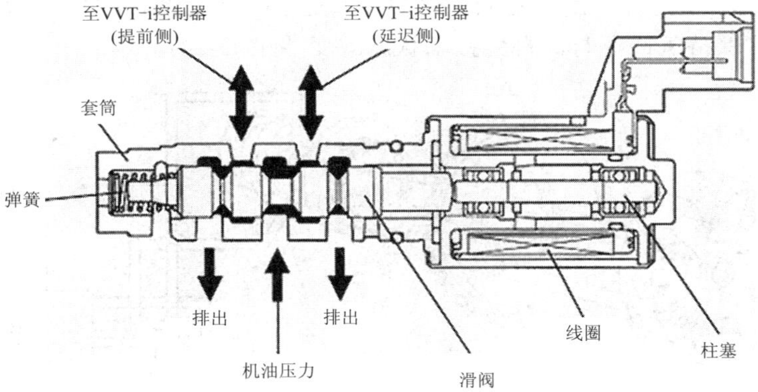

图 3-51

1. 提前

根据来自 ECU 的提前信号，总油压作用到正时提前侧叶片室，使凸轮轴向正时提前方向转动(见图 3-52)。

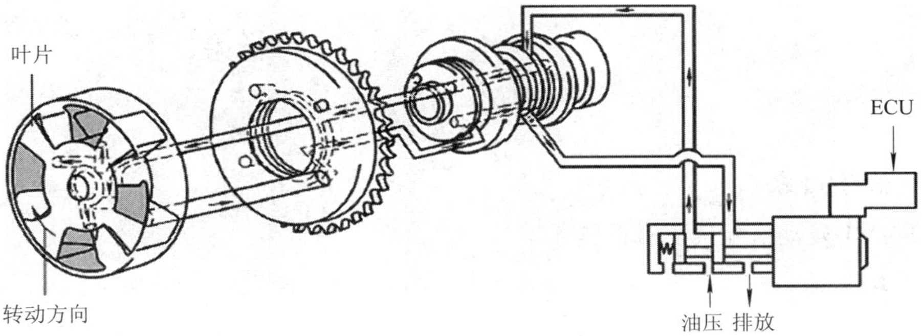

图 3-52

2. 滞后

根据来自 ECU 的滞后信号，总油压作用到正时滞后侧叶片室，使凸轮轴正时滞后方向转动(见图 3-53)。

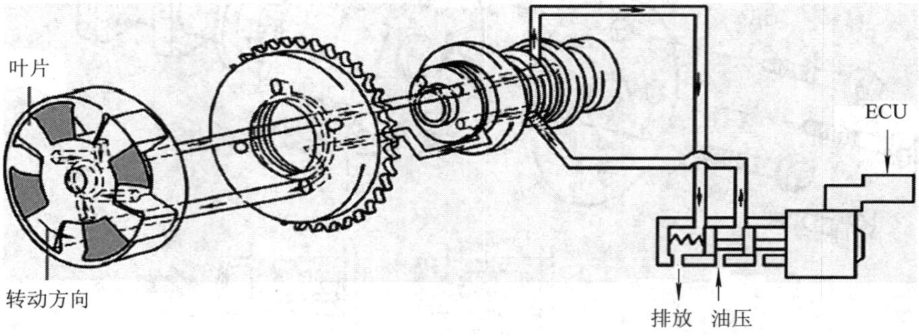

图 3-53

3. 保持

ECU 根据移动状况计算出预定的正时角，预定正时被设置后，使凸轮轴正时机油控制阀在空挡位置，保持气门正时，直到移动状态改变(见图 3-54)。

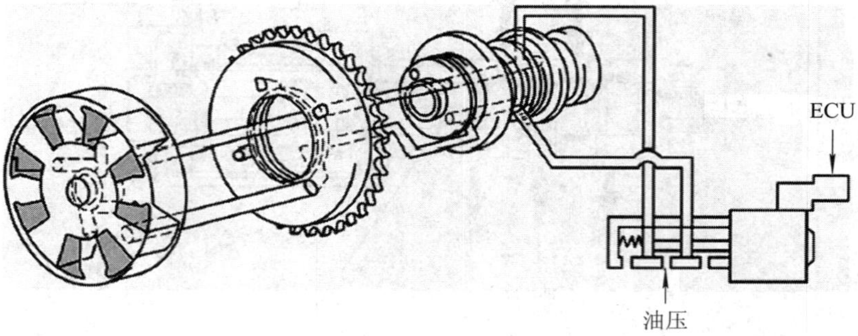

图 3-54

根据发动机转速、进气量、节气门位置和水温，在每个传动条件下，ECU 计算出一个最优气门正时，控制凸轮轴正时机油控制阀。此外，ECU 根据来自凸轮轴位置传感器和曲轴位置传感器的信号检测实际的气门正时，从而尽可能地进行反馈控制，以获得预定的气门正时。

二、任务实施

(一) 任务内容

丰田 VVT 发动机配气正时调整。

(二) 任务实施准备

(1) 器材与设备：实训发动机(丰田 VVT 发动机)、套装工具、清洁工具等。

(2) 参考资料：《汽车构造拆装与维护保养实训》、发动机维修手册。

(三) 任务实施步骤

具体操作步骤见《汽车构造拆装与维护保养实训》相关内容。

三、拓展知识

(一) DVVT 技术

DVVT 是进、排气门连续可变正时技术。采用 DVVT 技术的发动机比目前市场上较多采用 VVT 技术的发动机更高效、节能、环保。

DVVT 发动机采用的是与 VVT 发动机类似的原理，利用一套相对简单的液压凸轮系统实现功能。不同的是，VVT 的发动机只能对进气门进行调节，而 DVVT 发动机可实现对进排气门同时调节，具有低转数大扭矩、高转速高功率的优异特性，技术上处于领先地位。通俗点讲，就像人的呼吸，能够根据需要有节奏地控制“呼”和“吸”，当然比仅仅能控制“吸”拥有更高的性能。

(二) CVVT 技术

CVVT 是连续可变气门正时机构，它是近些年来被逐渐应用于现代轿车上的众多可变气门正时技术中的一种。

韩国现代轿车所开发的 CVVT 是一种通过电子液压控制系统改变凸轮轴打开进气门的时间早晚，从而控制所需的气门重叠角的技术。这项技术着重于第一个字母 C (Continue 连续)，强调根据发动机的工作状况连续变化，实时控制气门重叠角的大小，从而改变气缸进气量。当发动机低速小负荷运转时(怠速状态)，这时应延迟进气门打开时间，减小气门重叠角，以稳定燃烧状态；当发动机低速大负荷运转时(起步、加速、爬坡)，应使进气门打开时间提前，增大气门重叠角，以获得更大的扭矩；当发动机高速大负荷运转时(高速行驶)，也应延迟进气门打开时间，减小气门重叠角，从而提高发动机工作效率；当发动机处于中等工况时(中速匀速行驶)，CVVT 也会相对延迟进气门打开时间，减小气门重叠角，此时的目的是减少燃油消耗，降低污染排放。

CVVT 系统包含以下零件：油压控制阀、进气凸轮齿盘、曲轴位置传感器、凸轮位置传感器、油泵、ECU。

进气凸轮齿盘包含：由正时皮带所带动的外齿轮、连接进气凸轮的内齿轮与一个能在内外齿轮间移动的控制活塞。当活塞移动时在活塞上的螺旋齿轮会改变外齿轮的位置，进而改变正时的效果。而活塞的移动量由油压控制阀来决定，油压控制阀是一电子控制阀，其机油压力由油泵所控制。

当发动机启动或关闭时油压控制阀位置受到改变，而使得进气凸轮正时处于延后状态。当发动机怠速或低速负荷时，进气凸轮正时也是处于延后的位置，以增进发动机稳定的工作状态。当在中负荷时进气凸轮正时处于提前的位置；当在中低速高负荷时处于提前角位置，以增加扭矩输出；而在高速负荷时则处于延迟位置，以利于高转速操作。当发动机温度较低时，进气凸轮正时的位置处于延迟位置，稳定怠速降低油耗。

任务五　气门间隙调整

知识目标

□ 掌握气门间隙的概念和意义。

技能目标

□ 掌握气门间隙的调整过程和规范。

一、基础知识

(一) 气门间隙

发动机在冷态下，当气门处于关闭状态时，气门与传动件之间的间隙称为气门间隙(见图 3-55)。

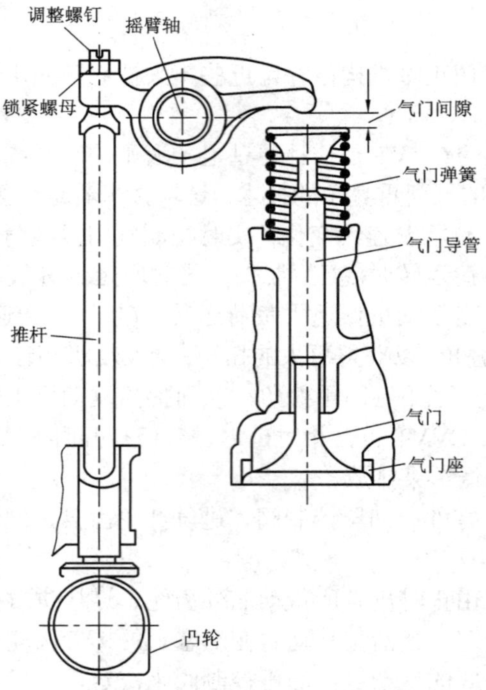

图 3-55

发动机工作时，气门及其传动件，如挺柱、推杆等都将因为受热膨胀而伸长。如果气门与其传动件之间，在冷态时不预留间隙，则在热态下由于气门及其传动件膨胀伸长而顶开气门，破坏气门与气门座之间的密封，造成气缸漏气，从而使发动机功率下降，起动困难，甚至不能正常工作。为此，在装配发动机时，为了补偿气门的膨胀量，在气门与其传动件之间需预留适当的气门间隙。

气门间隙过大：进、排气门开启迟后，缩短了进排气时间，降低了气门的开启高度，改变了正常的配气相位，使发动机因进气不足、排气不净而功率下降，此外，还使配气机构零件的撞击增加，磨损加快。

气门间隙过小：发动机工作后，零件受热膨胀，将气门顶开，使气门关闭不严，造成漏气，功率下降，并使气门的密封表面严重积炭或烧坏，甚至气门撞击活塞。

气门间隙因厂家设计不同而不一致。通常进气门间隙在 0.2～0.25 mm 之间，而排气门间隙由于受热膨胀比进气门侧的大，所以间隙更大些，一般在 0.29～0.35 mm 之间。

在发动机使用过程中，气门间隙的大小会发生变化，因此在配气机构摇臂上设有气门间隙调整装置，以便对气门间隙进行调整。但有些发动机采用了长度能自动变化的液力挺柱，可随时补偿气门的膨胀量，故不需要预留气门间隙，也没有气门间隙调整装置。

(二) 气门间隙调整方法

1. 逐缸法

活塞位于压缩上止点时，调整一缸的进、排气门间隙，然后摇转曲轴，按点火顺序使下一缸的活塞位于压缩上止点时，再调整这一缸的进、排气门间隙。依此类推，逐缸调整完毕。

2. 两次法

两次法又称“双排不进”法。

“双排不进”由多缸发动机工作循环表和配气相位的气门重叠现象而推导出，它是确定两次法可调整气门的依据。其中“双”是指该缸进、排气门间隙均可调整，“排”是指该缸仅排气门间隙可调整，“不”是指该缸的进、排气门间隙都不可调整，“进”是指该缸仅进气门间隙可调整。用两次法调整多缸发动机的气门间隙，具有简便、迅速和准确等特点。

部分发动机气门间隙两次法调整规律见表 3-1。

表 3-1　部分发动机气门间隙两次法调整规律

六缸发动机						
工作顺序	1	5	3	6	2	4
	1	4	2	6	3	5
第一遍(一缸在压缩上止点)	双	排		不	进	
第二遍(六缸在压缩上止点)	不	进		双	排	

四缸发动机				
工作顺序	1	3	4	2
	1	2	4	3
第一遍(一缸在压缩上止点)	双	排	不	进
第二遍(四缸在压缩上止点)	不	进	双	排

三缸发动机			
工作顺序	1	2	3
第一遍(一缸在压缩上止点)	双	排	进
第二遍(三缸在压缩上止点)	不	进	排

用两次法调整气门间隙的方法是：第一次，将一缸活塞位于压缩上止点，按双、排、不、进和发动机工作次序确定可调整的气门间隙，并调整可调整的气门间隙；第二次，摇转曲轴一圈，可调整第一次没有调整过的气门间隙。

二、任务实施

（一）任务内容

逐缸调整本田 F20B 发动机的气门间隙。

（二）任务实施准备

(1) 器材与设备：实训发动机(本田 F20B 发动机)、塞尺、套装工具、清洁工具等。
(2) 参考资料：《汽车构造拆装与维护保养实训》、发动机维修手册。

（三）任务实施步骤

(1) 拆下缸盖罩。

(2) 使第 1 缸活塞处于压缩冲程上止点位置，即使凸轮轴皮带轮上的“UP”标记字样朝向正上方。此时皮带轮上的两个上止点凹槽标记应恰好与缸盖上平面平齐(见图 3-56)。

(3) 拧松锁紧螺母，旋动调整螺钉进行调整(间隙小时，应逆时针旋松调整螺钉；间隙大时，应顺时针旋进调整螺钉，见图 3-57)，直到前后推拉塞尺时感觉有轻微阻力为止(见图 3-58)。

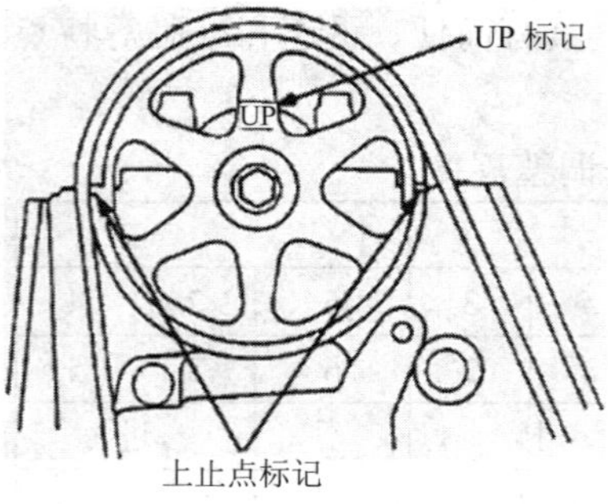

图 3-56

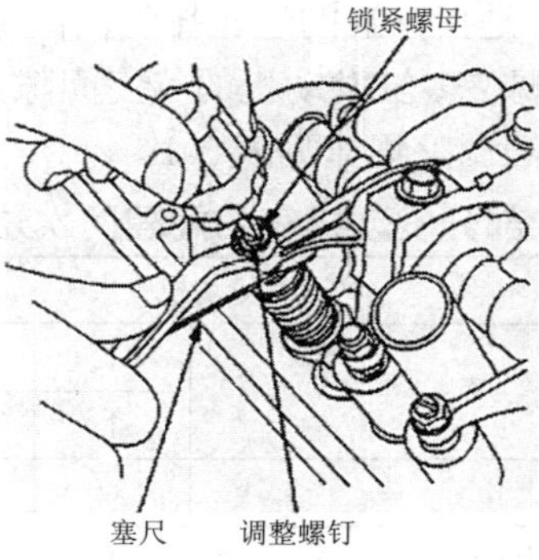

图 3-57

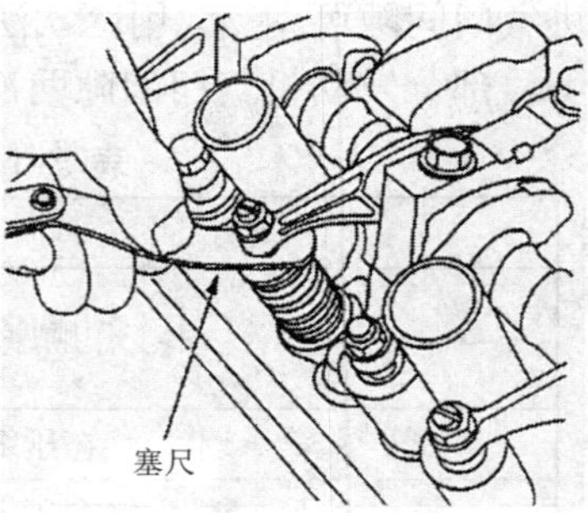

图 3-58

(4) 拧紧锁紧螺母(注意防止调整螺钉的跟随转动)，并再次检查气门间隙，必要时重新进行调整。

(5) 逆时针方向转动曲轴 180°(凸轮轴皮带轮转动 90°)，使标记“UP”处于排气支管侧且对正缸盖上平面(第 3 缸活塞处于压缩冲程上止点，见图 3-59)，此时可按第(3)、(4)步方法检调第 3 缸所有气门的气门间隙。

(6) 逆时针方向转动曲轴 180°(凸轮轴皮带轮转动 90°)，使标记“UP”朝向正下方(此时凸轮轴皮带轮上的两个上止点凹槽标记应再次与缸盖上平面平齐，第 4 缸活塞处于压缩冲程上止点，见图 3-60)。此时按第(3)、(4)步方法可检调第 4 缸所有气门的气门间隙。

(7) 逆时针方向转动曲轴 180°(凸轮轴皮带轮转动 90°)，使标记“UP”处于排气支管侧且对正缸盖上平面(第 2 缸活塞处于压缩冲程上止点，见图 3-61)，此时可按第(3)、(4)方法检调第 2 缸所有气门的气门间隙。

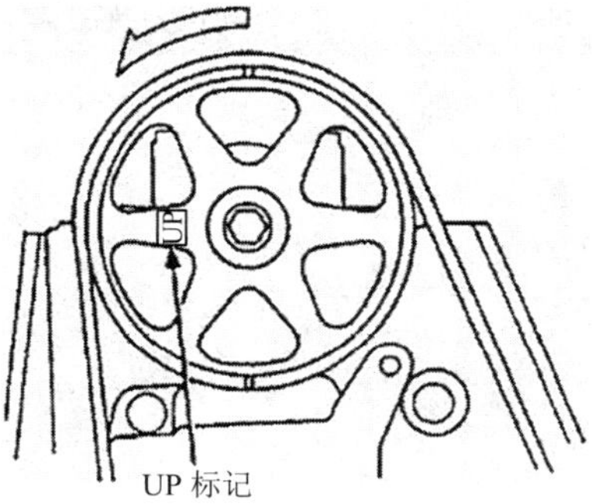

图 3-59

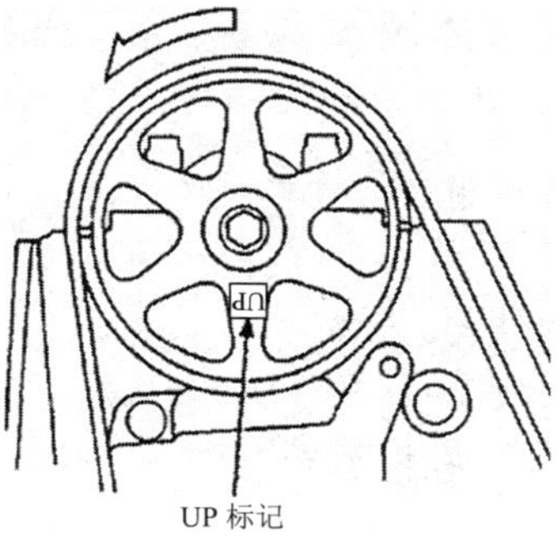

图 3-60

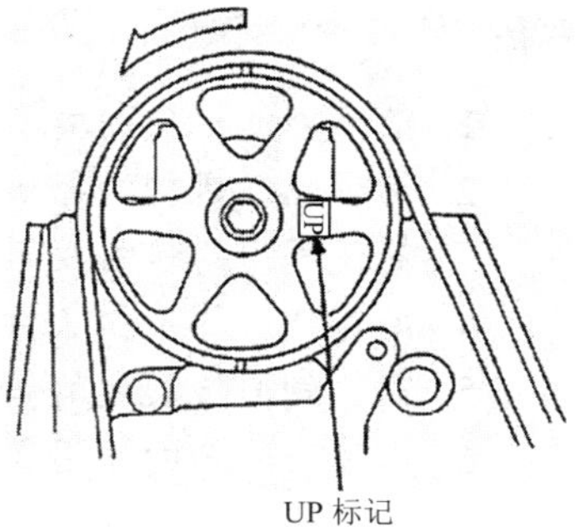

图 3-61

三、拓展知识

气门间隙过大，发动机在低温时产生敲击声，造成气门过早关闭，进排气量不足，导致发动机功率下降，排放不良；气门间隙过小，热态时气门膨胀导致间隙消失，气门关闭不严，产生漏气，导致发动机功率下降等故障。

气门间隙异常的原因及解决措施见表 3-2。

表 3-2　气门间隙异常分析

故障现象	故障原因	解决措施
气门间隙过小	塞尺长期使用磨损变薄	定期更换塞尺
气门与气门座之间夹有异物	异物脱落后气门间隙变小	取出异物，重新调整气门；机加严格控制
摇臂与凸轮轴之间夹有异物	异物脱落后气门间隙变小	取出异物，重新调整气门；严格控制装配过程
气门螺钉锁紧螺母未校力矩	发动机运转时脱开，气门间隙变大	重新调整气门，锁紧螺母
凸轮轴凸轮相位不良	工作时将气门座圈压深，气门间隙变小	厂家严格控制，出现故障后更换凸轮轴
摇臂轴承转动不良	早期异常磨损，气门间隙变大	更换摇臂、凸轮轴
气门螺钉与气门接触处加工不良	早期异常磨损，气门间隙变大	更换气门螺钉、气门
气门螺钉螺纹不良	调整间隙时顶丝随螺母旋转，导致气门间隙过小	厂家严格控制，操作时加强检查
摇臂轴螺栓松动	早期异常磨损，气门间隙变大(供油不良、脱落后缸盖内异响)	更换摇臂、摇臂轴

思 考 题

1. 简述配气机构的类型。
2. 简述配气机构的组成及作用。
3. 简述气门的作用及组成。
4. 简述气门的工作条件及结构。
5. 简述气门传动组的作用及组成。
6. 简述凸轮轴的作用、工作条件及结构。
7. 简述挺柱的作用及类型，以及液力挺柱的工作过程。
8. 简述推杆的作用及结构。
9. 简述摇臂的作用及结构。
10. 简述配气相位、配气相位角。
11. 简述本田 VTEC 机构的组成及工作过程。
12. 简述丰田 VVT-i 机构的组成及工作过程。
13. 简述气门间隙以及气门间隙两次调整法。

项目四　汽油机燃油供给系统

汽油机所用的燃料是汽油，在进入气缸之前，汽油和空气已开始混合，可燃混合气进入气缸内被压缩，在接近压缩终了时被点燃而膨胀作功。可见汽油机进入气缸的是可燃混合气，压缩的也是可燃混合气。因此汽机燃油供给系统的作用是根据发动机不同工况的要求，配制出一定数量和浓度的可燃混合气，供入气缸，最后还要把燃烧后的废气排出气缸。

汽油机燃油供给系统有化油器式和电子控制汽油喷射式两种，现代汽车全部采用电子控制汽油喷射式。

任务一　汽油机可燃混合气及燃油供给系统

知识目标

□ 掌握汽油机混合气的形成与燃烧过程。

□ 掌握电子控制汽油喷射系统的组成与类型。

技能目标

□ 正确区分电子控制汽油喷射系统的类型。

□ 识别电子控制汽油喷射系统的组件。

一、基础知识

（一）汽油机可燃混合气

1. 可燃混合气的形成

汽车发动机的可燃混合气形成时间很短，从进气过程开始算起到压缩过程结束为止，总共也只有 0.01～0.02 s 的时间。要在这样短的时间内形成均匀的可燃混合气，关键在于汽油的蒸发和雾化。雾化就是将汽油分散成细小的油滴或油雾。良好的雾化可以大大增加汽油的蒸发表面积，从而提高汽油的蒸发速度。另外，混合气中汽油与空气的比例应符合发动机运转工况的需要。因此，混合气形成过程就是汽油雾化、蒸发以及与空气配比和混合的过程。

电控汽油喷射发动机工作时，电控单元(ECU)根据发动机进气量、发动机转速、节气门位置、冷却液温度、进气温度等信号确定适当的喷油量，在适当时间喷入进气管道，与空气混合，形成不同浓度的可燃混合气进入气缸。

可燃混合气的浓度表示方法有过量空气系数和空燃比。中国采用过量空气系数，欧美采用空燃比。

1) 过量空气系数

过量空气系数是燃烧1 kg燃料实际供给的空气质量与理论上完全燃烧1 kg燃料所需的空气质量之比，常用符号λ表示：

$$\lambda=\frac{燃烧1\,kg燃料实际所供给的空气质量}{完全燃烧1\,kg燃料所需的理论空气质量}$$

$\lambda>1$时，为稀混合气，气缸内有足够的空气使燃料完全燃烧。当$\lambda=1.05\sim1.15$时，燃料消耗率最低，经济性最好。燃料消耗率最低时对应的可燃混合气称为经济混合气。当λ更大时，由于空气过量，燃烧速度减少，热损失增加，发动机功率降低。

$\lambda<1$时，为浓混合气，此时气缸内空气不足，燃料不能完全燃烧。当$\lambda=0.85\sim0.95$时，气缸内可燃混合气中的汽油分子较多，使燃烧速度加快，发动机功率增大。发动机输出最大功率时的可燃混合气称为功率混合气。如果混合气太浓，将使燃烧不完全，产生大量一氧化碳，同时在燃烧室内产生积炭，并发生排气管放炮和冒黑烟现象，导致发动机功率下降，燃油消耗率显著增加。

$\lambda=1$时，为理论混合气。从理论上讲，气缸内空气与燃料充分混合后正好完全燃烧。但实际上，由于气缸内还存在废气、混合气混合不均匀等原因，使气缸内理论混合气不能完全燃烧。

$\lambda=0.4$时，为火焰传播上限，混合气太浓不能燃烧。

$\lambda=1.4$时，为火焰传播下限，混合气太稀不能燃烧。

2) 空燃比

空燃比是每工作循环充入气缸的空气量与燃油量的质量比($\alpha=A/F$)。根据化学反应，理论上1 kg汽油完全燃烧所需的空气质量约为14.7 kg。

$\alpha=14.7$的可燃混合气为理论混合气；$\alpha<14.7$的为浓混合气；$\alpha>14.7$的为稀混合气。

2. 汽油发动机对可燃混合气浓度的要求

(1) 发动机冷起动时，由于温度低，混合气得不到足够的预热，汽油蒸发困难。混合气中的油粒会因为与冷金属接触而凝结在进气管壁上，不能随气流进入气缸，使气缸内的混合气过稀，无法点燃，需要供给极浓的混合气($0.3<\lambda<0.6$)进行补偿，从而使进入气缸的混合气有足够的汽油蒸气，以保证发动机得以起动。

(2) 发动机怠速运转时，发动机不对外输出动力，作功冲程产生的动力只用来克服发动机的内部阻力，维持发动机以最低稳定转速(700～900 r/min)运转。此时吸入气缸内的可燃混合气量很少，同时又受到气缸内残余废气的冲淡作用，使混合气的燃烧速度下降，因而发动机动力不足，因此要求供给较浓的混合气$\lambda=0.6\sim0.8$。

(3) 发动机小负荷运转时，由于混合气的数量比怠速时有所提高，废气对混合气的稀释作用也有所减弱，因而混合气浓度可以略为减小，一般$\lambda=0.75\sim0.9$。

(4) 发动机中等负荷时，因发动机大都在此工况运行，为获得良好的汽油经济性，应供给最经济的混合气($1.05<\lambda<1.15$)。

(5) 发动机大负荷和全负荷时(如上陡坡、急加速等)，发动机能发出较大功率，要求供给浓混合气($0.85<\lambda<0.95$)。

(二) 汽油机的燃烧过程

1. 正常燃烧

根据汽油机在正常燃烧时的气缸压力变化特点，将燃烧过程分为着火延迟期、速燃期和后燃期三个阶段(见图 4-1)。

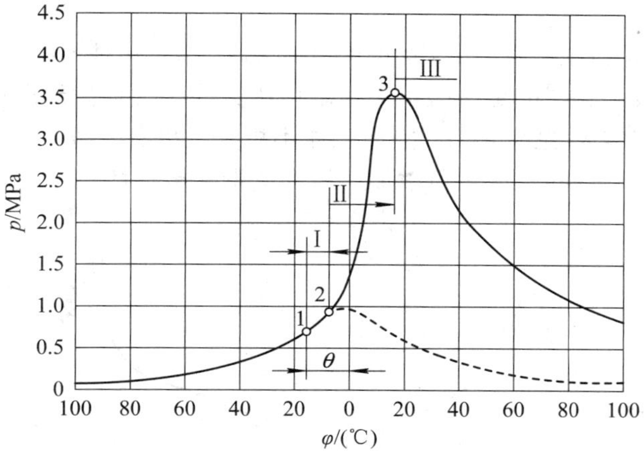

Ⅰ—着火延迟期；Ⅱ—速燃期；Ⅲ—后燃期；
1—火花塞跳火；2—形成火焰中心；3—最高压力

图 4-1

1) 着火延迟期

着火延迟期是指从火花塞跳火到火焰中心形成的阶段(见图 4-1 中Ⅰ)，即从火花塞开始点火(1 点)至气缸压力线明显脱离压缩压力线时(2 点)的曲轴转角或时间。

这一时期主要进行物理、化学准备，它约占全部燃烧时间的 15%。由于可燃混合气存在着火延迟，必须使点火提早到上止点前进行，使缸内压力在上止点附近达到最大值。火花塞在跳火瞬时到活塞行至上止点时所转过的曲轴转角，称为点火提前角 θ，它对发动机的动力性、经济性和排放性能影响极大。

2) 速燃期

速燃期是指火焰由火焰中心烧遍整个燃烧室的阶段(见图 4-1 中Ⅱ)，即从图 4-1 中气缸压力线的 2 点到压力达到最高的 3 点。

汽油机燃烧时，火焰中心形成的火焰向四周传播，形成一个近似球面的火焰层，即火焰前锋，火焰传播速度可达 50～80 m/s。

因为绝大部分燃料在这一时期燃烧，此时活塞又靠近上止点，所以气缸压力上升快。一般速燃期占 20°～40°曲轴转角，平均压力上升比在 0.2～0.4 MPa/°之间。平均压力上升速度快，对发动机的动力性和经济性是有利的，但同时会使燃烧噪声和震动增加，工作粗暴，排放污染增大。

3) 后燃期

后燃期又称补燃期，是指从最高压力点开始到燃料基本燃烧完全为止的阶段(见图 4-1 中 III)。此时混合气燃烧速度开始降低，加上活塞向下止点加速运动，热功转换效率明显降低，大部分热量以增加发动机热负荷的形式被释放。为了保证高的循环热效率和循环功，应使后燃期尽可能短。

2. 非正常燃烧

1) 爆震燃烧

爆震燃烧也称爆燃，是指火花塞点火后，在正常火焰传来之前，末端混合气即自燃并急速燃烧的现象。

轻微爆燃时，发动机功率有所上升，但严重爆燃时，火焰传播速度可高达 800～1000 m/s，会产生爆炸性冲击波和尖锐的金属敲击声，缸内压力线出现锯齿形爆燃波，最高燃烧压力和压力升高率都急剧增大(见图 4-2)，因而工作不稳定，机身有较大震动，使缸壁、缸盖、活塞、连杆、曲轴等机件的机械负荷增加，机件变形甚至损坏。

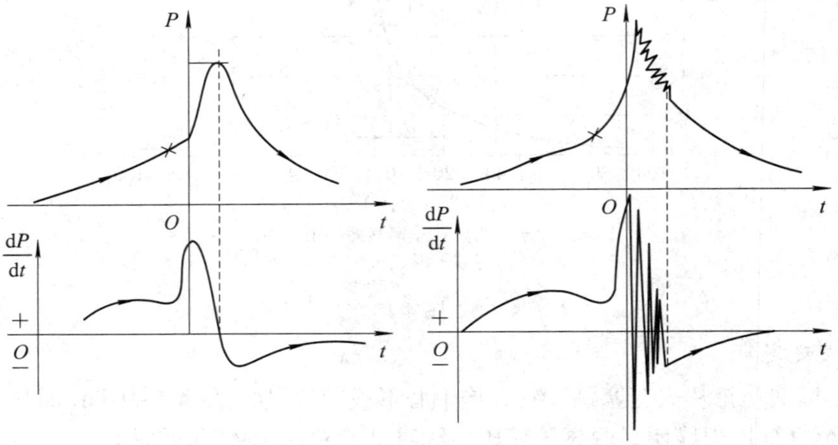

(a) 正常燃烧　　(b) 爆燃

图 4-2

爆燃时的压力波冲击缸壁，破坏了气缸油膜层，冷却系统过热，润滑油温度明显上升，导致活塞、气缸和活塞环磨损加剧。试验表明，严重爆燃时磨损比正常燃烧时大 27 倍。严重爆燃时，局部燃气温度可高达 4000℃ 以上，引起燃料热分解为 CH、NO 及游离碳，排气冒烟严重，排放污染增加。

2) 表面点火

由燃烧室内炽热部分(气门顶面、火花塞电极、金属突出点或积炭等)点燃混合气的现象称为表面点火。

表面点火发生在火花塞点火之前的现象称为早火。由于它提前点火而且热点表面比火花大，使燃烧速率加快，气缸压力、温度增高，发动机工作粗暴，并且压缩功增大，向缸壁传热增加，致使功率下降，火花塞、活塞等零件过热。

后火是指表面点火发生在火花塞点火之后的现象。在炽热点的温度比较低时，电火花点燃混合气后，在火焰传播的过程中，炽热点点燃其余混合气，但此时形成的火焰前锋仍以正常的速度传播。

表面点火和爆燃之间也会相互影响，强烈的爆燃，必然增加向气缸壁的传热，从而促成燃烧室炽热点的形成，导致表面点火。早火又使气缸压力升高率和最高燃烧压力增大，使未燃混合气受到较大的压缩和传热，从而促使爆燃发生。

(三) 电子控制汽油喷射系统

电子控制汽油喷射系统(Electronic Fuel Injection，EFI)是在恒定的压力下，利用喷油器将一定数量的汽油喷入进气管道内或气缸的汽油机燃油供给装置。与化油器相比，电子控制汽油喷射系统具有下列优点：

(1) 能根据发动机工况的变化供给最佳空燃比的混合气。

(2) 供入各气缸内的混合气，其空燃比相同，数量相等。

(3) 由于进气管道中没有狭窄的喉管，因此进气阻力小，充气性能好。

因此，电子控制汽油喷射系统发动机具有较高的动力性和经济性，以及良好的排放性。

电子控制汽油喷射系统主要包括空气供给与排气系统、燃油供给系统、电子控制系统等(见图 4-3)。

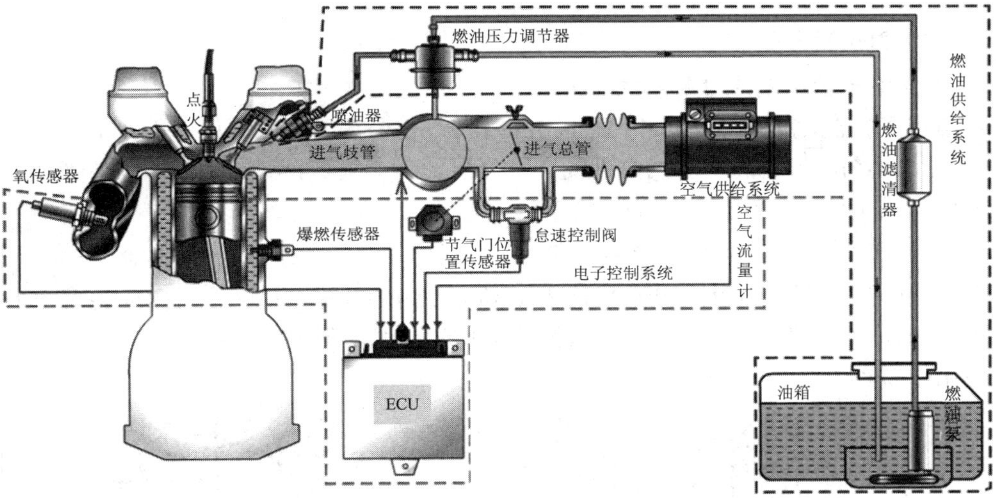

图 4-3

1) 空气供给与排气系统

空气供给系统的作用是测量和控制燃油燃烧所需的空气量，为可燃混合气的形成提供必需的空气。该系统主要包括空气滤清器、节气门体及进气管系等。

排气系统作用是排放发动机工作所产生的废气，同时使排出的废气污染减小，噪声减小。该系统主要由排气管系、消声器、三元催化转换器和废气再循环装置等组成。

2) 燃油供给系统

燃油供给系统的作用是向气缸提供组成可燃混合气所需要的燃油。该系统主要包括燃油箱、燃油滤清器、燃油泵、燃油分配管、燃油压力调节器、喷油器、进回油管等。

3) 电子控制系统

电子控制系统的作用是电控单元根据发动机工况参数确定燃油喷射量及最佳喷射时刻。该系统主要由电子控制单元(Electronic Control Unit，ECU)及各种传感器、执行器组成。

(四) 电子控制汽油喷射系统的类型

1. 按进气量的检测方法不同分类

1) 流量型(L 型)电子控制汽油喷射系统

流量型(L 型)电子控制汽油喷射系统用空气流量计直接测量出进气管的空气流量，由此算出每一循环应喷射的汽油量。

流量型电子控制汽油喷射系统又可分为质量流量型电子控制汽油喷射系统和体积流量型电子控制汽油喷射系统。质量流量型电子控制汽油喷射系统测量的是进气管的空气质量流量，体积流量型测量的是进气管的空气体积流量。

2) 压力型(D 型)电子控制汽油喷射系统

压力型(D 型)电子控制汽油喷射系统利用绝对压力传感器检测进气管内的绝对压力，ECU 根据进气管内的绝对压力和发动机转速推算出发动机的进气量，然后确定基本喷油量。

2. 按喷射位置分类

1) 单点电子控制汽油喷射系统

单点电子控制汽油喷射(Single Point Injection，SPI)系统在进气总管安装 1 个喷油器集中喷油(见图 4-4)，形成的混合气由进气支管分配到各个气缸。其结构简单、故障少、维修调整方便、成本低，但汽油分配均匀性不好。

2) 多点电子控制汽油喷射系统

多点电子控制汽油喷射(Multi-Point Injection，MPI)系统在每缸进气门前装有一个喷油器(见图 4-5)，由 ECU 控制喷射。其汽油分配均匀性好，但控制系统复杂、成本高，目前广泛使用于轿车上。

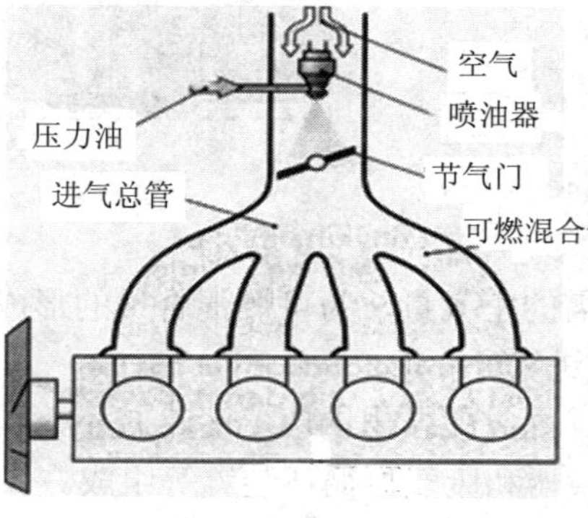

图 4-4

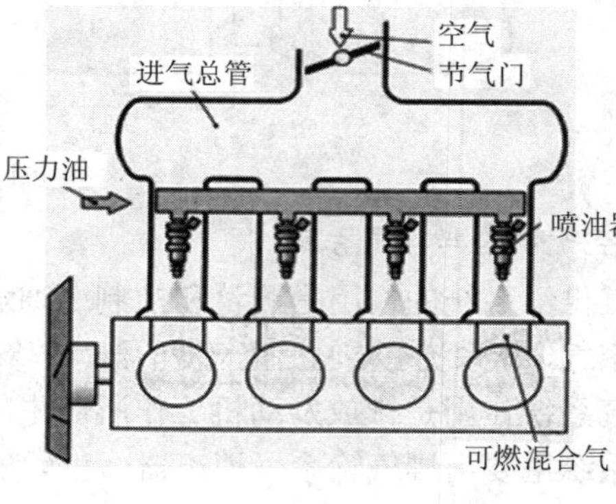

图 4-5

3. 按喷射方式分类

1) 连续喷射

在发动机运转过程中，汽油连续不断地喷射到进气管内。除机械式汽油喷射系统(K 型)和机电组合式汽油喷射系统(KE 型)应用外，电子控制汽油喷射系统一般不采用此喷射方式。

2) 间歇喷射

在发动机运转期间，将汽油间歇喷入进气管内。目前多用于电子控制汽油喷射系统。间歇喷射方式按各缸喷油器的喷射顺序又可分为同时喷射、分组喷射和顺序喷射(见图 4-6)。

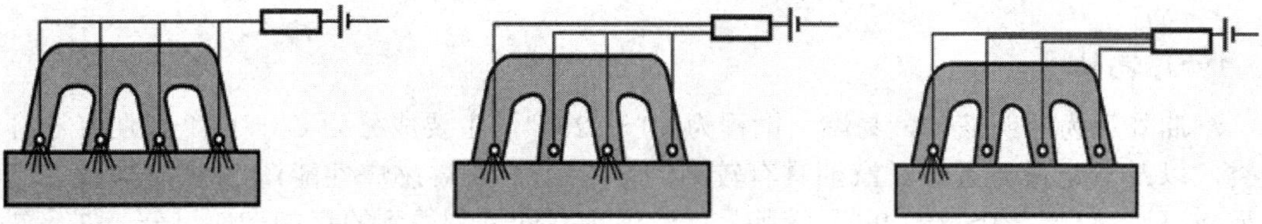

(a) 同时喷射　　(b) 分组喷射　　(c) 顺序喷射

图 4-6

同时喷射将各气缸的喷油器并联，所有喷油器由 ECU 的同一个指令控制，同时断油，同时喷油。

分组喷射将各气缸的喷油器分成几组，同一组喷油器同时断油或喷油。

顺序喷射将各喷油器由 ECU 分别控制，按发动机各气缸的工作顺序喷油。

4. 按有无反馈信号分类

1) 开环控制系统(无氧传感器)

开环控制系统根据系统中各传感器的输入信号，判断发动机的工作状态，按最佳发动机性能、排放等要求，按事先已确定好的数据调整喷油量、点火提前角等。其精度直接依赖于所设定的基准数据和喷油器调整标定的精度。如果发动机在使用中由于机械磨损发生了变化，或生产出的发动机由于制造精度的差异而不同，则无法保证发动机的性能等指标最优。

2) 闭环控制系统(有氧传感器)

闭环控制系统在发动机排气管上装有氧传感器，可测出混合气成分的变化趋势，把相对最佳混合气成分偏浓或偏稀的信息传给 ECU，ECU 根据此信息修正喷油量，使空燃比控制在 14.7 左右，控制精度较高。此时，三元催化转化效率最佳，发动机汽油经济性也最佳。

二、任务实施

(一) 任务内容

电控燃油供给系统类型识别。

(二) 任务实施准备

(1) 器材与设备：实训发动机、清洁工具等。

(2) 参考资料：《汽车构造拆装与维护保养实训》、发动机维修手册。

(三) 任务实施步骤

(1) 清洁、检查发动机。

(2) 辨识实训发动机电控燃油供给系统的类型。

(3) 识别电控燃油供给系统的组件。

三、拓展知识

(一) 汽油

汽油外观为透明液体，易燃，馏程为 30～220℃，主要成分为 C5～C12 脂肪烃和环烷烃类，以及一定量芳香烃。汽油具有较高的辛烷值(抗爆震燃烧性能)，并按辛烷值的高低分为 90 号、93 号、95 号、97 号等牌号。汽油由石油炼制得到的直馏汽油组分、催化裂化汽油组分、催化重整汽油组分等不同汽油组分经精制后与高辛烷值组分经调和制得，主要用作汽车点燃式内燃机的燃料。

汽油重要的特性为热值、蒸发性、抗爆性、安定性、安全性和腐蚀性。

1. 热值

汽油的热值是指 1 kg 燃料完全燃烧后所产生的热量。汽油的热值约为 44 000 kJ/kg。

2. 蒸发性

蒸发性指汽油在汽化过程中蒸发的难易程度。汽油的蒸发性以馏程作为评价指标，常用汽油的 10%、50%、90% 等馏分的馏出温度来评定。

10% 的馏出温度标志着起动性能。汽油机使用 10% 馏出温度低的汽油，容易起动。但此温度过低，会使汽油在输送管路中形成“气阻”。使发动机断火 50% 的馏出温度标志着汽油的平均蒸发性，它影响着发动机的暖车时间、加速性和工作稳定性。若此温度低，则使暖车时间缩短，并当发动机由低负荷向高负荷过渡时，能够及时供给所需浓混合气，使发动机加速性能良好。90% 的馏出温度标志着燃料中含有难于挥发的重质成分。此温度低，表明燃料中重质成分少，挥发性好，有利于完全燃烧。此温度过高，则因汽油中重质成分较多而汽化不良，使燃烧不完全，造成排气冒烟和积炭。

3. 抗爆性

抗爆性指汽油在各种使用条件下抗爆震燃烧的能力。车用汽油的抗爆性用辛烷值表示。辛烷值越高，抗爆性越好。汽油抗爆能力的大小与化学组成有关。带支链的烷烃以及烯烃、芳烃通常具有优良的抗爆性。规定异辛烷的辛烷值为 100，抗爆性好；正庚烷的辛烷值为 0，抗爆性差。汽油辛烷值由辛烷值机测定。高辛烷值汽油可以满足高压缩比汽油机的需要。汽油机压缩比高，则热效率高，可以节省燃料。提高汽油辛烷值主要靠增加高辛烷值汽油组分，但也通过添加 MTBE 等抗爆剂来实现。汽油的牌号是按辛烷值划分的。

4. 安定性

安定性指汽油在自然条件下长时间放置的稳定性。安定性用胶质和诱导期及碘价(碘价表示烯烃的含量)来表征，胶质越低越好，诱导期越长越好。国家标准规定，每 100 ml 汽油的实际胶质不得大于 5 mg。

5. 腐蚀性

腐蚀性是指汽油在存储、运输、使用过程中对储罐、管线、阀门、汽化器、气缸等设备产生腐蚀的特性，用总硫、硫醇、铜片实验和酸值来表征。

6. 安全性

汽油安全性能的指标主要是闪点，国家标准严格规定的闪点值不小于 55℃。闪点过低，说明汽油中混有轻组分，会对汽油贮存、运输、使用带来安全隐患，还会导致汽车发动机无法正常工作。

（二）影响汽油机燃烧过程的因素

1. 汽油的性质

在燃油的各种性质中，汽油的抗爆性对燃烧过程的影响最大。汽油的抗爆性好，发动机就可以采用较高的压缩比，有利于提高发动机的热效率和输出功率。此外，抗爆性好的汽油还可以降低爆燃的概率。

汽油的蒸发性越好就越容易汽化，这样就使得混合气形成得更容易而且质量也好，使燃烧速度加快而且容易燃烧，从而提高发动机的经济性。但在炎热或高原地区使用蒸发性好的汽油时容易在油泵之后的油路中形成气阻，使汽车起动困难，特别是长时间停车后起动困难。

2. 点火提前角

点火提前角是指从火花塞产生电火花开始到活塞运动到上止点的曲轴转角。它对汽油机的动力性能、经济性能和排放性能都有明显的影响。点火提前角与气缸内压力上升的关系如图 4-7 所示。

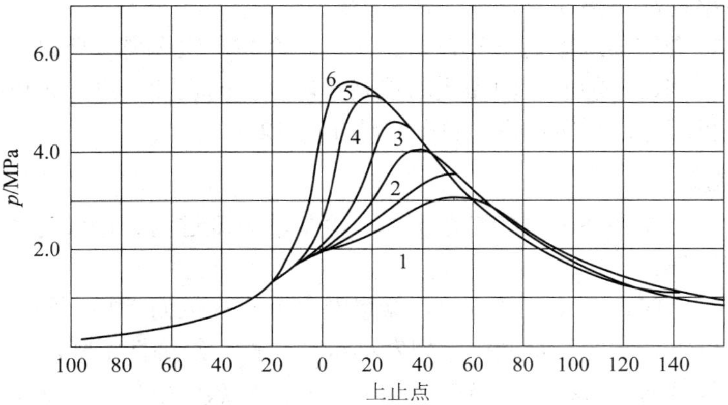

1、2、3、4、5、6分别表示10°、20°、30°、40°、50°、60°点火提前角

图 4-7

点火提前角过大，则大部分混合气在压缩过程中燃烧，活塞所消耗的压缩功增加，且最高压力升高，末端混合气燃烧前的温度较高，爆燃倾向加大。点火过迟，则燃烧延长到膨胀过程，燃烧最高压力和温度下降，传热损失增多，排气温度升高，热效率降低，但爆燃倾向减小，NO_X 升高，功率、排放量降低。

使发动机运转平稳、功率大、油耗低、排污低的点火提前角称为最佳点火提前角。发动机应保持在最佳点火提前角下工作。

3. 混合气浓度

当 $0.85 < \lambda < 0.95$ 时，由于燃烧温度最高，火焰传播速度最大，功率达最大值，但爆燃倾向增大。当 $1.05 < \lambda < 1.15$ 时，由于燃烧完全，燃油消耗率最低，但此时缸内温度最高且空气充足，NO_X 排放量大；当浓混合气浓度 $\lambda < 1$ 时，必然会产生不完全燃烧，所以 CO 排放量明显上升；当 $\lambda < 0.8$ 及 $\lambda > 1.2$ 时，火焰速度缓慢，部分燃料可能来不及完全燃烧，因而经济性差，HC 排放量增多且工作不稳定。可见混合气浓度对燃烧影响极大，必须严格控制。

4. 发动机负荷

当转速一定、负荷减小时，进入气缸的新鲜混合气量减小，而残余废气量基本不变，故残余废气所占比例相对增加。因为残余废气对燃烧反应起阻碍作用，使燃烧速度减慢，爆燃倾向较小。为保证燃烧过程在上止点附近完成，需增大点火提前角。

5. 发动机转速

发动机转速增加，火焰传播速度加快，散热损失减少，爆燃的倾向下降。这是因为发动机转速升高，导致气缸内可燃混合气涡流、紊流增强，且漏气及传热损失减少所致。所以汽油机转速一般都比较高。

汽油机转速提高后，应将点火提前角加大，以保证燃烧过程在上止点附近完成。

6. 压缩比

提高压缩比，可提高压缩冲程终了混合气的温度和压力，加快火焰传播速度，选择合适的点火提前角，可使燃烧在更小的容积下进行，使燃烧终了的温度、压力升高，且燃气膨胀充分，热效率提高，发动机功率、转矩大。

提高压缩比，会增加未燃混合气自燃的倾向，容易产生爆燃，所以汽油机不可能像柴油机那样采用高压缩比。随着汽油品质的提高、燃烧室的设计、汽油机电控喷射等技术的发展，允许汽油机压缩比有所提高，目前可达 11～12。

7. 冷却液温度

冷却液温度应控制在 80～100℃范围内。冷却液温度过高、过低均影响混合气的燃烧和发动机的正常工作。

冷却液温度过高时，会使缸壁过热，爆燃及表面点火倾向增加；同时进入气缸的混合气温度升高，密度下降，充气量减小，使发动机动力性、经济性下降。

冷却液温度过低时，传给冷却水热量增多，发动机热效率降低，功率下降，耗油率增加；润滑油黏度增大，流动性差，润滑效果变差，摩擦损失及机件磨损加剧；容易使燃气中的酸根和水蒸气结合成酸类物质，使气缸腐蚀磨损增加；燃烧不良易形成积炭；不完全燃烧现象严重，使排污增多。

8. 大气状况

大气压力低，气缸充气量减少，则混合气变浓。另外，压缩压力低，着火延迟期长和火焰传播速度慢，致使经济性和动力性下降，但爆燃倾向减小。大气温度高，同样气缸充气量下降，经济性、动力性变差，而且容易发生爆燃和气阻。

气阻是由于汽油蒸发而在供油系中形成气泡，减少甚至中断供油的现象。因此，在炎热地区行车时，应加强冷却系散热能力，用泵油量大的汽油泵；反之，在寒冷地区行车时，要加强进气系统的预热，增强火花能量等，以保证汽油雾化、点火及起动。

9. 燃烧室积炭

积炭不易传热，温度较高，在进气、压缩过程中不断加热混合气，使温度升高很快；积炭本身占有体积，减小了燃烧室体积，因而提高了压缩比，这些都促使爆燃倾向增加。积炭表面温度很高，形成炽热表面或炽热点，易引起表面点火。

任务二　空气供给与排气系统

知识目标

- 掌握空气供给系统主要组件的作用和结构。
- 掌握排气系统主要组件的作用和结构。

技能目标

- 掌握空气供给与排气系统的拆装过程与规范。

一、基础知识

空气供给系统的作用是测量和控制燃油燃烧所需的空气量，为可燃混合气的形成提供必需的空气。该系统主要包括空气滤清器、节气门体及进气管系等。

排气系统的作用是排放发动机工作所产生的废气，同时使排出的废气污染减小，噪声减小。该系统主要由排气管系、消声器、三元催化转换器和废气再循环装置等组成。

(一) 空气滤清器

1. 作用

空气滤清器的作用是过滤空气中的尘土和沙粒，向发动机提供清洁的空气，以减少气缸、活塞、活塞环的磨损，并消除进气噪声。

对空气滤清器的基本要求是滤清能力强、进气阻力小、维护保养周期长、价格低廉。

2. 空气滤清方式

空气滤清方式有惯性式、过滤式和油浴式等三种方式。

(1) 惯性式：由于杂质的密度较空气的密度大，当杂质随空气旋转或急转弯时，离心惯性力的作用能使杂质从气流中分离出来。

(2) 过滤式：引导空气流过金属滤网或滤纸等，将杂质阻挡并粘附在滤芯上。

(3) 油浴式：在空气滤清器底部设有机油盘，利用气流急转冲击机油，将杂质分离并粘滞在机油中，而被激荡起的机油雾滴随气流流经滤芯，并粘附在滤芯上。空气流过滤芯时能进一步吸附杂质，从而达到滤清的目的。

3. 空气滤清器的结构

空气滤清器有干式和湿式两种形式。

干式空气滤清器由壳体(见图 4-8)和滤芯组成(见图 4-9)。

图 4-8

图 4-9

滤芯材料为滤纸或无纺布。为了增加空气通过面积，滤芯大都加工成折皱状。当滤芯轻度污损时可以使用压缩空气吹净，当滤芯污损严重时应当及时更换新芯。

(二) 节气门体

节气门体的主要功用是通过改变节气门开度的大小来改变进气通道截面积，控制发动机运转工况，并通过节气门位置传感器检测发动机负荷。

节气门体安装在进气总管上。

节气门体有拉线式节气门体(见图 4-10)和电子节气门体(见图 4-11)两种。

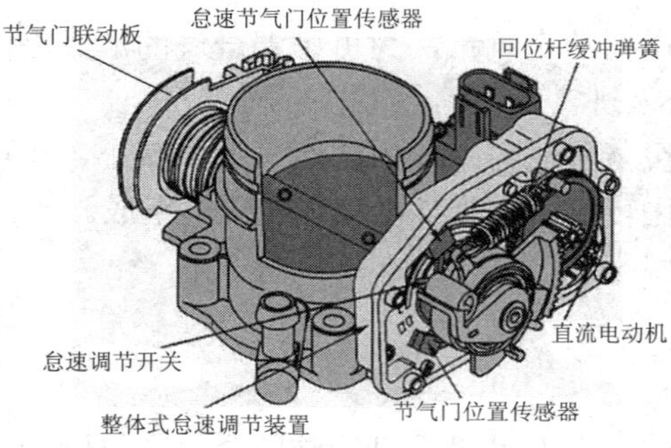

图 4-10

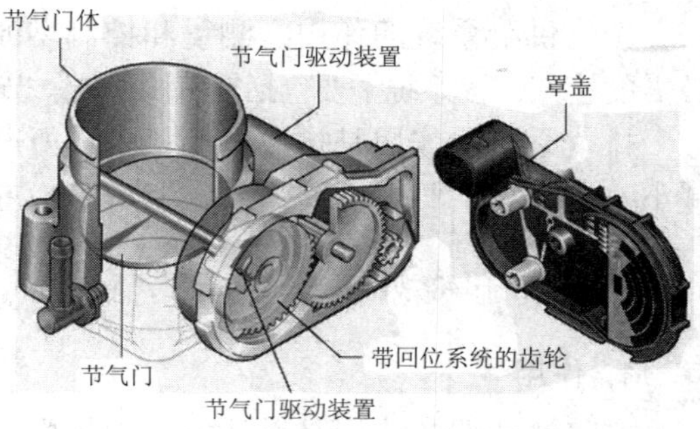

图 4-11

拉线式节气门操纵机构是通过拉索(软钢丝)或者拉杆，一端连接油门踏板，另一端连接节气门连动板而工作的。

电子节气门体主要根据发动机所需能量通过节气门位置传感器来控制节气门的开启角度，从而调节进气量的大小。

电子节气门体有电液式、线性电磁铁式、步进电机式和直流伺服电机式等四种。电液式和步进电机式由于控制精度不高，线性电磁式则由于所需电功耗较大，都很少在汽车上应用。直流伺服电机式则很好地克服了以上两种情况，在汽车上应用得较为广泛。

(三) 进气管系

进气管系由进气总管和进气歧管等组成。

1. 进气总管

进气总管指空气滤清器至进气歧管之间的管道。为了提高发动机的充气效率，通常按有效利用进气压力波的原理设计进气总管的长度、形状和结构。

进气总管上常附有各种形状的气室，以减小节气门开度频繁变化时的进气脉动。进气总管还装有空气流量计或进气压力传感器，以便对进入气缸的空气量进行计量。

2. 进气歧管

进气歧管指进气总管之后到各气缸的气管(见图 4-12)。

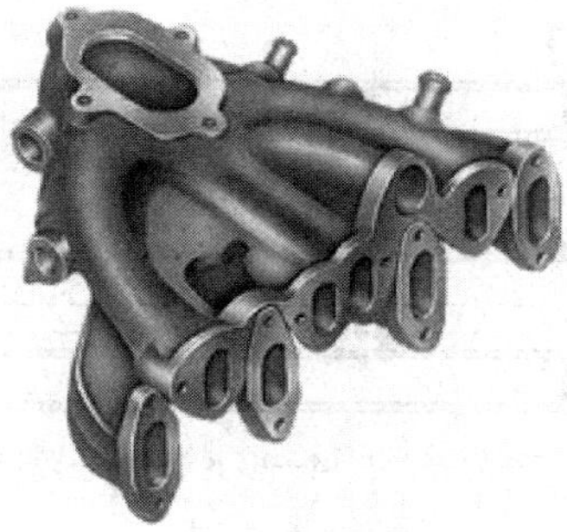

图 4-12

对于单点电子控制汽油喷射系统，进气支管的温度很重要，因为温度太低，汽油将凝结在管壁上，混合气雾化不良，应进行适当的加热，以利于燃油的蒸发。

(四) 排气管系

排气管系由排气总管和排气歧管组成。

1. 排气总管

排气总管安装于发动机排气歧管和消声器之间，使整个排气系统呈挠性连接，从而起到减振降噪、方便安装和延长排气消声系统寿命的作用。

2. 排气歧管

排气歧管是与发动机气缸体相连，将各缸的排气集中起来导入排气总管的带有分歧的管路(见图 4-13)。对它的要求主要是，尽量减少排气阻力，并避免各缸之间相互干扰。

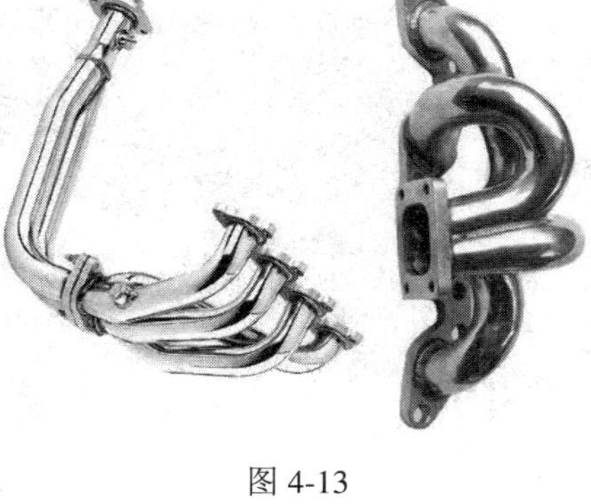

图 4-13

(五) 消声器

消声器的作用是降低发动机的排气噪声，并使高温废气能安全有效地排出。消声器作为排气管道的一部分，应保证其排气畅通、阻力小及强度足够。消声器要经受500～700℃高温排气，保证在汽车规定的行驶里程内，不损坏、不失去消声效果。

消声器由两个长度不同的多孔管构成(见图 4-14)，这两个管先分开再交汇，由于这两个管的长度差值等于汽车所发出的声波波长的一半，使得两列声波在叠加时发生干涉相互抵消而减弱声强，使传过来的声音减小，从而起到消音的效果。

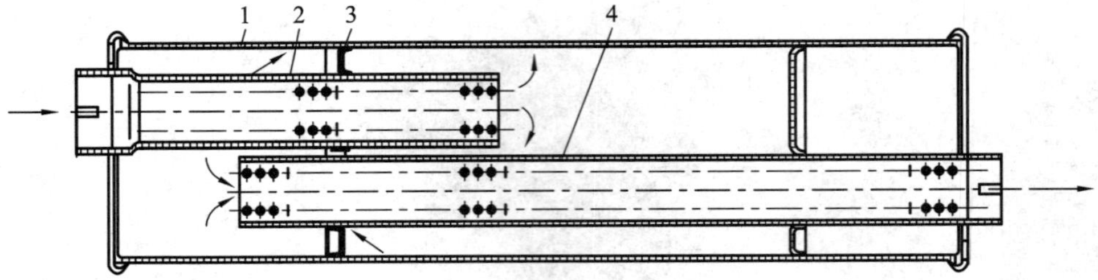

1—外壳；2、4—多孔管；3—隔板

图 4-14

(六) 三元催化转换器

三元催化转换器是安装在排气系统中的机外净化装置，它可将汽车尾气排出的一氧化碳(CO)、碳化氢(HC)和氮氧化合物(NO_X)等有害气体通过氧化和还原作用转变为无害的二氧化碳(CO_2)、水(H_2O)和氮气(N_2)。当高温的尾气通过净化装置时，三元催化转换器中的净化剂将增强CO、HC和NO_X三种气体的活性，促使其进行一定的氧化–还原化学反应，其中CO在高温下氧化成为无色、无毒的CO_2气体；HC化合物在高温下氧化成H_2O和CO_2；NO_X还原成N_2和氧气(O_2)。三种有害气体变成无害气体，使汽车尾气得以净化。

三元催化转换器的结构类似消声器(见图 4-15)。它的外面用双层不锈钢薄板制成筒形，在双层不锈钢薄板夹层中装有绝热材料——石棉纤维毡，内部在网状隔板中间装有净化剂。净化剂由载体和催化剂组成。

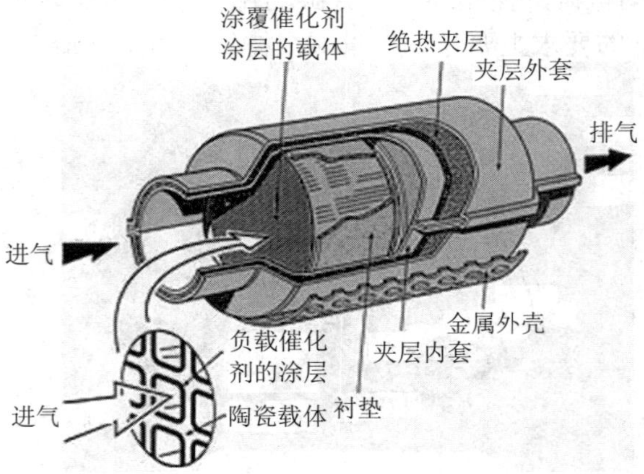

图 4-15

载体一般由三氧化二铝(Al_2O_3)制成，其形状有球形、多棱体形和网状隔板等。净化剂实际上是起催化作用的，也称为催化剂。催化剂采用的是金属铂、铑、钯，将其中一种喷涂在载体上，就构成了净化剂。

二、任务实施

(一) 任务内容

(1) 空气供给系统主要部件的拆装。

(2) 排气系统主要部件的拆装。

(二) 任务实施准备

(1) 器材与设备：实训发动机、套装工具、空气压缩机、三元催化转换器、消声器、清洁工具等。

(2) 参考资料：《汽车构造拆装与维护保养实训》、发动机维修手册。

(三) 任务实施步骤

(1) 清洁、检查发动机。

(2) 拆卸并分解空气滤清器总成。

(3) 检查滤芯，用压缩空气吹除滤芯上的污物。

(4) 装复空气滤清器总成。

(5) 拆卸节气门体，清洁节气门体。

(6) 辨识节气门体组成部件。

(7) 拆卸进气管系。

(8) 检查进气歧管与缸盖之间的垫片是否完好。

(9) 拆卸排气歧管，检查排气歧管与缸盖之间的垫片是否完好。

(10) 装复进排气管系。

(11) 认识三元催化转换器的结构。

(12) 认识消声器的结构。

三、拓展知识

废气涡轮增压是利用发动机排气能量驱动涡轮增压器实现对发动机进气进行增压的技术。发动机排出的高温高速的废气，经排气管供入涡轮增压器的涡轮机，推动涡轮旋转，涡轮再带动与它同轴的压气机叶轮旋转，给进入的空气加压，从而达到提高进气效率的目的。

(一) 废气涡轮增压系统的组成

1. 涡轮机

涡轮机是将发动机排气的能量转变为机械功的装置。

涡轮机的叶轮和压气机的工作轮共用一根转动轴，三者组成转子。转子由径向轴承和轴向止推轴承支承。由于转子的转速很高，必须严格检查其动平衡和适当选择轴承类型才能保证涡轮增压器可靠工作。

2. 压气机

压气机又称离心压缩机，由进气道、工作轮、扩压器和出气蜗壳组成。在小型涡轮增压器中，进气道和出气蜗壳布置在同一壳体上，称为压气机壳。扩压器又分为有叶扩压器和无叶扩压器。

(二) 废气涡轮增压系统的工作过程

涡轮机叶轮与压气机叶轮通过增压器轴刚性连接，这部分称为增压器转子。增压器转子通过浮动轴承(转子高速旋转时可保证摩擦阻力矩较小)固定在增压器壳中。发动机工作时，排出的废气以一定角度高速冲击涡轮机叶轮，使增压器转子高速旋转。压气机叶轮的高速旋转使得发动机进气管内的气体压力升高。如此，在进气过程中，空气会受到较大的压力，从而使更多密度更大的空气进入气缸。这样，燃油就可以更加充分地燃烧，发动机的动力性能得到了提升。

(三) 废气涡轮增压系统的分类

废气涡轮增压器根据增压器的数量可分为单级增压和双级复合增压。普通车型常用单级增压系统，即采用一个废气涡轮增压器；而双级增压系统采用两个废气涡轮增压器，主要用于大排量车用柴油机。根据两个增压器的连接方式不同，双级增压方式可分为直列双级复合增压和并列双级复合增压两种系统；根据所用涡轮的不同，废气涡轮增压器分为径流式和轴流式两种。径流式涡轮增压器采用径流式涡轮和离心式压气机，流量较小，适用于中小功率内燃机；轴流式涡轮增压器采用轴流式涡轮和离心式压气机，流量较大，适用于大型柴油机。

任务三　燃油供给系统

知识目标

□ 掌握燃油供给系统主要组件的作用和结构。

技能目标

□ 掌握燃油供给系统的拆装、检测过程与规范。

一、基础知识

汽油供给系统的作用是向发动机提供组成可燃混合气所需要的燃油。汽油供给系统主要包括燃油箱、燃油滤清器、燃油泵、燃油分配管、燃油压力调节器、喷油器、进/回油管等(见图 4-16)。

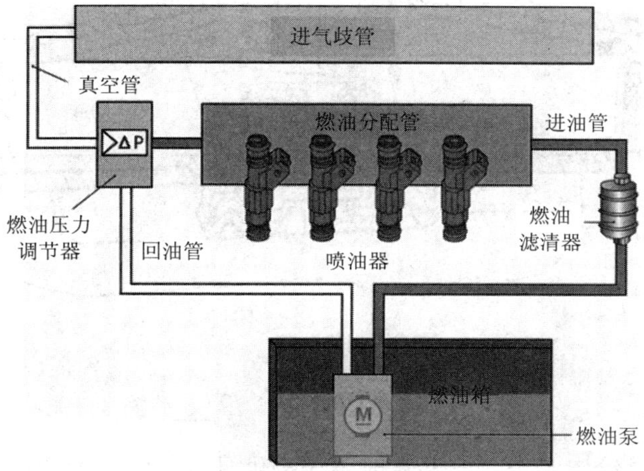

图 4-16

燃油泵将汽油自燃油箱内吸出，燃油滤清器过滤后，经进油管进入燃油分配管，喷油器根据 ECU 指令向进气歧管喷油，多余的汽油经回油管流回燃油箱。

(一) 燃油箱

燃油箱的作用是储存汽油。

燃油箱(见图 4-17)用薄钢板冲压焊接而成，上部有加油管、油面指示表的传感器、出油开关；下部有放油塞，箱内有隔板以加强油箱的强度，并减轻行车时汽油的震荡。油箱是密封的，一般在油箱盖上装有空气阀和蒸汽阀，以保持油箱内油压正常。

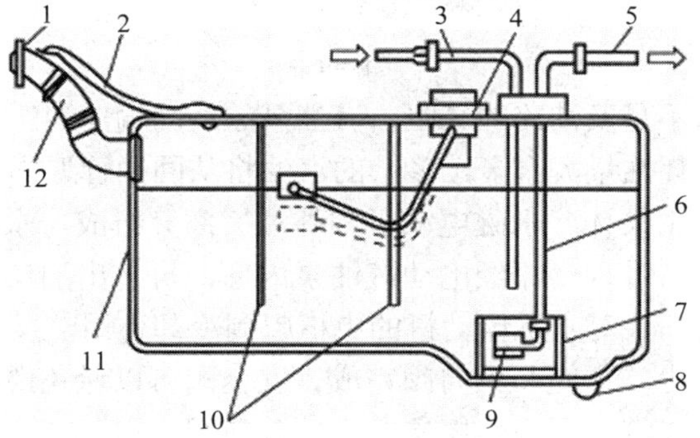

1—油箱盖；2—通气软管；3—回油管；4—油面传感器；5—出油管；6—燃油连接管；7—辅助油箱；8—放油螺塞；9—粗滤器；10—隔板；11—油箱体；12—燃油进口软管

图 4-17

油箱盖用于防止汽油的溅出及减少汽油挥发，它由空气阀和蒸汽阀组成(见图 4-18)。空气阀弹簧较蒸汽阀弹簧软，当油箱内燃油减少、压力下降到预定值时，大气推开空气阀进入油箱内；当油箱内的燃油蒸汽压力增大到预定值时，蒸汽阀打开，燃油蒸汽泄入大气，保持油箱内的压力正常。

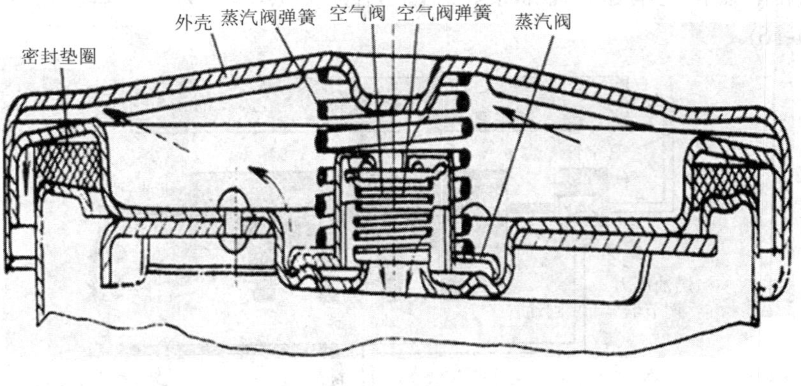

图 4-18

(二) 汽油泵

汽油泵的作用是给电子控制汽油喷射系统提供具有一定压力的汽油。根据汽油泵的安装位置可分为内置式和外置式两种。内置式是将汽油泵安装在汽油箱内，外置式是将汽油泵安装在汽油箱外。现在绝大多数轿车采用内置式电动汽油泵(见图 4-19)。

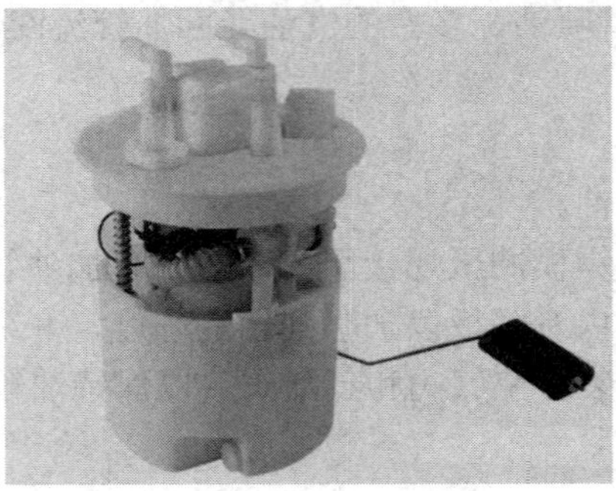

图 4-19

为防止发动机供油不足及油路的气阻，汽油泵的最高输出油压可达到 450～600 kPa，其供油量比发动机最大耗油量大得多，多余的汽油将从回油管返回。

电动汽油泵的结构由泵体、永磁电动机和外壳三部分组成。永磁电动机通电即带动泵体旋转，将燃油从进油口吸入，流经电动汽油泵内部，再从出油口压出，给燃油系供油。燃油流经电动汽油泵内部，对永磁电动机的电枢起到冷却作用，又称湿式汽油泵。

汽油泵的附加功能由安全阀和单向阀完成。安全阀可以避免燃油管路阻塞时压力过分升高，而造成油管破裂或汽油泵损伤现象发生。单向阀是为了在汽油泵停止工作时密封油路，使燃油系统保持一定残压，以便发动机下次起动容易。

泵体是电动汽油泵泵油的主体，根据其结构的不同可分滚柱式和涡轮式。

1. 滚柱式电动汽油泵

滚柱式电动汽油泵主要由电动机、滚柱泵、单向出油阀等组成(见图 4-20)。

当滚柱泵电源接通时，直流电动机高速旋转，驱动滚柱泵旋转，由于离心力的作用，转子槽内的滚柱向外移动，紧靠在偏心的泵体壁面上。滚柱随转子一同旋转时泵腔容积发生变化，汽油进口处的容积越来越大，出口处的容积越来越小，使汽油经过入口的滤网被吸入汽油泵，加压后经过电动机周围的空隙由出口泵出。

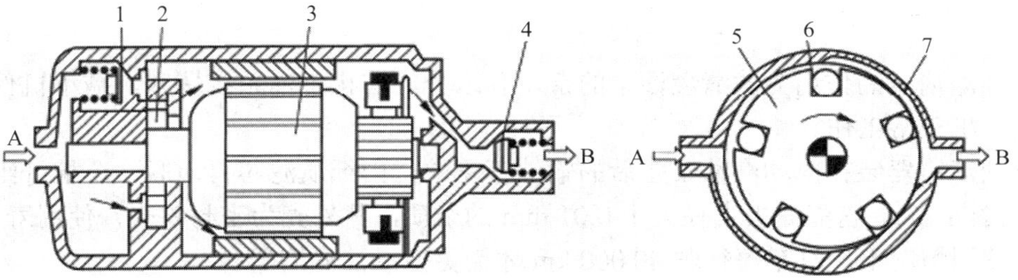

1—限压阀；2—滚柱泵；3—电动机；4—单向出油阀；
5—转子(偏心安装)；6—滚子；7—泵体；A—进油口；B—出油口

图 4-20

2. 涡轮式电动汽油泵

涡轮式电动汽油泵主要由电动机、涡轮泵、出油阀、卸压阀等组成(见图 4-21)。

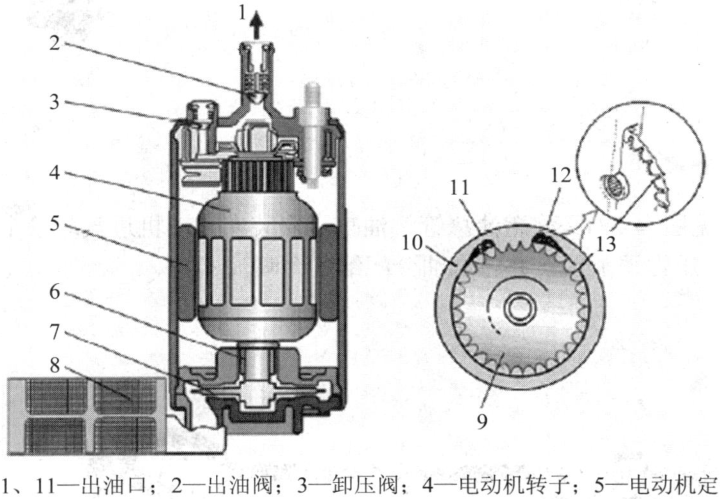

1、11—出油口；2—出油阀；3—卸压阀；4—电动机转子；5—电动机定子；
6—轴承；7、9—叶轮；8—滤清器；10—泵壳体；10—进油口；13—叶片

图 4-21

汽油泵电动机通电时，电动机驱动涡轮泵叶轮 7 旋转，由于离心力的作用，使叶轮周围小槽内的叶片贴紧泵壳，将汽油从进油室带往出油室。由于进油室的汽油不断被带走，所以形成一定的真空度，将汽油从进油口吸入；而出油室汽油不断增多，汽油压力升高，当达到一定值时，则顶开出油阀 2 经出油口输出。出油阀还可在油泵不工作时阻止汽油流回油箱，保持油路中有一定的残余压力，便于下次起动。卸压阀的作用是当油泵中的汽油压力超过规定值(一般为 320 kPa)时，油压克服泵体上卸压阀弹簧的压力，将卸压阀顶开，部分汽油返回到进油口一侧，使油压不致过高而损坏油泵。

涡轮式电动汽油泵工作时，汽油流经壳体和电枢，起很好的冷却作用。由于泵中没有空气，所以不会产生电火花点燃汽油的危险。

涡轮式电动汽油泵的优点是泵油量大，泵油压力较高，供油压力稳定，运转噪声小，使用寿命长等。

(三) 汽油滤清器

汽油滤清器的作用为滤清燃油中的杂质和水分，防止供油系统堵塞，减小机件磨损，保证发动机正常工作。

汽油滤清器装在电动汽油泵之后的输油管路中，由纸质滤芯再串联一个棉纤维过滤网制成(见图 4-22)。它能滤去直径大于 0.01 mm 的杂质，其外壳为密封铁壳，使用寿命较长，在正常使用情况下，汽车每行驶 40 000 km 才需更换汽油滤清器。

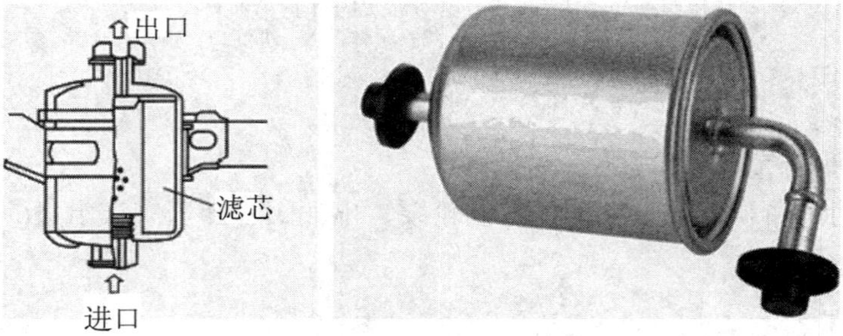

图 4-22

(四) 燃油分配管

燃油分配管(见图 4-23)又称燃油总管、油轨，安装在发动机进气歧管上部，其功用是固定喷油器和燃油压力调节器，并将汽油分配给各个喷油器。

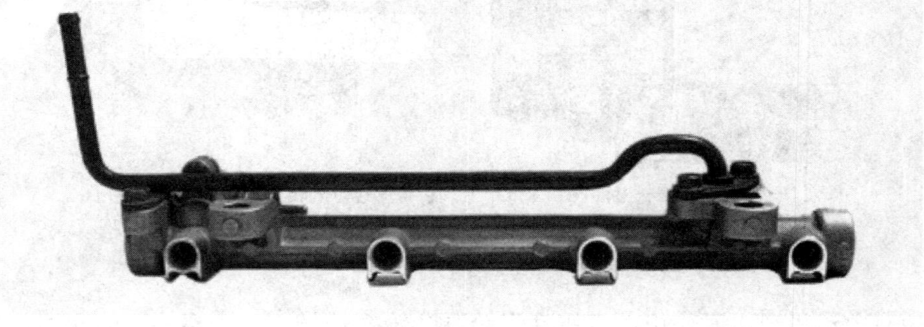

图 4-23

燃油分配管的截面一般都比较大，它的容油量相对于发动机喷油量来说要多很多，这样可防止燃油压力波动，以保证各喷油器的喷油量尽可能一致。

(五) 燃油压力调节器

燃油压力调节器(见图 4-24)的作用是根据进气支管压力的变化来调节进入喷油器的汽油压力，使两者保持恒定的压力差(见图 4-25)，而且任意工况下喷油器的针阀升程一定，这样，喷油量只由喷油器通电时间长短控制，使 ECU 能通过控制喷油时间的长短来精确地控制喷油量。

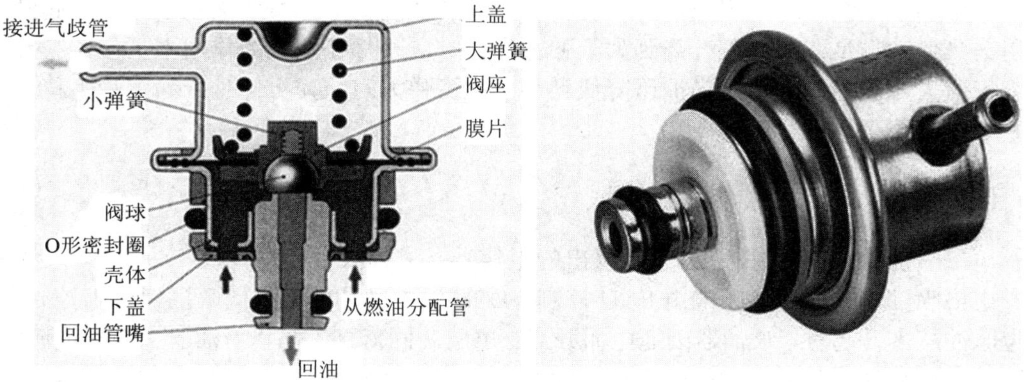

图 4-24

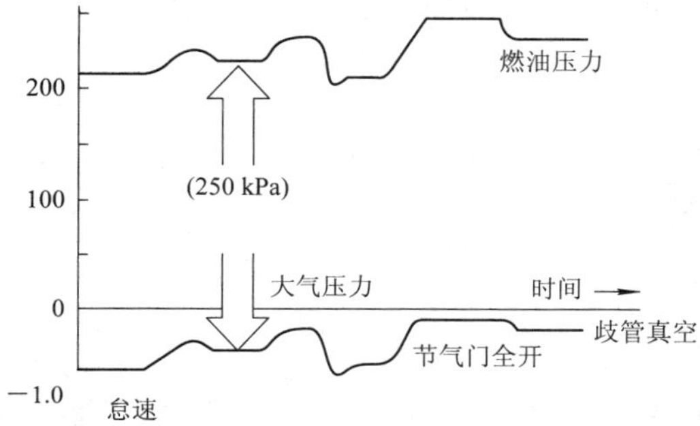

图 4-25

(六) 燃油压力脉动阻尼器

燃油压力脉动阻尼器又称燃油脉动衰减器，其作用是减小燃油管路中因汽油泵运转、喷油器喷射和油压调节器回油阀开闭引起的油压脉动和脉动噪声，并能在发动机停机后保持一定的燃油压力，以利于发动机的重新启动。

燃油压力脉动器主要由膜片、弹簧、壳体等组成(见图 4-26)。燃油压力脉动阻尼器可安装在回油管或燃油分配管上。

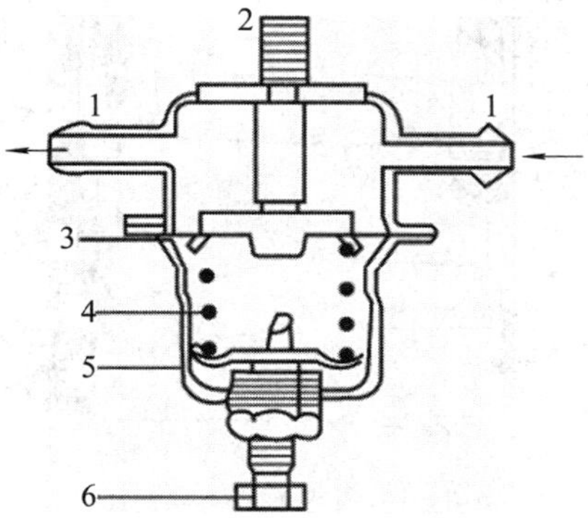

1—燃油接头；2—固定螺纹；3—膜片；4—弹簧；5—壳体；6—调节螺钉

图 4-26

当脉动油压汽油进入阻尼器时，脉动压力通过膜片传给弹簧而被吸收，从而起到缓冲作用。具体动作是：当油压升高到大于弹簧弹力时，膜片在油压的作用下下移，膜片上方的容积增大，使油压减小；当油压降低到小于弹簧弹力时，弹簧伸长推动膜片上移，膜片上方的容积减小，使油压升高。

（七）电磁喷油器

电磁喷油器的作用是根据 ECU 发出的电信号，进行汽油喷射。

电磁喷油器的通电、断电由 ECU 控制。ECU 以电脉冲的形式向喷油器输出控制电流。当电脉冲从零升起时，喷油器因通电而开启；电脉冲回落到零时，喷油器又因断电而关闭。电脉冲从升起到回落所持续的时间称为脉冲宽度。若 ECU 输出的脉冲宽度短，则喷油持续时间短，喷油量少；若 ECU 输出的脉冲宽度长，则喷油持续时间长，喷油量多。一般喷油器针阀升程约为 0.1 mm，而喷油持续时间在 2～10 ms 范围内。

喷油器是一种加工精度非常高的精密器件，要求其动态流量范围大，抗堵塞和抗污染能力强以及雾化性能好。

电磁喷油器按燃料的进入位置可分为上方供油式和侧方供油式；按电磁线圈阻值可分为低阻式和高阻式；按驱动方式分为电流驱动式和电压驱动式；按喷口形式分为孔式、轴针式、球阀式和片阀式。

1. 轴针式电磁喷油器

轴针式电磁喷油器主要由针阀、电磁线圈、弹簧和阀体等组成(见图 4-27)。

当电磁线圈中无电流通过时，喷油器针阀在弹簧力作用下紧压在锥形密封阀座上；当电磁线圈通电时，产生磁场将衔铁连同针阀向上吸起，喷油口打开，汽油喷出。为了使燃油充分雾化，针阀前端磨出一段喷油轴针，其抗污染能力强，自洁性能好。

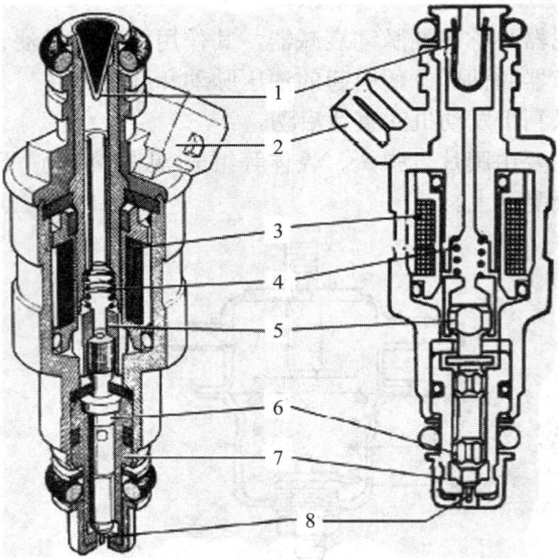

1—滤网；2—电控信号接头；3—电磁线圈；4—弹簧；5—衔铁；6—针阀；7—阀体；8—轴针

图 4-27

2. 球阀式电磁喷油器

球阀式电磁喷油器的针阀是由钢球、导杆和衔铁用激光束焊接而成的整体结构(见图4-28)。其质量减小到只有普通轴针式针阀的一半，这是靠采用短的空心导杆实现的。为了保证汽油密封，轴针式阀针具有较长的导向杆，而球阀具有自动定心作用，无需较长的导向杆。因此，球阀式喷油器在动态流量方面和汽油密封方面，明显优于轴针式喷油器。

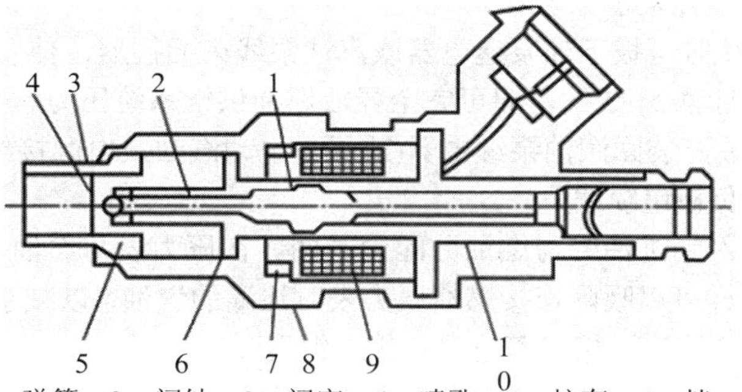

1—弹簧；2—阀针；3—阀座；4—喷孔；5—护套；6—挡块；7—衔铁；8—喷油器体；9—电磁线圈；10—喷油器盖

图 4-28

3. 片阀式电磁喷油器

片阀式电磁喷油器内部结构的主要特点是质量较小的阀片和阀座(见图 4-29)，它们与磁性优化的喷油器总成结合起来，使喷油器不仅具有较大的动态流量范围，而且抗堵塞能力较强。

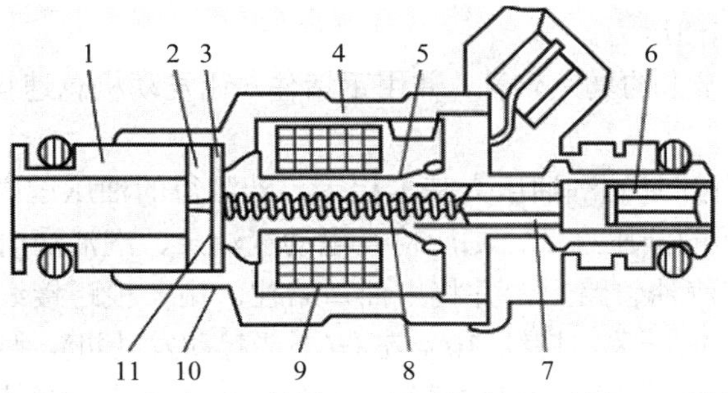

1—喷嘴套；2—阀座；3—挡圈；4—喷油器体；5—铁芯；6—滤网；7—调压滑套；8—弹簧；9—电磁线圈；10—限位圈；11—阀片

图 4-29

二、任务实施

(一) 任务内容

汽油喷射系统汽油压力检测。

(二) 任务实施准备

(1) 器材与设备：故障诊断实训发动机、套装工具、油压表、油管接头、扭力扳手、灭火器、棉布、容器、清洁工具等。

(2) 参考资料：《汽车构造拆装与维护保养实训》、发动机维修手册。

(三) 任务实施步骤

(1) 燃油压力释放。

① 起动发动机，维持怠速运转。

② 在发动机运转时，拔下油泵继电器或汽油泵线束插接器，使发动机自行熄火。

③ 再使发动机起动 2～3 次，即可完全释放燃油供给系统压力。

④ 关闭点火开关，装回汽油泵继电器(或插上电动汽油泵电源接线)。

(2) 拆下蓄电池负极电缆线。

(3) 将油压表接入到进油管与燃油分配管之间。在压力表与燃油分配管和进油管接头周围包一块棉布，这样可以吸附连接燃油压力表时泄漏的燃油，以减小起火和伤人的危险。

(4) 将溅出的汽油擦净，接好蓄电池负极电缆线。

(5) 测量系统静态油压。起动发动机，使之怠速运转，观察油压表上的油压值，应符合规定值。若油压过高，应检查油压调节器；若油压过低，应检查电动汽油泵、汽油滤清器和油压调节器。

(6) 测量汽油系统的保持压力。测量静态油压结束后，过 5 min 再观察油压表指示的油压(此时的压力称为汽油系统保持压力)。若油压过低，应进一步检查电动汽油泵保持压力、油压调节器保持压力及喷油器有无泄漏。

(7) 测量发动机运转时的汽油压力。

① 起动发动机，让发动机怠速运转，测量此时的汽油压力；缓慢开大节气门，测量在节气门接近全开时的汽油压力。

② 拔下油压调节器上的真空软管，并用手堵住，让发动机怠速运转，测量此时的汽油压力。

该压力和节气门全开时的汽油压力基本相等，若测得的油压过高，应检查油压调节器及其真空软管；若测得的油压过低，则应检查电动汽油泵、汽油滤清器及油压调节器。

(8) 将油压表接在汽油管路上，并将出油口堵住。用一根跨接线将电动汽油泵的两个检测插孔短接，打开点火开关，持续 10 s 左右(不要起动发动机)，使电动汽油泵工作，同时读出油压表的压力，该压力称为电动汽油泵的最大压力，它应当比发动机运转时的汽油压力高。如不符合标准值，应更换电动汽油泵。

(9) 测量电动汽油泵保持压力。关闭点火开关 5 min 后再观察油压表压力，此时的压力称为电动汽油泵的保持压力。如不符合标准值，应更换电动汽油泵。

(10) 检查油压调节器的工作状况。如前述方法，测量发动机运转时的汽油压力，然后拔下油压调节器上的真空软管，并检查汽油压力，此时的汽油压力应比发动机怠速运转时的汽油压力高，如果压力变化不符合要求，即说明油压调节器工作不良，应更换。

(11) 再次释放燃油压力。方法同第(1)步。

(12) 拆下蓄电池负极电缆线，拆卸压力表。

(13) 将溅出的汽油擦净，接好蓄电池负极电缆线。

(14) 清理工作现场和发动机。

(15) 起动发动机，检查发动机的工作状况。

三、拓展知识

(一) 燃油供给系统检修注意事项

安全是最重要的因素，不仅在燃油系统维修时要重视，在任何时候都要注意。错误的不安全的方法会导致严重的人身伤亡。遵守下列注意事项可以使得汽车燃油系统部件检修安全有效地完成。

(1) 要避免失火的可能性以及人身伤害，要断开蓄电池负极导线，除非在修理或测试过程需要施加蓄电池电压。

(2) 在进行燃油系维护时，要释放燃油系统压力，首先要断开任何燃油系统部件(喷油器、燃油管道、压力调节器等)、接头或燃油管线连接器。特别要注意在释放燃油系统压力时应避免油雾接触皮肤、脸面和眼睛。有压力的燃油可能会穿透皮肤或任何接触到的身体部位。

(3) 要把车间用的棉布包裹在管接头周围，以吸收泄漏的燃油。要保证任何泄漏的燃油(这是会发生的)很快从发动机表面擦干。要保证所有被燃油浸湿的车间用毛巾或抹布应存放进适宜的废物存器内。

(4) 在工作场地禁止明火和吸烟，确保通风性能良好，同时应备有干式化学灭火器。

(5) 决不允许燃油或燃油蒸汽与火花或明火接触。

(6) 要使用扭力扳手来松开或拧紧燃油管道接头。这可避免给燃油管道带来不必要的应力和力矩，要遵循合适的力矩规范。

(7) 在维修中，所用过的密封圈、衬垫、管道夹箍、垫圈等，都应换用新的，以保证维修后的燃油系统的密封、不渗漏。

(8) 拆装喷油器时，O 形密封圈切勿重复使用。应小心不要损坏新的 O 形密封圈，在安装前，用汽油润滑 O 形密封圈，切勿采用润滑油、齿轮油或制动油。

(9) 喷油器等安装好后，应检查有无漏油。

(二) 汽油泵常见故障

汽油泵本身最常见的故障是滤网堵塞、泵内阀泄漏和电动机故障，油泵因磨损而泵油压力不足的故障较少见。汽油泵的常见故障及影响见表 4-1。

表 4-1　汽油泵的常见故障及影响

故　障	对电子控制汽油喷射系统的影响
安全阀漏油或弹簧失效	供油压力偏低，供油量不足
单向阀漏油	输油管路不能建立残压
进油滤网堵塞	供油不足，汽油泵有时发出尖叫声
电动机烧坏	无汽油供出
油泵磨损	泵油压力不足

(三) 电磁喷油器常见故障

电磁喷油器常见故障及影响见表 4-2。

表 4-2　电磁喷油器的常见故障及影响

故　障	对电子控制汽油喷射系统的影响
喷油器阀胶结、喷油器堵塞	喷油器不喷油或喷油量少，喷油雾化不良
电磁线圈或内部线路连接处断路	喷油器不喷油
喷油器密封不严	喷油器滴油
喷油器阀口积污	喷油量减少

任务四　传　感　器

知识目标

□ 掌握传感器的结构和工作过程。

技能目标

□ 掌握传感器的检测过程与规范。

一、基础知识

传感器(Sensor)是一种检测装置，能感受到被测量的信息，并能将感受到的信息按一定规律转换成为电信号或其他所需形式的信息输出，以满足信息的传输、处理、存储、显示、记录和控制等要求

发动机工作时的各种状态参数，如：发动机转速、空气流量、发动机水温、节气门位置、进气温度、排气含氧量、机体爆震、曲轴位置、空调开关、点火开关位置和起动信号等，通过各种传感器和开关转换为电信号输入 ECU，ECU 对信号经过处理、计算和比较后发出指令，控制喷油器、怠速控制阀和点火器等执行机构，使发动机得到最佳的空燃比、最佳点火时间和最合适的稳定怠速等。

(一) 空气计量传感器

空气计量传感器是发动机的重要传感器之一，是测定吸入发动机的空气量的传感器。它将吸入的空气量转换成电信号送至 ECU，ECU 根据该信号确定基本喷油信号。

电子控制汽油喷射系统的空气计量方式有直接测量方式和间接测量方式。

直接测量方式是用空气流量计直接测量吸入进气管的空气量，用测量的空气量除以发动机转速得到每一循环吸入的空气量，ECU 据此计算出每一循环的喷油量。

常见的空气流量计有叶片式、卡门旋涡式、热线式、热膜式。

叶片式、卡门旋涡式空气流量计测量的是空气的体积流量，必须进行进气温度和大气

压力的修正。

热线式、热膜式空气流量计直接测出空气的质量流量，无需进行进气温度及大气压力的修正，并且进气阻力小、响应快。

间接测量空气量是用进气管绝对压力传感器测量出进气总管的压力，ECU 根据该压力和发动机转速间接计算出进气流量，据此计算出汽油喷射量。此系统也称为 D 型汽油喷射系统。

间接测量法的安装性好，进气阻力小；但受外界条件影响大，需要进行进气温度和大气压力的修正，测量精度比直接测量方式稍差，不适用于有废气再循环装置的发动机。

1. 热线式空气流量计

热线式空气流量计主要由金属防护网、采样管、热线电阻、温度补偿电阻、控制电路板和线束插接器等组成(见图 4-30)。

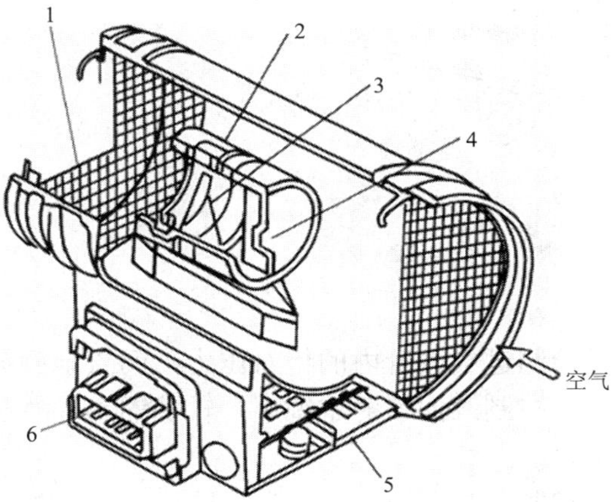

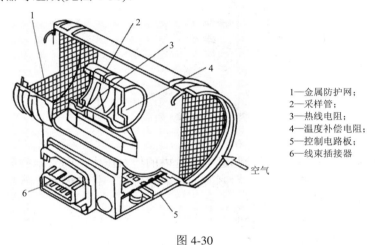

1—金属防护网；
2—采样管；
3—热线电阻；
4—温度补偿电阻；
5—控制电路板；
6—线束插接器

图 4-30

进气道的两端有金属防护网，采样管置于进气道中间，管内装有一根极细的铂线(直径约为 0.07 mm)，铂线被电流加热至 120℃左右，故称之为热线电阻。

热线电阻 R_H 是惠斯顿电桥电路的一部分(见图 4-31)，混合集成控制电路调节电桥的电流，使电桥保持平衡。当空气流经 R_H 时，热线温度发生变化，电阻减小或增大，使电桥失去平衡。若要保持电桥平衡，就必须使流经热线电阻的电流改变，以恢复其温度与阻值。精度电阻 R_A 两端的电压也相应变化，并且该电压信号作为热式空气流量计输出的电压信号送往 ECU，即可确定进气量。

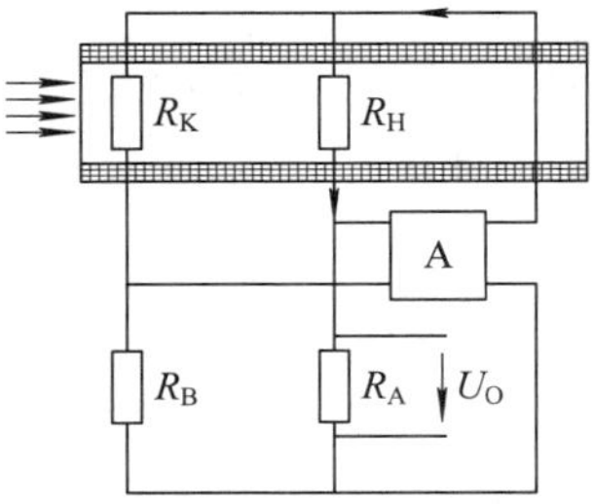

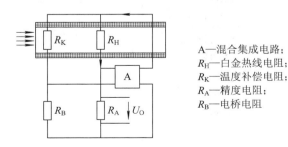

A—混合集成电路；
R_H—白金热线电阻；
R_K—温度补偿电阻；
R_A—精度电阻；
R_B—电桥电阻

图 4-31

ECU 具有对热线的自清洁功能。在每次发动机停止运转后，ECU 对热线进行通电，使热线温度达到 1000℃左右，时间为 1～2 s，以除去热线上的污物。

2. 热膜式空气流量计

热膜式空气流量计的结构(见图 4-32)及工作原理与热膜式空气流量计基本相同，不同之处在于热膜式空气流量计采用热膜电阻代替热线电阻，并将热膜镀在陶瓷片上，制造成本较低，而且测量元件不直接承受空气流的作用力，使用寿命较长。

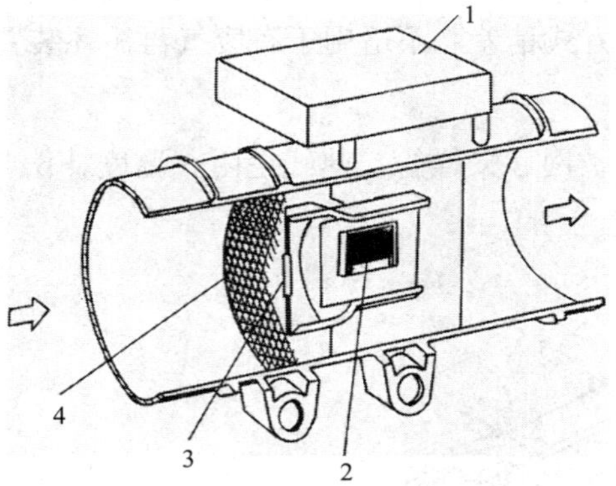

1—控制电路；
2—热电阻膜；
3—温度补偿电阻；
4—防护壳体

图 4-32

3. 进气管绝对压力传感器

进气压力传感器的作用是通过检测进气歧管内的绝对压力，间接地测量进气量。进气压力传感器的种类较多，下面以电子控制汽油喷射系统用得较多的半导体压敏电阻式压力传感器为例来介绍其结构与工作原理。

压敏电阻式进气管绝对压力传感器主要由绝对真空室、硅片和 IC 放大电路组成(见图 4-33)。硅片的一面是真空室，另一面导入进气管压力。因此在进气管压力的作用下产生变形使硅片的电阻改变，利用惠斯顿电桥将硅片的电阻变化转换成电压信号，再经过集成电路放大后输入 ECU，ECU 就可据此信号计算出空气流量。

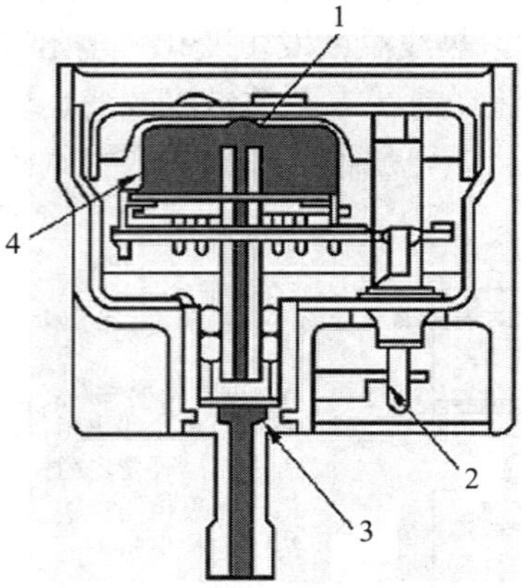

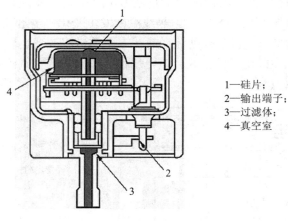

1—硅片；
2—输出端子；
3—过滤体；
4—真空室

图 4-33

压敏电阻式进气管绝对压力传感器因其具有尺寸小、成本低、精度高、响应性和抗振性好等优点，得到了广泛的应用。

(二) 节气门位置传感器与怠速控制

为了使喷油量能满足不同工况的要求，电子控制汽油喷射系统在节气门体上装有节气门位置传感器(Throttle Position Sensor，TPS)。它可将节气门的开度转换成电信号输送给ECU，作为ECU判定发动机运转工况的依据。

1. 节气门位置传感器

节气门位置传感器有线性输出式和开关量式两种。

1) 线性输出式节气门位置传感器

线性输出节气门位置传感器的结构如图4-34所示，它有两个与节气门联动的触点：一个触点用于检测节气门全闭时的信号，即怠速触点IDL；另一个触点在阻尼体上滑动，测得与节气门开度相对应的线性输出电压，即节气门开度输出信号VTA，其输出特性如图4-35所示。

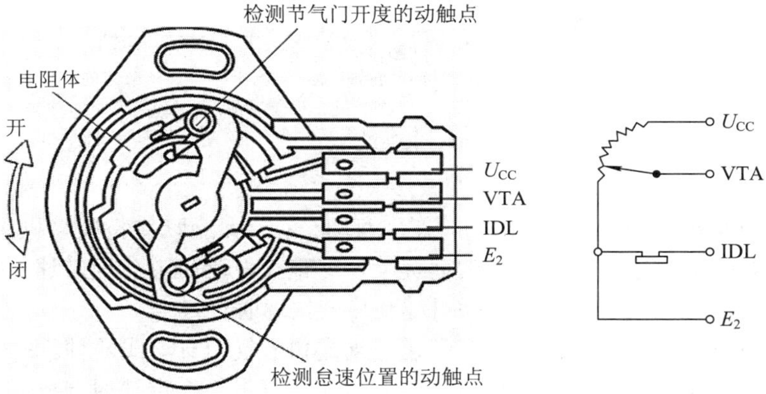

图4-34

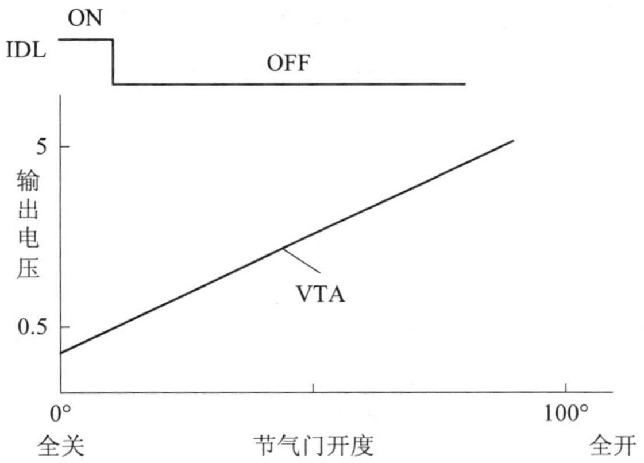

图4-35

2) 开关量输出式节气门位置传感器

开关量输出式节气门位置传感器的结构如图4-36所示，它由一个沿导向凸轮沟槽移动的可动触点和两个固定触点(功率触点、怠速触点)组成。导向轮由固定在节气门轴上的控制杆驱动。

当节气门全关闭时，可动触点与怠速触点接触，可检测节气门的全关闭状态；当节气门开度达 50% 以上时，可动触点与功率触点接触，检测节气门的大负荷状态；当在中间开度时，可动触点与两个固定触点均不接触，其输出特性如图 4-37 所示。

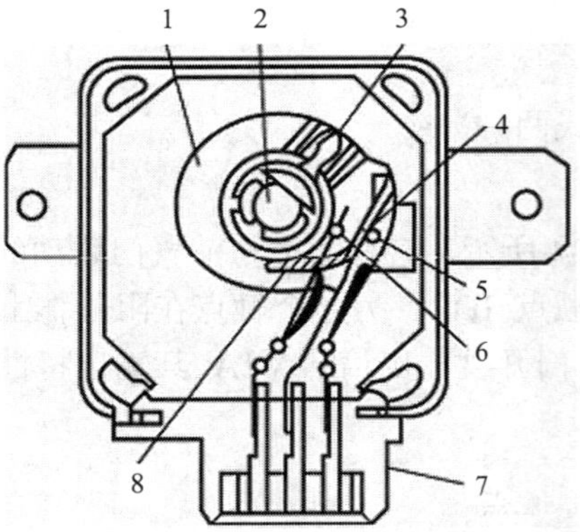

1—导向凸轮；2—节气门体轴；3—控制杆；4—可动触点；
5—怠速触点；6—功率触点；7—连接装置；8—导向凸轮轴

图 4-36

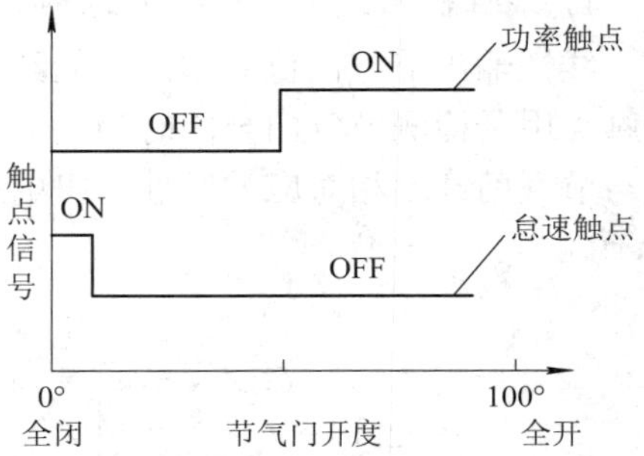

图 4-37

2. 怠速控制

怠速控制(Idle Speed Control，ISC)的作用有两个：一是自动维持发动机怠速稳定运转，即在保证发动机排放要求且运转稳定的前提下，尽量使发动机的怠速转速保持最低，以降低怠速时的燃油消耗量；二是实现发动机起动后的快速暖机过程。

怠速工况时发动机空气供给方式有旁通空气式和节气门直动式两种。

旁通空气式(见图 4-38)设有旁通节气门的怠速空气道，在怠速时节气门完全关闭，由执行元件控制空气通过怠速空气道进入发动机。

旁通空气式执行元件主要有步进电机式怠速控制阀和转阀式怠速控制阀。

节气门直动式(见图 4-39)怠速时，油门踏板虽然完全松开，但节气门并不完全关闭，而是仍通过它提供怠速空气。其结构简单、控制稳定性好，但反应速度较慢、动态响应性和热机怠速的稳定性差。

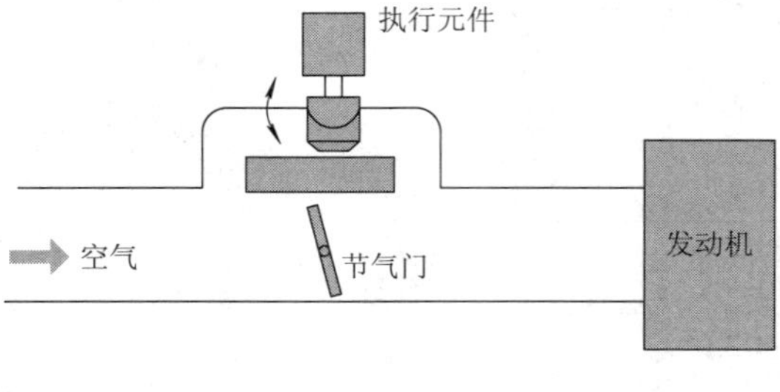

图 4-38

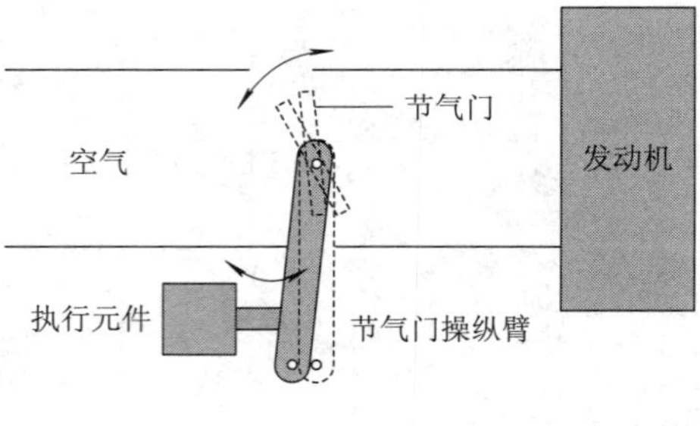

图 4-39

节气门直动式执行元件主要由直流电动机、减速齿轮机构、丝杆机构和传动轴组成。

（三）曲轴/凸轮轴位置传感器

曲轴位置传感器(Crankshaft Position Sensor，CPS)又称为发动机转速与曲轴转角传感器，其功用是采集曲轴转动角度和发动机转速信号(N_e信号)，并输入ECU以便确定点火时刻和喷油时刻。

凸轮轴位置传感器(Camshaft Position Sensor，CPS)又称为气缸识别传感器(Cylinder Identification Sensor，CIS)，为了区别于曲轴位置传感器(CPS)，凸轮轴位置传感器一般都用CIS表示。凸轮轴位置传感器的功用是采集配气凸轮轴的位置信号(*G*信号)，并输入ECU，以便ECU识别1缸压缩上止点，从而进行顺序喷油控制、点火时刻控制和爆燃控制。此外，凸轮轴位置信号还用于发动机起动时识别出第一次点火时刻。因为凸轮轴位置传感器能够识别哪一个气缸活塞即将到达上止点，所以称为气缸识别传感器。凸轮轴位置传感器的工作原理与曲轴位置传感器相同。

曲轴/凸轮轴位置传感器有电磁感应式、霍尔效应式和光电效应式，电磁感应式应用较为广泛。

电磁感应式曲轴/凸轮轴位置传感器由信号触发盘、永久磁铁、铁芯、感应线圈以及托架组成(见图4-40)。

如图4-41所示，永久磁铁的磁通途经转子后，经过感应线圈构成回路，当带有凸起的转子从*A*位置旋转到*B*位置，再到*C*位置时，由于其与永久磁铁之间的磁隙不断变化，因而通过感应线圈的磁通量也不断变化，从而产生了感应电动势。

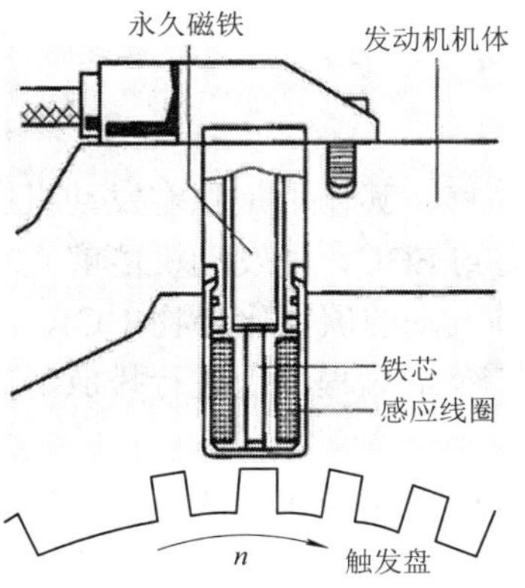

图4-40

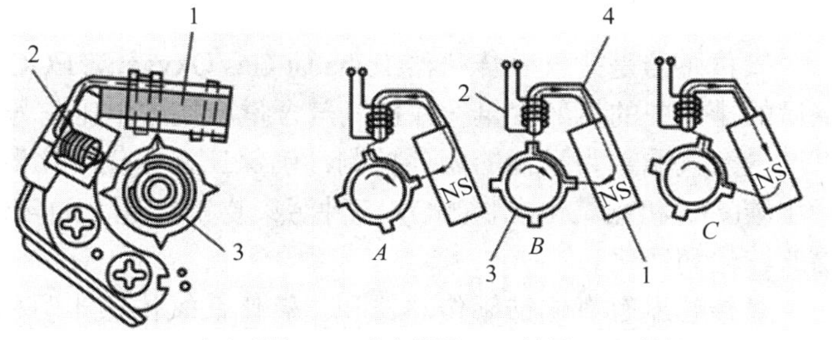

1—永久磁铁；2—感应线圈；3—转子；4—托架

图4-41

（四）冷却液温度传感器

冷却液温度传感器(Coolant Temperature Sensor，CTS)即水温传感器(见图4-42)，用于检测发动机冷却液温度，给ECU提供发动机冷却液温度信号，作为燃油喷射和点火正时控制修正信号。冷却液温度传感器一般安装在发动机缸体或缸盖的水套中。

通常采用负温度系数的热敏电阻NTC检测冷却液温度。冷却液温度的变化将引起电阻值的变化，由负温度系数的热敏电阻特性可知，随冷却液温度升高，电阻值下降。

ECU中的电阻与冷却液温度传感器的热敏电阻串联(见图4-43)，热敏电阻阻值变化时，所得分压值THW也随之改变。

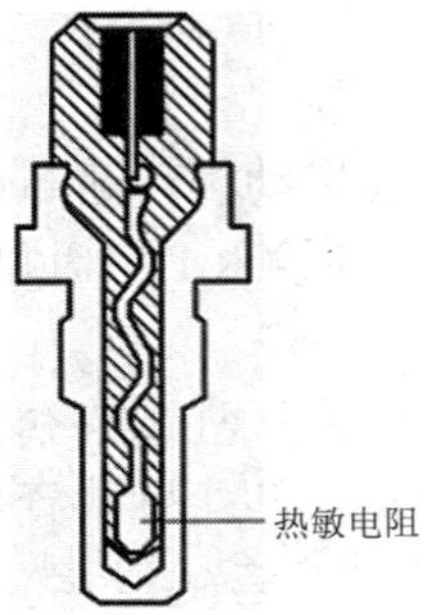

图 4-42

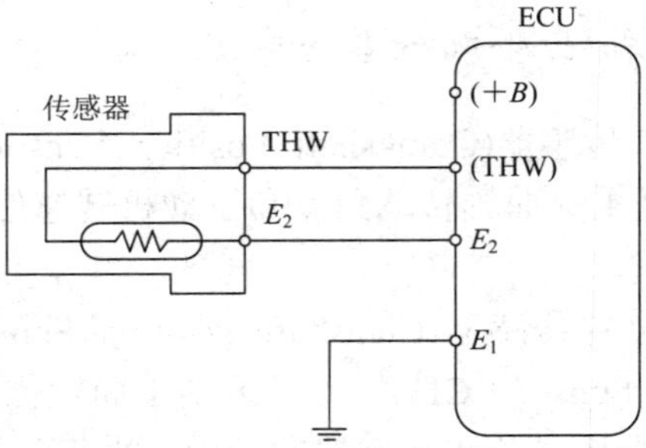

图 4-43

冷却液温度低时，汽油蒸发性差，应供给浓的混合气。由于冷却液温度低，因而 ECU 检测到的分压值 THW 就高。根据该信号，ECU 增加喷油量，使发动机的冷机运转性能得以改善。冷却液温度高时，发动机已达正常工作温度，混合气条件较好，可燃用较稀混合气，要求少喷油。这时，热敏电阻阻值随冷却液温度上升而降低，ECU 检测到相应的小分压值 THW，并依此信号减少喷油量。

（五）进气温度传感器

进气温度(Intake Air Temperature Sensor，IATS)传感器的作用是检测发动机的进气温度，将进气温度转变为电压信号输入给 ECU 作为喷油修正的信号。

进气温度传感器在 D 型 EFI 系统中安装在空气滤清器或进气管内；在 L 型 EFI 系统中安装在空气流量计内。其结构原理与冷却液温度传感器相同。

（六）氧传感器

氧传感器是排气氧传感器(Exhaust Gas Oxygen，EGO)的简称。其作用是测定发动机燃烧后的排气中的氧气含量，并把氧气含量转换成电压信号传递到 ECU，使发动机能够实现以过量空气系数为目标的闭环控制；确保三元催化转化器对排气中的碳氢化合物(HC)、一氧化碳(CO)和氮氧化合物(NO_X)三种污染物都有最大的转化效率，最大程度地进行排放污染物的转化和净化。

氧传感器有氧化锆氧传感器和二氧化钛氧传感器两种，其中应用较普遍的是氧化锆氧传感器。

氧化锆氧传感器(见图 4-44)的基本元件是专用陶瓷体，即二氧化锆固体电解质管，亦

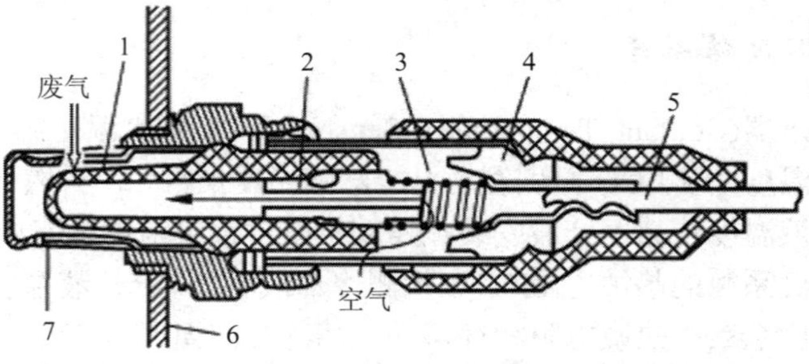

1—锆管；2—电极；3—弹簧；4—电机座；5—导线；6—排气管；7—气孔

图 4-44

称锆管。锆管固定在带有安装螺纹的固定套内，锆管内表面与大气相通，外表面与排气相通，其内、外表面都覆盖着一层多孔性的铂膜作为电极。氧传感器安装在排气管上，为了防止排气管内废气中的杂质腐蚀铂膜，在锆管外表的铂膜上覆盖一层多孔的陶瓷层，并加有带槽口的防护套管。在其接线端有一个金属护套，上开有一孔，使锆管内表面与大气相通。

当锆管接触氧气时，氧气透过多孔铂膜电极吸附于二氧化锆，并经电子交换成为负离子。由于锆管内表面通大气，外表面通排气，其内、外表面的氧气分压不同，则负氧离子浓度也不同，从而形成负氧离子由高浓度侧向低浓度侧的扩散。当扩散处于平衡状态时，两电极间便形成电动势，所以氧化锆氧传感器的本质是化学电池，亦称氧浓度差电池。当混合气稀时(空燃比大)，排气中氧的含量高，传感器元件内外侧氧浓度差小，氧化锆元件内外侧两电极之间产生的电压很低(接近 0V)；反之，混合气浓(空燃比小)时，在排气中几乎没有氧，传感器内外侧氧浓度差很大，内外侧电极之间产生的电压高(约 1 V)。

氧化锆一般在 400℃以上才能工作，因此，为保证发动机在进气量小、排气温度低时也能正常工作，有的氧传感器中还装有对氧化锆元件进行加热的加热器，加热器亦受 ECU 控制。在闭环控制过程中，混合气浓时，氧传感器向 ECU 输入的是高电压信号(0.75～0.9 V)，此时 ECU 将减小喷油量，空燃比增大。当空燃比增大到 14.7 时，氧传感器输出电压信号将突变到 0.1 V 左右，ECU 接受信号后又将增加喷油量，空燃比减小。如此反复，就能将空燃比精确控制在 14.7 附近。

(七) 爆震传感器

发动机发生爆震时，爆震传感器把发动机的机械振动转变为电压信号送至 ECU。ECU 根据其内部事先储存的点火及其他数据，及时计算修正点火提前角，去调整点火时间，防止爆震的发生。

爆震传感器有多种类型，常见的有压电式(见图 4-45)和磁致伸缩式(见图 4-46)两大类。其中压电式共振型传感器应用最多，它一般安装在发动机机体上部，利用压电效应把爆震时产生的机械振动转变为信号电压。当产生爆震时的振动频率(约 6000 Hz 左右)与压电效应传感器自身的固有频率一致时，即产生共振现象。这时传感器会输出一个很高的爆震信号电压送至 ECU，ECU 及时修正点火时间，避免爆震的产生。

图 4-45

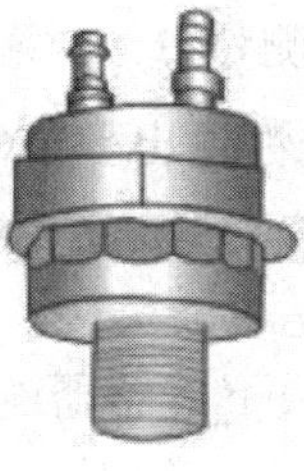

图 4-46

二、任务实施

(一) 任务内容

(1) 空气流量计检测。

(2) 节气门体与节气门位置传感器检测。

(3) 电磁式凸轮轴/曲轴位置传感器检测。

(4) 氧传感器检测。

(5) 冷却液温度传感器检测。

(二) 任务实施准备

(1) 器材与设备：实训车辆、汽车专用万用表、汽车专用示波器、套装工具、清洁工具等。

(2) 参考资料：《汽车构造拆装与维护保养实训》、发动机维修手册。

(三) 任务实施步骤

1. 空气流量计检测

(1) 外观检查。拆下空气流量计后，应检查其护网有无堵塞或破裂，并从进口处查看铝丝热线是否脏污、折断。

(2) 静态检测。将蓄电池的正极与空气流量传感器插座内的 *E* 端子相接，负极与插座内的 *D* 端子相连，用万用表测量插座的 *B*、*D* 两端子间的电压(见图 4-47)。

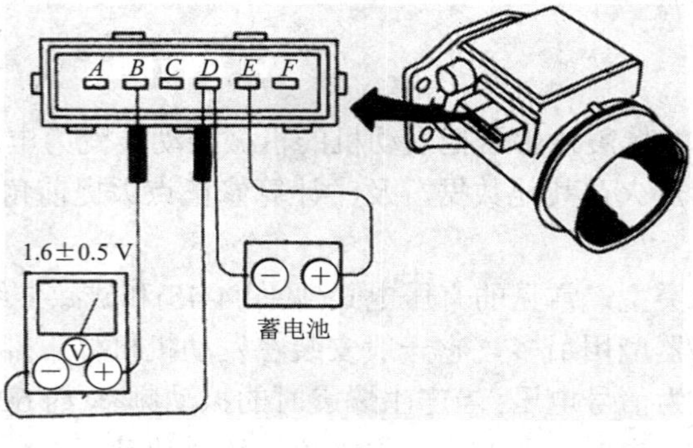

图 4-47

(3) 动态检测。保持上述接线状态不变，用电风扇向空气流量传感器的进口处吹入空气的同时，用电压表测量 *B*、*D* 端子间的电压。

2. 节气门体与线性输出型节气门位置传感器检测

(1) 检查节气门拉索运动是否有发卡、回位过于迟缓等现象。

(2) 检查节气门是否能关闭、怠速空道有无堵塞等。

(3) 开路检测。拔下传感器的连接线束插座，用汽车专用万用表分别测量线束插件与传感器相连的各端子之间的电阻。

(4) 在线检测。将上述节气门位置传感器插件重新插好，打开点火开关，用汽车专用万用表测量线束插件各端子之间的电压。

3. 电磁式凸轮轴/曲轴位置传感器检测

点火开关置于“OFF”位置时，拔下凸轮轴/曲轴位置传感器的导线插接器，用汽车专用万用表电阻挡测量凸轮轴/曲轴位置传感器上各端子间的电阻值。

4. 氧传感器检测

(1) 氧传感器的外观颜色检查。

(2) 检查氧传感器上加热器的电阻。

(3) 检查反馈电压。先起动发动机并充分预热，然后拔下压力调节器的真空管，使混合气加浓，再测量控制组件插座的端电压。

(4) 检查波形。用汽车专用示波器检测氧传感器输出的信号波形。

5. 冷却液温度传感器检测

(1) 拔下传感器插头，打开点火开关，测量插头上 THW 与 E_2 端子之间的电压(见图 4-43)，正常值应为 5 V。

(2) 重新插回插头，起动发动机，测量传感器上 THW 与 E_2 端子之间在不同温度下的电压，正常值应在 4～0.5 V 之间变化，温度越低时电压越高，温度越高时电压越低。

三、拓展知识

(一) 叶片式空气流量计

叶片式空气流量计由进气管的气流推动测量叶片，根据叶片的位置直接测量进气流量。其结构可分为测量叶片部分和电位计部分(见图 4-48)。

空气通过空气流量计主通道时，测量叶片受到气流的压力偏转，直到与回位弹簧的力相平衡，气流量越大，气流压力越大，叶片偏转的角度越大。同时电位计中的滑臂与叶片轴同轴偏转，使接线插头“V_C”、“V_S”间的电阻减小，V_S 电压值降低，ECU 根据空气流量计送入的 V_S/V_B 信号，感知空气流量的大小。V_S/V_B 的电压比值与空气流量成反比，如图 4-49 所示。

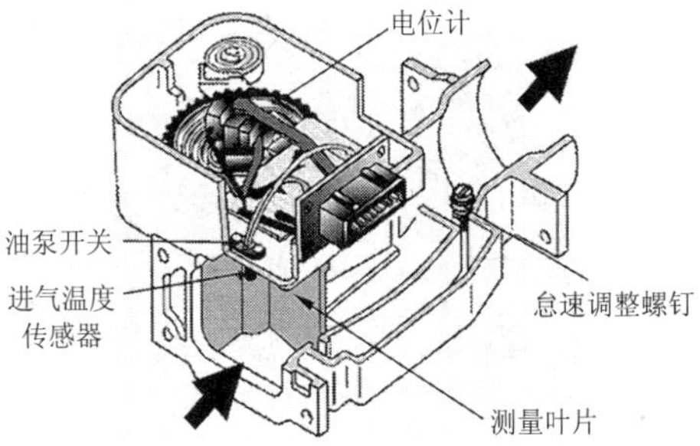

图 4-48

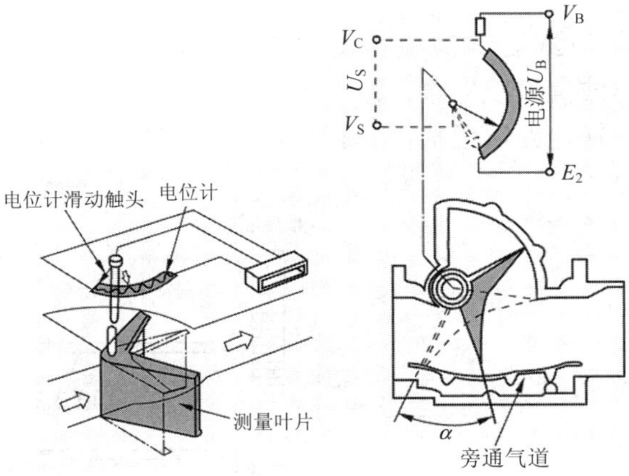

图 4-49

(二) 卡门涡旋式空气流量计

卡门涡旋式空气流量计与叶片式空气流量计一样，也是一种体积空气流量计。它是在气流通道中放置一柱体，当气体通过时，在柱体后方产生许多旋涡，这些旋涡称为卡门旋涡(见图 4-50)，这个柱体便称为卡门漩涡发生器。

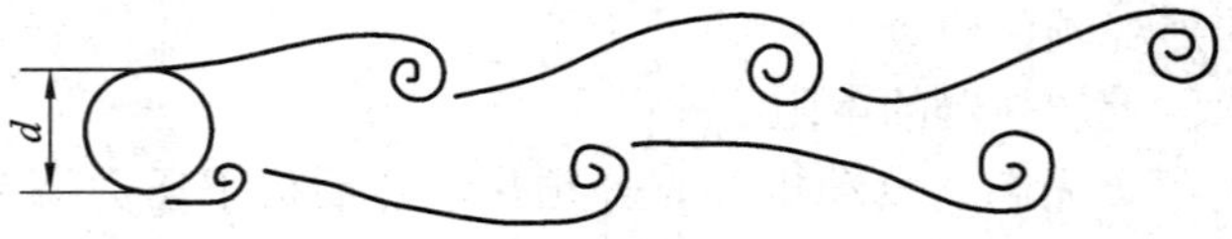

图 4-50

漩涡发生的频率 f 和空气的流速 v 及柱体直径 d 的关系是 $f=0.2v/d$，因此，可以通过测量漩涡发生的频率，计量空气流动速度，得出空气的体积流量。

漩涡频率的检测方法有反光镜检测和超声波检测两种。

(1) 反光镜检测式卡门涡旋式空气流量计。反光镜检测式卡门涡旋式空气流量计(见图 4-51)的检测部分由镜面、发光二极管和光电晶体管等组成。空气流经漩涡发生器时，压力发生变化，这种压力变化经压力导向孔作用于薄金属制成的反光镜表面，使发光二极管投射的光反射给光电晶体管，对反射光信号进行检测，即可得漩涡频率。高频率对应大的进气量。

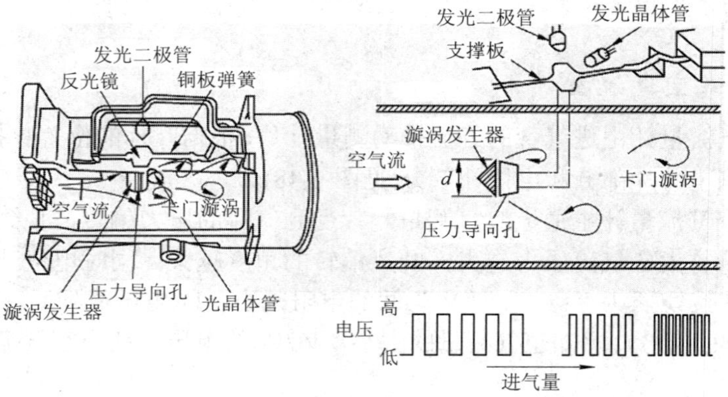

图 4-51

(2) 超声波检测式卡门涡旋式空气流量计。超声波检测式卡门涡旋式空气流量计由超声波信号发生器、超声波发射探头、涡流稳定板、漩涡发生器、整流栅、超声波接收器和转换电路等组成(见图 4-52)，对卡门漩涡引起的空气密度变化进行测量。在与空气流动

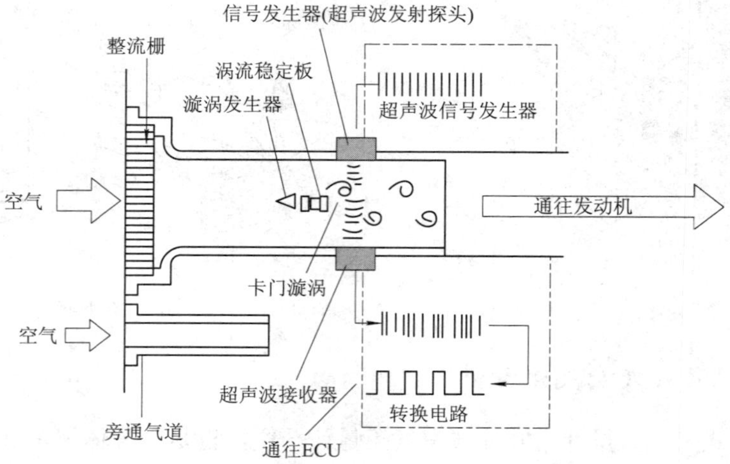

图 4-52

方向垂直的方向上安装超声波信号发生器，在与其相对的位置上安装超声波接收器。卡门漩涡造成空气密度变化，受其影响，信号发生器发出的超声波到达接收器的时机或变早或变迟，测出其相位差，利用放大器使之变成矩形波，矩形波的脉冲频率即为卡门漩涡的频率。

任务五　电子控制系统

知识目标

□ 掌握电子控制系统的工作过程。

技能目标

□ 掌握传感器的检测过程与规范。

一、基础知识

电子控制系统主要由电子控制单元(ECU)、传感器和执行器等组成。其作用是接收各种传感器输送来的表示发动机工作状态的信号，ECU 根据内存的程序加以比较和修正，来决定喷油时刻和喷油量。

(一) 电子控制单元

ECU 是一种电子综合控制装置，可对多种信息进行处理，实现 EFI 系统以外的其他多方面的控制，如点火控制、怠速控制、排气再循环控制、自动变速器控制、防抱死控制等。

1. ECU 的基本功能

(1) 给传感器提供标准电压，接受各种传感器和其他装置输入的信息，并将其转换成微型计算机所能接受的数字信号。

(2) 储存该车型的特征参数和运算所需的有关数据信息。

(3) 确定计算输出指令所需的程序，并根据输入信号和相关程序计算输出指令数值。

(4) 将输入信号和输出指令信号与标准值进行比较，确定并存储故障信息。

(5) 向执行元件输出指令，或根据指令输出自身已储存的信息。

(6) 自我修正功能(学习功能)。

2. ECU 的基本结构

ECU 被屏蔽封装在一铝质的方盒内(见图 4-53)，设置在乘员座的仪表板下。不同车型 ECU 的插头、引线及引线排列，ECU 引线间的电压、电阻值各不相同，检测时需参考相应车型的维修手册。

图 4-53

ECU 由中央处理器(CPU)、存储器、输入/输出(I/O)接口及控制电路等组成(见图 4-54)。

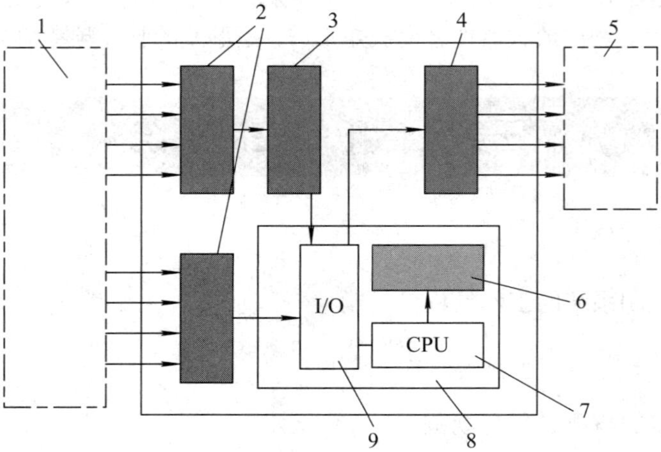

1—传感器；2—输入回路；3—数/模(A/D)转换器；4—输出回路；5—执行元件；
6—ROM-RAM存储器；7—中央处理器(CPU)；8—输入/输出(I/O)接口

图 4-54

3. ECU 工作过程

输入回路的作用是将系统中各传感器检测到的信号经 I/O 接口送入微机，从传感器来的模拟信号(吸入空气量、空气温度、发动机冷却液温度、发动机负荷和电源电压，以及在闭环控制系统中来自氧传感器的余氧电压)和数字信号(发动机转速信号和节气门开度信号)首先进入输入回路，在除去杂波和把正弦波转变为矩形波后，再转换成输入电平，通过 I/O 接口直接进入微机。微机能够根据需要，把各种传感器送来的信号用内存的程序(微机进行处理的顺序)和数据进行运算处理，并把处理结果(如汽油喷射信号)送往输出回路。

I/O 接口是根据 CPU 的命令在各传感器或执行件之间执行数据传送任务的装置。由于传感器和执行器种类繁多，它们在速度、电平、功率等信息形式方面都不能与 CPU 匹配，必须经过 I/O 接口的转换、匹配。因此，微机与外界进行数据交换时，都是通过 I/O 接口来完成的。这些接口是微机与被控制对象进行信息交换的纽带，并且具有数据缓冲、电平匹配、时序匹配等多种功能。

输出回路为微机与执行器件之间建立联系，它将微机作出的决策指令转变为控制信号来驱动执行器进行工作。微机输出的是数字信号，而且输出电压也低，用这种输出信号一般不能驱动执行元件，因此需将其转换成可以驱动执行元件的输出信号。

输出回路输出三个控制信号：喷油器控制信号、点火控制信号和电动汽油泵驱动信号。

(二) 执行器控制

1. ECU 控制汽油泵

ECU 控制的汽油泵控制电路见图 4-55。

发动机工作过程中，ECU 接收到来自转速传感器的信号，使晶体管 V_r 导通，短路继电器中的线圈 L_1 通电，在电磁吸力的作用下，使触电保持闭合状态，电动汽油泵工作。发动机停止工作时，由于主继电器磁化线圈断电，触点打开，切断电源向短路继电器的供电回路，短路继电器的触点打开，油泵电路中断，电动汽油泵停止工作。在不同负荷下，电动汽油泵可以提供不同压力的汽油，从而省去了压力调节器。

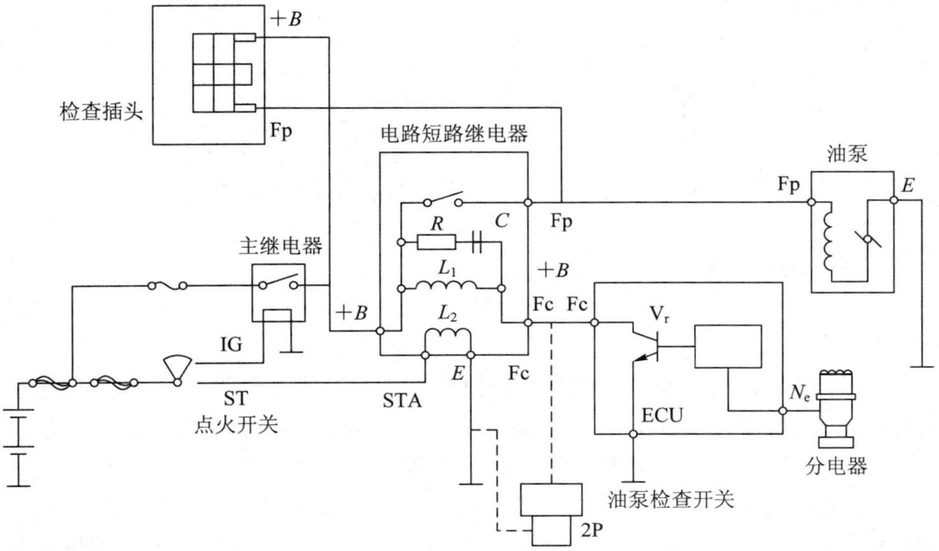

图 4-55

2. 喷油时刻的控制

1) 同时喷射

同时喷射指所有各缸喷油器由 ECU 控制同时喷油(见图 4-56)。喷油正时控制是以发动机最先进入作功冲程的缸为基准，在该缸排气冲程上止点前某一位置，ECU 控制功率晶体管 V 的导通，从而控制各喷油器电磁线圈电路同时接通，使各缸喷油器同时喷油。这种喷射方式的优点是不需要气缸判别信号，而且喷射驱动回路通用性好，电路结构与软件都较简单，因此在早期应用较多。它的主要问题是各缸对应的喷射时间不可能最佳，有可能造成各缸的混合气浓度不一致。

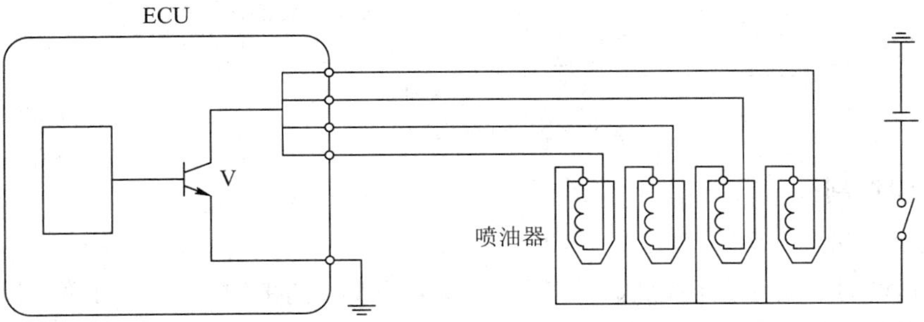

图 4-56

2) 分组喷射

分组喷射是把所有喷油器分成 2～4 组，由 ECU 分组控制喷油器(见图 4-57)。以各组最先进入作功的缸为基准，在该缸排气冲程上止点前某一位置，ECU 输出指令信号，接通该组喷油器电磁线圈电路，该组喷油器开始喷油。这种方式使最佳喷射时间的缸数增加，但驱动回路数等于分组数，需判别气缸信号，较同时喷射的结构复杂。

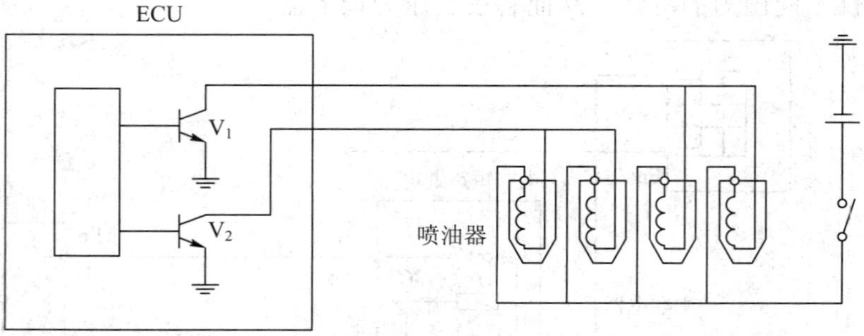

图 4-57

3) *顺序喷射*

喷油器驱动回路数与气缸数目相等，每缸喷油器按各自工作顺序依次喷射(见图 4-58)。ECU 根据凸轮轴位置传感器(G 信号)、曲轴位置传感器(N_e 信号)和发动机的作功顺序，确定各缸工作情况。当确定各缸活塞运行至排气冲程上止点某一位置时，ECU 输出喷油控制信号，接通喷油器电磁线圈电路，该缸开始喷油。各缸均可在最佳时刻喷油，对混合气的形成和采用稀薄混合气以实现降低汽油消耗及减少有害排放物极为有效，但结构复杂。顺序喷射需要确定在什么时刻向哪一个气缸输出信号，即需要确定向吸气上止点运行的气缸号和精确的曲轴转角信号。

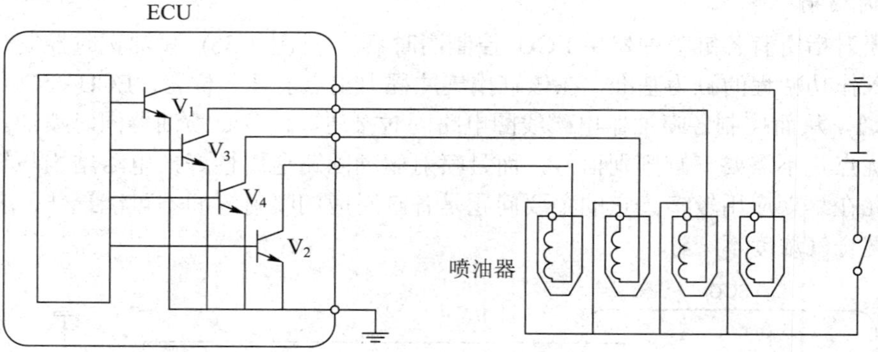

图 4-58

3. 喷油量控制

1) *冷起动工况*

发动机起动时，由于其转速低、进气波动大，对进气量的测量很不准确。因此，在起动工况下，ECU 对喷油量的控制不是以进气量和发动机转速为控制依据的，而是选择发动机水温。ECU 从计算机存储器“温度–喷油时间”表中找出该温度下的基本喷油持续时间，再根据进气温度与蓄电池电压加以修正，得到起动过程中喷油器开启的持续时间，将其作为起动工况的主喷油时间。

冷起动时，由于发动机温度低、转速不高，使喷入的燃料不易蒸发，引起混合气过稀，为了使发动机易于起动，这时喷油系统应增加喷入燃油，增加的喷油量取决于当时发动机的温度与起动时间。

冷起动时的加浓喷油量一般可以用以下两种方法来实现：一种是直接通过 ECU 控制喷油器来实现；另外一种是通过温度–时间开关和冷起动喷油器来实现。

判断冷起动工况并控制喷油量的信号有：发动机转速(N_e)、起动开关(STA)、冷却液温度(THW)、进气温度(THA)和蓄电池电压($+B$)。

2) 起动加浓

发动机冷起动后的数十秒内，或起动后转速已超过规定值，此刻发动机温度较低，汽油汽化不良，为了防止混合气过稀，在这段时间内，ECU 将修正燃油喷射时间，提供较浓的混合气，使发动机转速升高。

具体做法是：ECU 根据冷却液的温度确定喷油量修正的初始值，使发动机转速升高，当转速稳定后，再按一定的速度衰减喷油修正系数。

3) 暖机加浓工况

发动机起动后就进入暖机加浓工况，它与发动机起动后的加浓同时进行。一般而言，起动后加浓在发动机完成点火后数十秒内即告结束，此时，由于发动机温度不高，仍会有一部分燃油凝结在较冷的气缸壁上，造成混合气稀化，而暖机加浓则在冷却液温度达到规定值之前一直存在，但随着发动机的温度升高，加浓量逐渐减少，直至发动机达到规定温度时，暖机加浓停止。

与暖机加浓工况有关的信号有：冷却液温度(THW)、发动机转速(N_e)和节气门位置的怠速信号(IDL)。

4) 快怠速工况

增高怠速转速可以使发动机在空调开关打开等情况下也能稳定地怠速运转，而且又可实现快速暖车。

ECU 根据发动机的温度和空调等附件的运行状态，控制旁通阀的不同开度，增加一部分空气进入发动机，由于这部分空气也经过空气流量计的检测，ECU 将控制喷油器相应地多喷一些燃料，从而得到更多的混合气使怠速转速升高。

与快怠速工况有关的信号有：节气门位置的怠速信号(IDL)、发动机转速(N_e)、冷却液温度(THW)、空气流量计和空调开关信号。

5) 稳定怠速工况

对于 D 型汽油喷射系统发动机来说，决定基本喷油时间的进气管压力，在过渡工况时相对于发动机转速将产生滞后。节气门以下进气管的容积越大，怠速转速越低，其滞后时间也越长。进气管内压力产生波动，发动机扭矩也随之变动，这是因为进气管压力滞后于发动机转速，而发动机扭矩也滞后于发动机转速。所以发动机转速上升时扭矩也随之上升；相反，发动机转速下降时，扭矩也下降，使转速波动持续上升。为了提高发动机怠速稳定性，ECU 根据进气歧管压力和发动机转速的变化来增减喷油量，当歧管压力升高或发动机转速下降时，增加喷油量，反之则减少喷油量。

判断此工况并与控制喷油量有关的信号有：节气门位置的怠速信号(IDL)、发动机转速(N_e)和进气管压力信号(PIM)。

6) 大负荷工况

车辆在节气门全开时大负荷运行，发动机应发出最大的扭矩，此时空燃比也应在12.5左右，但由于排气温度过高，会使氧传感器三元催化转换器等排气系统零件温度超过允许温度，因此ECU为了降低排气温度，在大负荷时也适当增加喷油量，使空燃比小于12.5。

大负荷或全负荷工况下的基本喷油时间在ECU存储的模型中已经确定，实际运行时再根据节气门开度、进气量大小和发动机水温等因素进行修正。一般来说，大负荷喷油器的喷油量要比正常时多10%～30%。

判断此工况和控制喷油量的信号有：节气门位置(PSW或VTA)、空气流量计或进气管压力信号(PIM)、发动机转速(Ne)、冷却液温度(THW)和排气温度信号。

7) 过渡工况

仅仅使用基本燃油喷射时间的喷油量，其在加速、减速等过渡工况下混合的空燃比相对于目标空燃比会产生偏差。一般情况下，加速时由于汽油汽化需要一定的时间，而且液体流动惯性要比气体大，这样会使混合气变稀；同样的道理，减速时混合气会变浓。因此ECU确认发动机处于过渡工况时，根据节气门开度的变化速度、发动机转速以及冷却液温度来修正喷油器的持续喷油时间，以满足加/减速等过渡工况对喷油量的特殊要求。

有的发动机在急加速时，由于燃油来不及供给，还采用异步喷射方式，其喷射量由节气门的变化速度决定。

4. 空燃比反馈控制

汽车在大部分运行状态下，ECU都按基本喷油时间控制喷油器喷油。但在装有三元催化转换器的发动机上还必须安装氧传感器，ECU据此发送的信号对喷油时间进一步进行校正，以使空燃比保持在14.7左右。

装有三元催化转换器和氧传感器的汽油喷射系统称为闭环控制系统。由于三元催化转换器只有当空燃比非常接近14.7时其效果才最好，因而必须对喷油量进行精确控制。单凭空气流量计对混合气空燃比实行反馈达不到这么高的控制精度，必须借助安装在排气管中氧传感器送来的反馈空气信号，对混合气的空燃比实行反馈控制，才能满足要求。

采用闭环控制系统，其空燃比接近于理论值，但在有些条件下是不适宜的，如我们前面所介绍的这些工况，都必须对空燃比进行修正，使之大于理论值。在下列情况下应停止反馈控制，实行开环控制状态：

发动机起动期间，发动机起动后混合气加浓，暖机加浓工况，大负荷加浓，断油时，氧传感器输出空燃比稀信号的持续时间大于规定值，氧传感器输出空燃比浓信号的持续时间大于规定值，加/减速过渡工况。

5. 断油控制

发动机在以下情况中，ECU向喷油器发出停止喷油信号。

1) 减速断油

发动机在高速下运行急减速时，节气门完全关闭，为了保证燃油经济性和排气净化，ECU发出指令，停止喷油器喷油。当发动机的转速降到设定转速以下时，喷油器恢复喷油，设定的转速与冷却液温度以及空调是否起动有关。

判断此工况和与控制喷油量有关的信号有：节气门位置的怠速信号(IDL)、发动机转速(N_e)、冷却液温度(THW)、空调开关(A/C)、停车开关(STP)和车速信号(SPD)等。

2) 发动机超速断油

为了防止发动机的转速过高，引起发动机损伤，当发动的转速超过设定的最高限速时，应及时停止供油，待发动机转速降到规定值时才可恢复供油，以防止转速继续升高而引起事故。

与此工况相关的信号有：发动机转速(N_e)。

(三) 故障自诊断系统

自诊断系统的功能包括：检测控制系统工作情况，一旦发现某传感器、控制开关或执行器参数异常，就立即发出报警信号；将故障内容编成代码(故障码)储存在随机储存器RAM中，以便维修时调用或供设计参考；启用相应的备用功能，使控制系统处于应急状态运行。

(四) 失效保护与应急备用系统

1. 失效保护系统

失效保护系统是ECU检测出故障后采取的一种保险措施。设置失效保护系统的目的是电控系统出现故障后，对电控系统采取安全保护措施，防止发动机或其他部件发生新的故障。具有故障自诊断功能的发动机电控系统，一般都具有失效保护系统。

当故障自诊断系统判定某传感器或其电路出现故障(即失效)时，故障自诊断系统启动而进入工作状态，给ECU提供设定的标准信号来替代故障信号，以保持控制系统继续工作，确保发动机仍能继续运转。此外，当个别重要的传感器或其电路发生故障，有可能危及发动机安全运转时，失效保护系统则会使ECU立即采取强制性措施，切断燃油喷射，使发动机停止运转，确保车辆安全。

当控制系统出现故障时，给ECU提供的设定信号不可能与实际工作情况一致，失效保护系统只能维持发动机继续运转，但不能保证控制系统的优化控制，发动机的性能必然有所下降。

2. 应急备用系统

应急备用系统的功能由ECU内的备用IC(集成电路)来完成，也可称之为应急备用功能。

当ECU内微机控制程序出现故障时，ECU把燃油喷射和点火正时控制在预定水平上，作为一种备用功能使车辆仍能继续慢速行驶，以便把汽车开到最近的维修站或适宜的地方，所以也称之为回家功能。

当故障自诊断系统判定发生下列故障之一时，将自动启动应急备用系统。

(1) ECU中的中央微处理器(CPU)、输入/输出(I/O)接口和存储器发生故障。

(2) 凸轮轴位置传感器或电路发生故障，ECU收不到G信号。

(3) 在D型电控燃油喷射系统中，进气歧管绝对压力传感器或其电路发生故障。

应急备用系统只是简易控制、维持汽车的基本功能，使车辆能够慢速行驶，但不能保证发动机运行在最佳状态，故不宜在“备用”状态下长时间行驶，应及时检查修理。

二、任务实施

（一）任务内容

(1) 解码器使用练习。

(2) 空气流量计故障排除。

（二）任务实施准备

(1) 器材与设备：故障诊断实训发动机、解码器、套装工具、清洁工具等。

(2) 参考资料：《汽车构造拆装与维护保养实训》、解码器使用说明书、发动机维修手册。

（三）任务实施步骤

1. 解码器使用练习

(1) 阅读解码器使用说明书，掌握解码器使用方法及注意事项。

(2) 选择测试接头。

(3) 用测试接线连接解码器和发动机诊断插座，打开点火开关。

(4) 按下解码器电源键，启动解码器。

(5) 点击屏幕上的[开始]。

(6) 屏幕上显示车系选择菜单。

(7) 选择相应车系的诊断软件版本。

(8) 点击屏幕上的[确定]。

(9) 点击屏幕上的[控制模块]。

(10) 点击屏幕上的[发动机系统]。如果通信成功，屏幕上将显示所测系统控制电脑的相关信息。

(11) 点击屏幕上的[确定]。

(12) 点击屏幕上的[查控制电脑型号]。

(13) 点击屏幕上的[打印]，打印屏幕上显示的内容。

(14) 点击屏幕上的[确定]，返回到诊断系统功能菜单。

(15) 点击屏幕上的[确定]，返回到诊断系统功能菜单。

(16) 点击屏幕上的[读取故障代码]。

(17) 点击屏幕上的[打印]，打印屏幕上显示的内容。如无故障码，则退出诊断系统，关闭解码器，拆卸连接线；如有故障码，则退出诊断系统，关闭解码器，排除故障。

(18) 故障排除后，再次使用解码器进行故障码读取。如无故障码，则退出诊断系统，关闭解码器，拆卸连接线。

2. 空气流量计故障排除

(1) 同解码器使用练习第(2)～(12)步的操作。

(2) 点击屏幕上的[确定]，返回到诊断系统功能菜单。

(3) 点击屏幕上的[读取故障代码]。若故障码为P0100，则表示空气流量计电路故障。

(4) 退出诊断系统，关闭解码器，并按以下步骤排除故障。

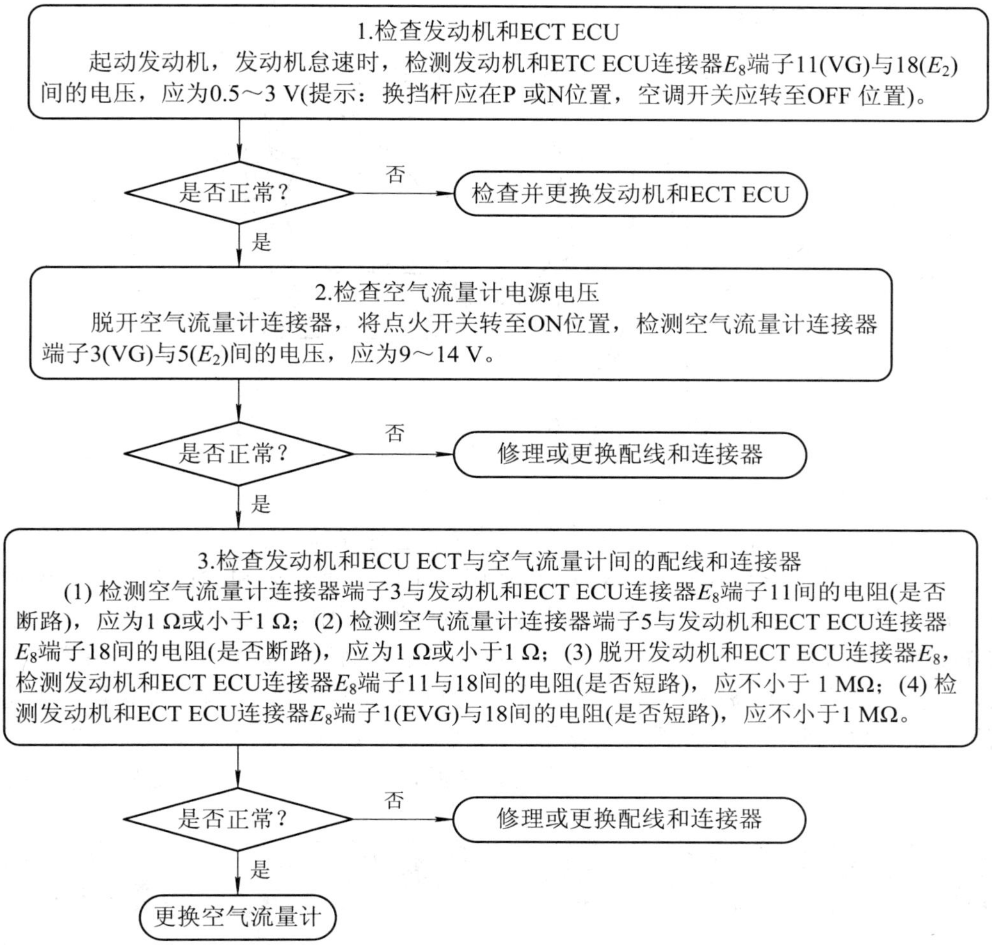
1.检查发动机和ECT ECU
起动发动机，发动机怠速时，检测发动机和ETC ECU连接器E_8端子11(VG)与18(E_2)间的电压，应为0.5～3 V(提示：换挡杆应在P 或N位置，空调开关应转至OFF 位置)。
是否正常？
否
检查并更换发动机和ECT ECU
是
2.检查空气流量计电源电压
脱开空气流量计连接器，将点火开关转至ON位置，检测空气流量计连接器端子3(VG)与5(E_2)间的电压，应为9～14 V。
是否正常？
否
修理或更换配线和连接器
是
3.检查发动机和ECU ECT与空气流量计间的配线和连接器
(1) 检测空气流量计连接器端子3与发动机和ECT ECU连接器E_8端子11间的电阻(是否断路)，应为1 Ω或小于1 Ω；(2) 检测空气流量计连接器端子5与发动机和ECT ECU连接器E_8端子18间的电阻(是否断路)，应为1 Ω或小于1 Ω；(3) 脱开发动机和ECT ECU连接器E_8，检测发动机和ECT ECU连接器E_8端子11与18间的电阻(是否短路)，应不小于 1 MΩ；(4) 检测发动机和ECT ECU连接器E_8端子1(EVG)与18间的电阻(是否短路)，应不小于1 MΩ。
是否正常？
否
修理或更换配线和连接器
是
更换空气流量计

(5) 故障排除后，再次使用解码器进行故障码读取。如无故障码，则退出诊断系统，关闭解码器，拆卸连接线。

三、拓展知识

化油器最早诞生于 1892 年，由美国人杜里埃发明。其作用是根据发动机在不同情况下的需要，将汽油汽化，并与空气按一定比例混合成可燃混合气，及时、适量进入气缸。

化油器的优点有：能够将内燃机的油气比控制在理想的水平上，不论天候、温度，永远进行着一成不变的工作；而且化油器的成本低，可靠度高，维修、保养容易。当然化油器也存在许多弱点，比如，在冷车起动、怠速运转、急加速或低气压环境中，这样固定的供油方式实际上并无法全面满足引擎的运转需求，导致混合气混合不均匀、燃烧不充分、尾气排放中的污染物成分较多、功率不足等状况。因此，2002 年起，中国已经明令禁止销售化油器轿车，此后所有车型都改用电喷发动机。

化油器利用了虹吸原理，当发动机工作时，利用发动机进气时形成的进气管负压(低于大气压)，将浮子室的汽油吸出喷入喉管，之后汽油被通过的进气气流打散雾化，从而形成汽油和空气的混合气(见图 4-59)。

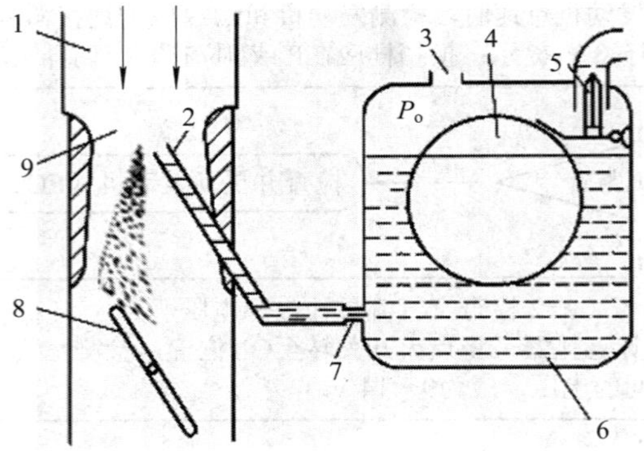

1—进气管；2—主喷管；3—浮子室通气孔；4—浮子；5—针阀；6—浮子室；7—主量孔；8—节气门；9—喉管

图 4-59

化油器分为五部分：主供油系统、起动系统、怠速系统、加浓系统(省油器)和加速系统。主供油系统的作用是保证发动机在中小负荷范围内工作时，供给随节气门开度增大而逐渐变稀的混合气。起动系统的作用是在发动机起动过程中，供给极浓的混合气。怠速系统的作用是保证发动机在怠速的很小负荷工况时供给少而浓的混合气。加浓系统的作用是当发动机负荷增大到 80%～85%以上时，额外地供给部分汽油，以保证发动机最大功率时所需较浓混合气的要求。加速系统的作用是当汽车需要加速行驶或超车时，在节气门突然开大的瞬间将一定量的燃油一次性喷入喉管，使混合气临时加浓，以满足加速的需要。

思 考 题

1. 什么是过量空气系数？什么是空燃比？
2. 汽油发动机对可燃混合气浓度的要求是什么？
3. 简述汽油发动机的正常燃烧过程。
4. 什么是爆震燃烧？什么是表面点火？
5. 电子控制汽油喷射系统有哪些类型？
6. 简述空气供给系统的组成与作用。
7. 简述空气滤清器的组成与作用。
8. 简述节气门体的组成与作用。
9. 简述消音器的作用与结构。
10. 简述三元催化转换器的作用与结构。
11. 简述燃油供给系统的组成。
12. 简述燃油泵的类型与工作过程。
13. 简述电磁喷油器的类型与工作过程。
14. 简述空气计量传感器的类型与工作过程。

15. 简述节气门位置传感器的类型与工作过程。
16. 简述怠速控制的类型与工作过程。
17. 简述电磁感应式曲轴/凸轮轴位置传感器的结构与工作过程。
18. 简述 ECU 的组成及工作过程。
19. 故障自诊断系统的作用是什么?
20. 什么是失效保护与应急备用系统?

项目五　柴油机燃油供给系统

柴油机燃油供给系统的作用是储存、滤清和输送柴油，并按柴油机不同工况的要求，定时、定量、定压以一定的喷油质量喷入燃烧室，使其与空气迅速而良好地混合和燃烧，最后使废气排出。

柴油机燃油供给系统有传统机械式柴油供给系统和电子控制柴油喷射系统两种。日趋严格的排放法规、激烈的市场竞争和能源短缺使得柴油机不断引入新技术，所以电子控制柴油喷射系统在柴油机的应用已较为普遍。

任务一　柴油机混合气与燃烧室

知识目标

- □ 掌握柴油机混合气的形成与燃烧过程。
- □ 掌握柴油机各种燃烧室的结构与特点。

技能目标

- □ 正确识别燃烧室的类别。

一、基础知识

柴油机使用的燃料是柴油，由于柴油比汽油黏度大，蒸发性差，所以在柴油机工作时，必须采用高压喷射的方法在压缩行程活塞接近上止点时，将柴油以雾状喷入燃烧室，直接在气缸内部形成可燃混合气，并借助气缸内空气的高温自行发火燃烧。

(一) 柴油机混合气的燃烧过程

根据气缸中压力和温度的变化特点，柴油机燃烧可分为备燃期、速燃期、缓燃期和后缓期四个阶段(见图 5-1)。

1. 备燃期

备燃期指的是喷油开始点与燃烧开始点之间的曲轴转角。在此期间喷入气缸的雾状柴油从气缸内的高温空气吸收热量，逐渐蒸发、扩散，与空气混合，并进行燃烧前的化学准备。

备燃期时间虽短(0.0007～0.03 s)，但喷射在缸内的柴油数量很多(占循环供油量的30%～40%)，它对后续燃烧有重要影响，特别应注意柴油喷入气缸的时机不要正好在压缩行程终了的上止点，而应有一个适当的喷油提前角。

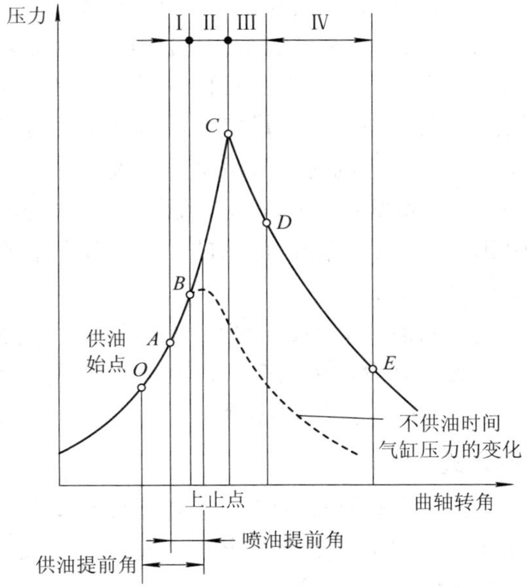

I—备燃期；II—速燃期；III—缓燃期；IV—后燃期

图 5-1

2. 速燃期

速燃期是燃烧始点和最高压力点之间的曲轴转角。从燃烧始点起火焰自火源(多点)迅速向各处传播，使燃烧速度迅速增加，急剧放热，导致燃烧室中的温度和压力迅速升高，直到最高压力点为止。在此期间早已喷入但尚未来得及蒸发的柴油，在燃烧开始后的陆续作用下迅速蒸发、混合和燃烧。

速燃期情况与备燃期的长短有关。一般情况下，备燃期愈长，在气缸内积聚并完成燃烧准备的柴油就愈多，以致在燃烧开始后气缸压力升高更急剧，甚至造成柴油机工作粗暴。

3. 缓燃期

缓燃期是从最高压力点到最高温度点之间的曲轴转角。在此阶段开始燃烧很快，但由于氧气减少，废气增加，燃烧条件不利，故燃烧越来越慢，但燃气温度能继续升高到 1973～2273K(1700～2000℃)。缓燃期内，通常喷油已结束。

4. 后燃期

后燃期是从达到最高温度点起至燃烧结束。这个时期实际上有时一直延续到开始排气，所以终点很难确定，此期间缸内压力和温度均降低。

后燃期气缸内未燃的油料继续燃烧，由于燃烧条件恶化，使燃烧不完全，排气冒黑烟，放出的热无法作功而传给机体，使发动机过热，所以应尽量减少后燃，并加强这个时期气缸内气体的流动。

(二) 柴油机可燃混合气

1. 可燃混合气的特点

(1) 混合空间小，时间短。可燃混合气是在燃烧室内形成的，喷油、汽化、混合和燃烧都在这个小空间内重叠进行，一边喷油，一边燃烧。由于是在压缩终了时才喷油，混合气的形成时间也极短，供油的持续时间只有汽油机的1/20～1/10，只占曲轴转角的15°～35°。

(2) 混合气不均匀。由于混合气形成的空间和时间的限制，因而混合气成分在燃烧室内各处的分布是很不均匀的。也就是说，过量空气系数 λ 只表示进入气缸中柴油和空气的一个总的比例数，而燃烧室各局部区域的 λ 值相差是很大的。

(3) 边喷射边燃烧，成分不断变化。在空间方面，混合气浓的地方，柴油因缺氧而燃烧缓慢或燃烧不完全，引起了排气冒黑烟；而稀的地方，空气将得不到充分利用，在高温作用下产生 NO_X，增大了排气污染。

在时间方面，喷油和燃烧的前期氧多、油少，不易着火，使备燃期变长；喷油和燃烧的后期，由于前期燃烧的结果，氧少、废气多，燃烧条件变坏，燃烧产物将未燃的油粒包围分割，混合气的质量变差，造成了排气冒黑烟。

2. 可燃混合气的形成方式

(1) 空间雾化混合。这是一种将柴油喷向燃烧室空间形成雾状，再在空间蒸发形成混合气的方式。为了使混合气分布均匀，要求喷出一个或数个油束与燃烧室形状配合，并利用燃烧室中的空气运动促进混合。

(2) 油膜蒸发混合。将柴油大部分喷到燃烧室壁面上形成油膜，油膜受热并在强烈的旋转气流作用下，逐次蒸发，与空气形成比较均匀的可燃混合气。

在柴油实际喷射中，很难保证燃料完全喷到燃烧室空间或燃烧室壁面，所以两种混合方式都兼而有之，只是多少、主次有所不同。

为了促进柴油与空气更好地混合，一般采取改变燃烧室结构等方法使空气形成适当的涡流，常见的有以下三种：

(1) 进气涡流。利用切向进气道或螺旋进气道，使进入气缸中的空气形成绕气缸轴线作旋转运动的涡流。

(2) 挤压涡流。利用活塞顶部的特殊形状，在压缩行程中和作功行程开始阶段使空气在燃烧室中产生强烈的旋转运动。

(3) 燃烧涡紊流。利用柴油燃烧的能量，冲击未燃烧的混合气，造成混合气涡流或紊流。

(三) 燃烧室

柴油机燃烧室结构与汽油机燃烧室有很大的不同。柴油机燃烧室可分为直喷式和分隔式两类。

1. 直喷式燃烧室

直喷式燃烧室只有一个室，位于活塞顶面和气缸盖底平面之间，燃料直接喷入该燃烧室中与空气进行混合燃烧。直喷式燃烧室一般和孔式喷油器匹配。

直喷式燃烧室常见的有ω形、U形和球形。

(1) ω形燃烧室。ω形燃烧室由平的气缸盖底面和活塞顶内的ω形凹坑及气缸壁组成(见图5-2)。其混合气形成以空间雾化混合为主，主要依靠多孔高压喷雾(多为4孔，喷孔直径较小，多在0.25～0.4 mm之间，喷孔轴线夹角为140°～160°，喷油压力较高，一般在

20 MPa 左右)，将大部分柴油喷射到空间然后迅速雾化与空气混合。燃烧室结构紧凑，易于形成涡流，热损失小，热效率高，容易起动；但燃烧的初期同时着火的油量较多，最高压力和压力升高率较高，工作粗暴。

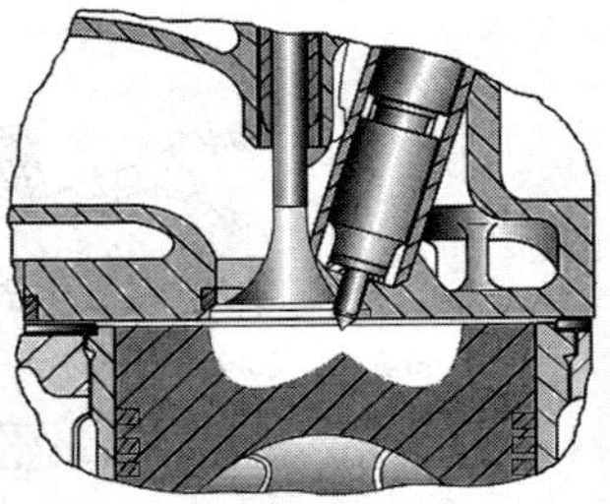

图 5-2

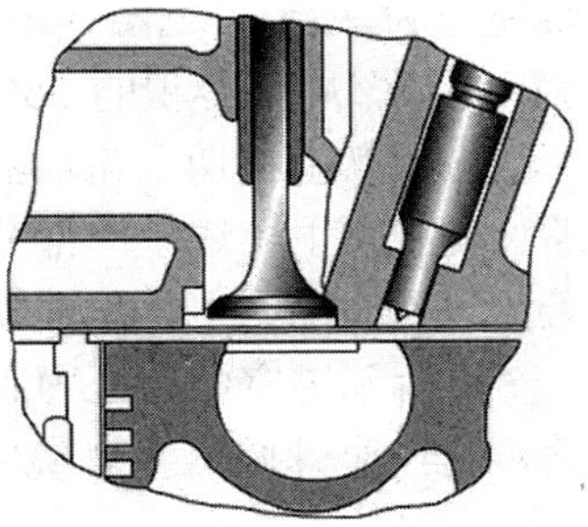

图 5-3

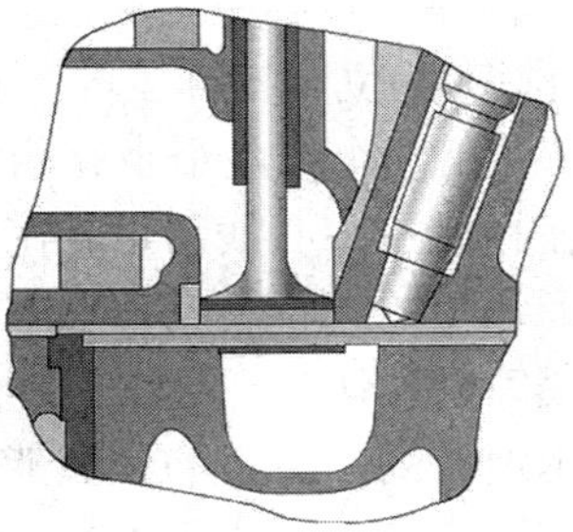

图 5-4

(2) 球形燃烧室。球形燃烧室位于活塞顶部中央，形状大于半个球(见图 5-3)。喷油器采用单孔喷嘴或双孔喷嘴，属于油膜蒸发混合方式。燃料燃烧比较充分，动力性和经济性较好，压力升高率较低，燃烧迅速，后燃期较短，燃烧噪声较小，排烟较少；但是冷启动困难，低速性能较差，在大缸径发动机中使用困难，对增压性适应性较差，加工和安装要求较高。

(3) U 形燃烧室。U 形燃烧室位于活塞顶部中央，形状为 U 形空腔。能形成较强的进气涡流，采用单孔轴针式喷油器，喷油基本与进气涡流垂直。U 形燃烧室的可燃混合气形成在低速和启动时，以空间雾化混合为主，正常工作时以油膜蒸发混合为主。

2. 分隔式燃烧室

分隔式燃烧室将燃烧室分隔为主、副两个室，中间用一个或数个通道相通。副燃烧室在气缸盖内，容积占总压缩容积的 50%～80%；主燃烧室在气缸盖底平面与活塞顶面之间。燃料先喷入气缸盖中的副燃烧室进行预燃烧，再经过通道喷到活塞顶上的主燃烧室进一步燃烧。根据结构的不同又分有涡流室式燃烧室和预燃室式燃烧室两种。

1) 涡流室式燃烧室

涡流室式燃烧室(见图 5-5)的喷油器安装在涡流室内，柴油顺涡流方向喷入。

涡流室式燃烧室的混合气形成过程是：在压缩行程，气缸中的空气被压入涡流室，形成强烈的定向旋转涡流。压缩终了，柴油顺涡流方向喷入涡流室，与空气涡流混合着火燃烧，压力和温度急剧升高，经过连接通道喷入主燃烧室。由于活塞顶部多制有导流槽或分流凹坑，使涡流室中的气流喷出时形成二次涡流，促使未燃的气体进一步混合燃烧。

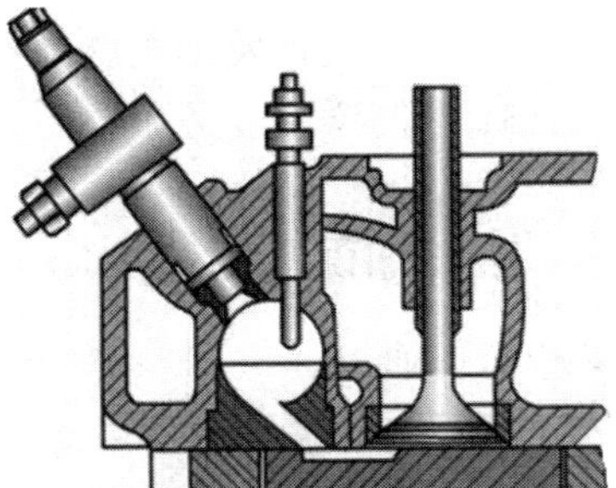

图 5-5

这种燃烧室对喷油的雾化质量要求不高，可采用不易堵塞的单孔喷嘴，喷油压力较低(10～12 MPa)，喷油泵寿命较长，对不同着火性能燃料的适应性较好，工作较柔和，适用于高速柴油机。这是由于转速愈高，压缩涡流愈强，混合质量愈好。再者，涡流室能偏离气缸中心布置，可采用较大的进、排气门，提高了充气效率。但因为初期强烈燃烧是在涡流室内进行的，通道也有一定的节流作用，所以热损失较大，经济性较差。

2) 预燃室式燃烧室

预燃室式燃烧室将整个燃烧室分为两部分(见图5-6)：主燃烧室位于活塞上方；副燃烧室(预燃室)位于气缸盖内，其容积为总燃烧室容积的25%～40%，用一个或几个小孔相通，不与预燃室相切。喷油器安装在预燃室中心线附近。在压缩过程中，主燃烧室的部分空气经通道压入预燃室，形成强紊流。当压缩终了，柴油喷入预燃室后，使一部分燃料燃烧。着火后预燃室中的压力和温度迅速升高，巨大的预燃能量将混合气高速喷入主燃烧室，在主燃烧室内形成强烈的燃烧紊流，促使大部分燃料在主燃烧室和大部分空气混合而燃烧。

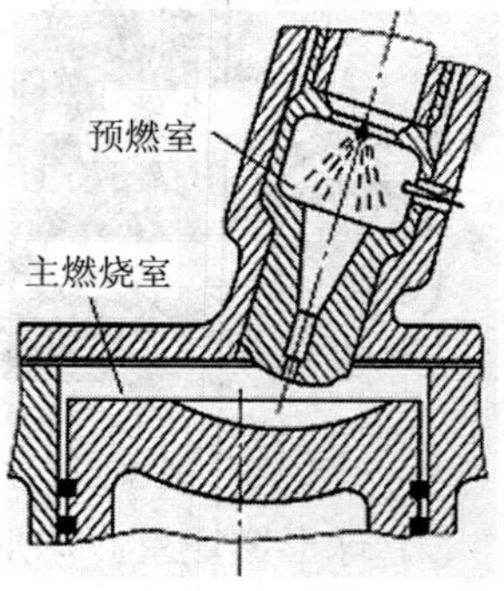

图5-6

这种燃烧室对喷油的雾化质量要求不高，可采用不易堵塞的大直径单孔喷嘴，喷油压力较低(8～12 MPa)，喷油泵寿命较长，并对转速的变化和燃料的品种不敏感，有适应大转速范围和不同着火性能燃料的能力，且运转平顺，燃烧噪声小，但由于通道面积小，有强烈的节流作用，经济性和起动性能差。

二、任务实施

（一）任务内容

辨识柴油发动机燃烧室的类型。

（二）任务实施准备

(1) 器材与设备：实训发动机拆装台架、套装工具、清洁工具等。
(2) 参考资料：《汽车构造拆装与维护保养实训》、发动机维修手册。

（三）任务实施步骤

(1) 清洁、检查发动机。
(2) 辨识实训发动机燃烧室的类型。
(3) 填写学习任务单。

三、拓展知识

（一）柴油

1. 柴油的主要性能

柴油机使用的燃料是柴油，它是在533～623 K(260～350 ℃)的温度范围内由石油中提炼出的碳氢化合物。

柴油的使用性能对柴油机的工作有很大影响，这些性能主要有发火性、蒸发性、黏度和凝点等。

1) 柴油的发火性

柴油的发火性是指柴油与空气形成可燃混合气后自行发火燃烧的能力，即自燃能力。自行发火燃烧的温度低，自燃能力强，发火性能好。

柴油的发火性用十六烷值表示。十六烷值高，柴油的发火性好，柴油机工作柔和、噪声小、起动性能好；反之，十六烷值低，柴油机工作粗暴、噪声大、起动性能差。汽车用轻柴油的十六烷值一般为 40～50，十六烷值过高也不适宜，当十六烷值高于 65 时，会使耗油量增加，排气冒黑烟。

2) 柴油的蒸发性

柴油的蒸发性反映了柴油由液态变为气态的性能，以馏程表示，馏程的含义与汽油相同。

蒸发性好的柴油容易与空气形成可燃混合气，柴油机容易起动，但轻馏分燃料发火性差，柴油机工作粗暴；相反，如果蒸发性过差，则混合气形成过程缓慢，致使燃烧不完全，积炭增多，排气冒黑烟，耗油量增加，起动困难。因此汽车用柴油应有适当的蒸发性，一般沸点范围在 473～623 K(200～350℃)。

3) 柴油的黏度

黏度决定柴油的流动性。若黏度过大，则流动性差，供油阻力增加，并且使喷油的雾化质量变坏，燃烧不良；若黏度过小，不仅影响喷注形态，使燃烧不完全，动力性变差，而且使供油系统内的精密偶件润滑恶化，磨损增加，偶件配合间隙的柴油漏失量也有所增加。

柴油的黏度与温度的关系很大，温度降低，则黏度增大。

4) 柴油的凝点

柴油的低温流动性常用凝点来表示，它不仅表明柴油的储存、运输和收发作业的界限温度，而且也与柴油在低温上的使用性能有密切关系。柴油的牌号就是以凝点来划分的。

2. 柴油的牌号与选用

柴油分轻柴油和重柴油。轻柴油用于高速柴油机，重柴油用于中、低速柴油机。汽车柴油机均为高速柴油机，所以使用轻柴油。

轻柴油按其质量分为优等品、一等品和合格品三个等级，每个等级又按柴油的凝点分为 10、0、−10、−20、−35 和 −50 等六种牌号。

选用柴油时，应该根据当时当地的气温确定，要求柴油的凝点(牌号)低于气温 5℃以上。如气温为 5℃，应该选用 0 号轻柴油。

(二) 柴油发动机发展史

柴油发动机是由德国发明家鲁道夫·狄塞尔(Rudolf Diesel)于 1892 年发明的，为了纪念这位发明家，柴油就用他的姓 Diesel 来表示，而柴油发动机也称为狄塞尔发动机(Diesel engine)。

狄塞尔生于 1858 年，德国人，毕业于慕尼黑工业大学。1879 年，狄塞尔大学毕业，当上了一名冷藏专业工程师。在工作中狄塞尔深感当时的蒸汽机效率极低，萌发了设计新型发动机的念头。在积蓄了一些资金后，狄塞尔辞去了制冷工程师的职务，自己开办了一家发动机实验室。

针对蒸汽机效率低的弱点，狄塞尔专注于开发高效率的内燃机。19 世纪末，石油产品在欧洲极为罕见，于是狄塞尔决定选用植物油来解决机器的燃料问题(他用于实验的是花生油)。因为植物油点火性能不佳，无法套用奥托内燃机的结构。狄塞尔决定另起炉灶，提高内燃机的压缩比，利用压缩产生的高温高压点柴油料。后来，这种压燃式发动机循环便被称为狄塞尔循环。

像所有伟大的发明家一样，狄塞尔的前进道路上困难重重。实验证明，植物油燃烧不稳定，成本也太高，难以承担狄塞尔的“重任”。好在当时石油制品在欧洲逐渐普及，狄塞尔选择了本来用于取暖的重馏分柴油作为机器的燃料。压燃式发动机的结构强度始终是个难题。一次实验中，气缸上的零件像炮弹碎片一样四处飞散，差点儿造成人员伤亡。实验不顺利，狄塞尔的资金也渐渐耗尽，他不得不回到制冷机工厂谋生。但狄塞尔没有向困难屈服，他利用业余时间继续实验，一步步完善自己的机器。

1892 年，狄塞尔终于研发出一台实用的柴油动力压燃式发动机。这种发动机扭矩大，油耗低，可使用劣质柴油，显示出辉煌的发展前景。狄塞尔随即投入到柴油机生产的商业冒险中。不幸的是，作为优秀的工程师，狄塞尔缺乏商业头脑，他在经济上渐渐陷入困境，1913 年已处于破产的边缘。但狄塞尔发明的柴油机，在汽车、船舶和整个工业领域得到越来越广泛的发展。

1976 年，德国大众首先在高尔夫轿车上采用柴油发动机。

1989 年，德国大众高尔夫柴油车获得“低排放车”的称号。同年大众从 Fiat 的研发机构获得部分技术，制造出第一台带有增压、直喷技术的 5 缸发动机 R5 TDI，这台发动机被放在奥迪 100 车型上试用。

1990 年，德国大众正式推出增压、直喷系列柴油机 TDI，从此德国大众在柴油动力技术的开发和应用上一直走在世界的前沿。

1993 年，开发出 4 缸涡轮增压直喷柴油发动机(TDI)。

1995 年，开发出自然吸气式直喷(SDI)柴油发动机。

1995 年，开发出变截面涡轮增压器 VGT。

1998 年，开发出泵喷嘴(Pumpe Düse)技术。

1999 年，开发出百公里油耗 3 升的路波轿车柴油动力。而一升级柴油动力轿车的出世创造了百公里油耗 0.99 升的纪录，成为世界上最省油的轿车。发动机采用了铝制自然吸气式单缸柴油机，并采用了先进的高压直接喷射技术，排量为 0.3 升。

2002 年，一汽-大众率先将捷达 SDI 轿车投放中国市场。

2004 年，一汽-大众引入 TDI 技术。

笨重、噪声大、喷黑烟，令许多人对柴油机的直观印象不佳，经过多年的研究和新技术应用，现代柴油机已与往日不可同日而语。现代柴油机一般采用电控喷射、共轨、涡轮增压中冷等技术，在重量、噪声、烟度方面已取得重大突破，达到了汽油机的水平。

任务二　燃油供给系统

知识目标

□ 掌握燃油供给系统的组成。

□ 掌握柴油机的输油泵、喷油泵、喷油器的结构和工作过程。

技能目标

□ 掌握柴油机喷油泵和喷油器的拆装过程与规范。

一、基础知识

燃油供给系统由油箱、粗滤器、细滤器、输油泵、喷油泵、喷油器和高低压油管组成(见图 5-7)。

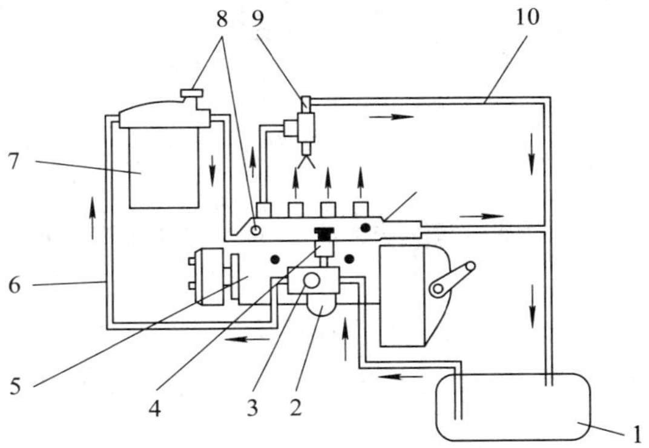

1—油箱；2—粗滤器；3—输油泵；4—手油泵；5—喷油泵；6—低压油管；
7—细滤器；8—放气螺钉；9—喷油器；10—回油管；11—限压阀

图 5-7

在输油泵的作用下，柴油从油箱被吸出，经过粗滤器和细滤器过滤，干净的柴油进入喷油泵，提高压力，再经高压油管送到喷油器，以一定的速率、射程和喷雾锥角喷入燃烧室。多余的柴油从回油管流回油箱。

从油箱到喷油泵入口的这段油路称低压油路。油压是由输油泵建立的，一般为 0.15～0.3 MPa。柴油的油箱和滤清器的结构原理与汽油机的油箱和汽油滤清器类似。

从喷油泵到喷油器这段油路称高压油路，油压是由喷油泵建立的，可达 60 MPa 以上。

(一) 输油泵

输油泵是将柴油从油箱吸出，并克服柴油滤清器等的阻力，以一定的压力和流量输往喷油泵的装置。

根据输油泵的结构特点，有膜片式、活塞式和滑片式几种形式，现在广泛使用的是活塞式输油泵。

活塞式输油泵与柱塞式喷油泵配套使用，滑片式输油泵为分配式喷油泵采用。活塞式输油泵安装在柱塞式喷油泵的侧面，并由喷油泵凸轮轴上的偏心轮驱动。其基本结构原理如图 5-8 所示。

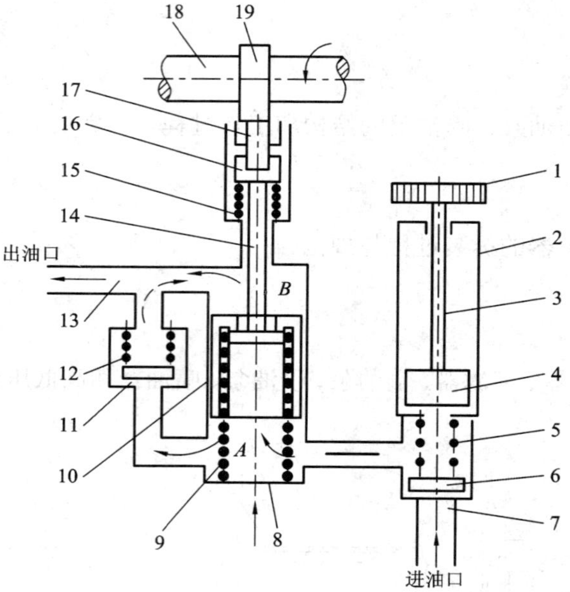

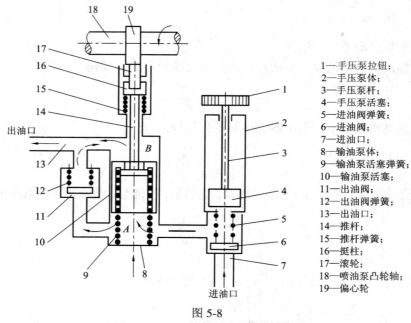

1—手压泵拉钮；
2—手压泵体；
3—手压泵杆；
4—手压泵活塞；
5—进油阀弹簧；
6—进油阀；
7—进油口；
8—输油泵体；
9—输油泵活塞弹簧；
10—输油泵活塞；
11—出油阀；
12—出油阀弹簧；
13—出油口；
14—推杆；
15—推杆弹簧；
16—挺柱；
17—滚轮；
18—喷油泵凸轮轴；
19—偏心轮

图 5-8

当喷油泵凸轮轴旋转时，在偏心轮和输油泵活塞弹簧的共同作用下，输油泵活塞在输油泵体的活塞腔内作往复运动。

当输油泵活塞由下向上运动时，*A* 腔容积增大，产生真空度，使进油阀开启，柴油经进油口被吸入 *A* 腔；与此同时，*B* 腔容积缩小，其中的柴油压力升高，出油阀关闭，柴油从出油口被送往滤清器。

当输油泵活塞由上向下运动时，*A* 腔容积减小，油压升高，进油阀关闭，出油阀开启；与此同时，*B* 腔容积增大，柴油就从 *A* 腔流入 *B* 腔。

当柴油机负荷减小，需要的柴油量减少时，或柴油滤清器堵塞，油道阻力增加时，会使输油泵 *B* 腔油压增高。当此油压与输油泵活塞弹簧的弹力相平衡时，活塞往 *B* 腔的运动便停止，活塞的移动行程减小，造成输油泵的输出油量减少，实现了输油量的自动调节，而输油压力则基本稳定。

当柴油机燃油供给系中有空气进入时，柴油机便无法起动和正常运转，这时可利用手压泵拉钮排除空气。方法是先将柴油滤清器和喷油泵的放气螺钉旋松，再将手压泵拉钮旋开，上下反复拉动手压泵活塞，使柴油自进油口吸入，经出油阀压出，并充满柴油滤清器和喷油泵前的所有低压油路，将其中的空气驱除干净。空气排除完毕，应重新拧紧放气螺钉，旋进手压泵拉钮。

（二）喷油泵

喷油泵的作用是按照柴油机的运行工况和气缸工作顺序，以一定的规律，定时定量地向喷油器输送高压柴油。

喷油泵的类型主要有：柱塞式喷油泵(见图 5-9)、转子分配式喷油泵(见图 5-10)、泵喷油泵-喷油器(见图 5-11)。

柱塞式喷油泵性能良好，工作可靠，为目前大多数柴油机所采用。另外，在汽车柴油机上得到广泛应用的还是转子分配式喷油泵。

图 5-9

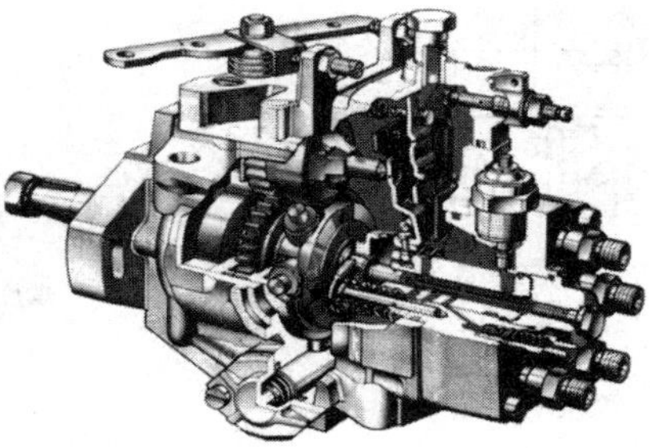
图 5-10

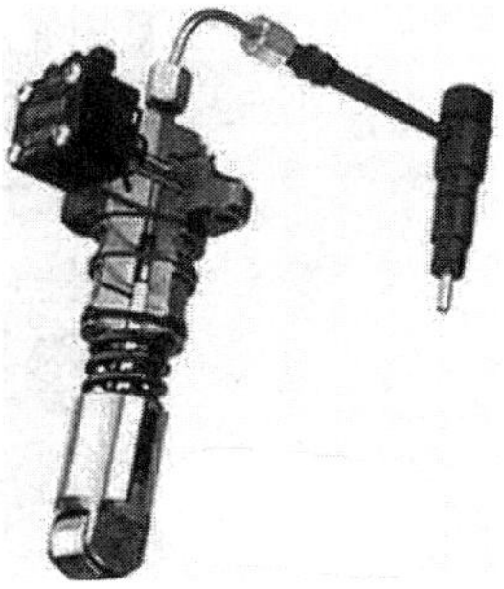
图 5-11

柱塞式喷油泵种类繁多，国产汽车用喷油泵一般以其柱塞行程等参数不同分 A、B、P、Z 等系列。下面以汽车使用较多的 A 型喷油泵为例，讲解其基本结构与工作过程。

A 型喷油泵由分泵、油量调节机构、驱动机构和泵体四部分组成(见图 5-12)。

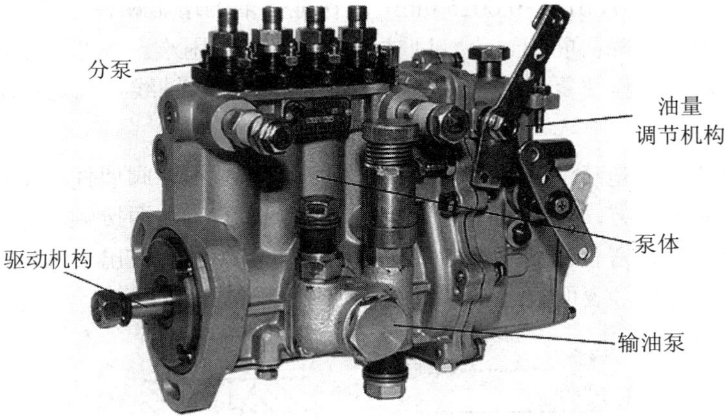

图 5-12

1. 分泵

分泵是带有一副柱塞偶件的泵油机构。整个喷油泵中具有数目与发动机缸数相等，结构和尺寸完全相同的分泵。

分泵(见图 5-13)的主要零件有柱塞偶件(柱塞和柱塞套)、柱塞弹簧、出油阀偶件(出油阀和出油阀座)和出油阀弹簧等。

1) 柱塞偶件

柱塞偶件的作用是给柴油泵输送过来的柴油加压。

柱塞的圆柱表面铣有与轴线成 45° 夹角的螺旋槽，螺旋槽通过直槽与柱塞顶面相通(见图 5-14)。

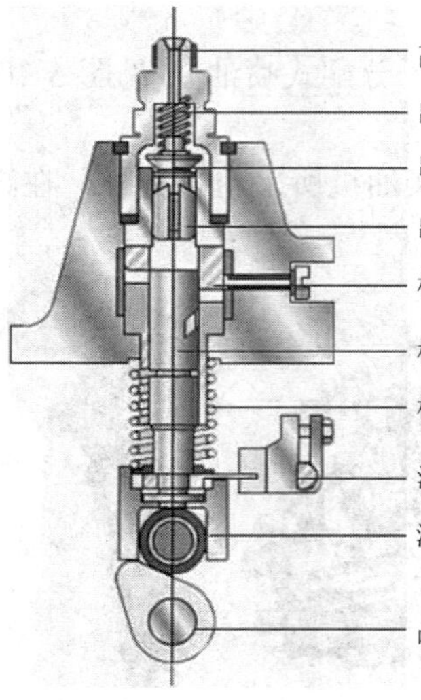

图 5-13

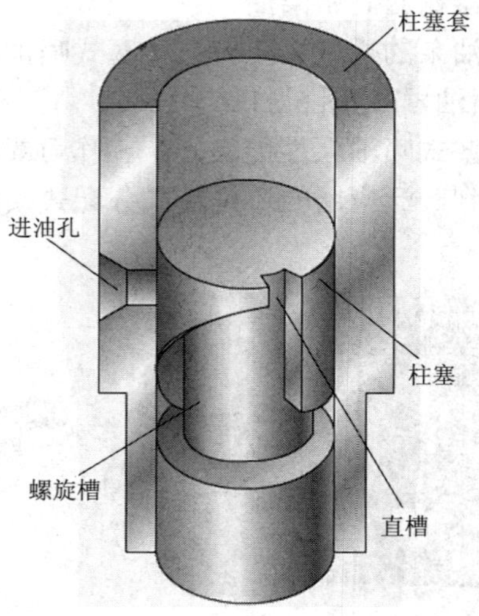

图 5-14

柱塞套装入喷油泵体的座孔中，柱塞套上的进油孔与泵体内的低压油腔相通，为防止柱塞套转动，用销钉固定。

柱塞与柱塞套是喷油泵中的精密偶件，用优质合金钢制造，并通过精密加工和选配，严格控制其配合间隙为 0.0015～0.0025 mm，以保证柴油的增压和柱塞偶件的润滑。间隙过大，易漏油，使油压下降；间隙过小，则柱塞偶件的润滑困难。柱塞由喷油泵凸轮轴上的凸轮驱动，在柱塞套内作往复运动。此外，它还可以绕自身轴线在一定角度范围内转动。

2) 出油阀偶件

出油阀与出油阀座是喷油泵中另一对精密偶件，称为出油阀偶件(见图 5-15)。出油阀偶件位于柱塞偶件的上方，出油阀座的下端面与柱塞套的上端面接触，通过拧紧出油阀紧座使两者的接触面保持密合。同时，出油阀弹簧将出油阀压紧在出油阀座上。出油阀的密封锥面与出油阀座的接触表面经过精细研磨。

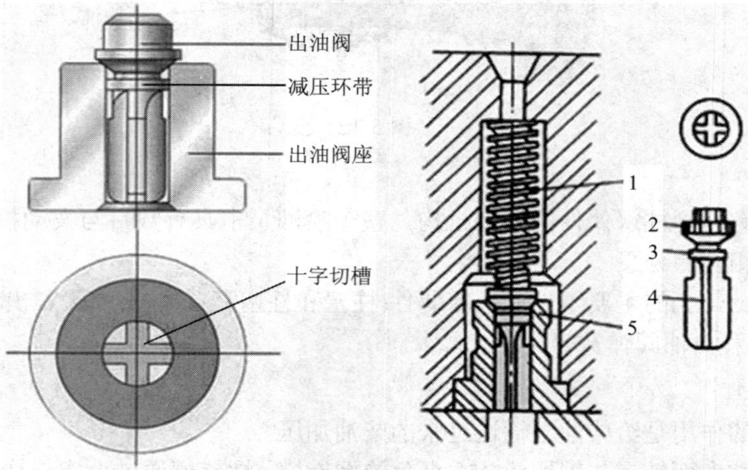

1—出油阀弹簧；2—出油阀；3—减压环带；4—纵向槽；5—出油阀座

图 5-15

出油阀减压环带与出油阀座孔的配合间隙很小。减压环带以下的出油阀表面是其在出油阀座孔内往复运动的导向面，导向部分的横截面为十字形。减压环带减少了高压油腔的容积，有利于改善喷油过程，同时起到限制出油阀最大升程的作用。

3) 分泵的泵油过程

进油：当柱塞向上移动时(见图 5-16(a))，柴油自低压油腔经柱塞套上的油孔进入并充满柱塞腔。

压油：在柱塞自下止点上移的过程中，起初有一部分柴油被从柱塞腔挤回低压油腔，直到柱塞上部的圆柱面将两个油孔完全封闭时为止。

柱塞继续上升(见图 5-16(b))，柱塞上部的柴油压力迅速增高，当此压力增高到足以克服出油阀弹簧的作用力时，出油阀即开始上移。当出油阀的圆柱形环带离开出油阀座时，高压柴油便自柱塞腔通过高压油管流向喷油器。

回油：当柱塞继续上移时(见图 5-16(c))，螺旋槽与进油孔开始接通，泵腔内的柴油便经柱塞直槽、螺旋槽和进油孔流向低压油腔，这时柱塞腔内油压迅速下降，出油阀在弹簧压力作用下立即回位，喷油泵供油即中止。

由上述泵油过程可知，在柱塞上移的整个行程中，并非全部供油。柱塞由下止点到上止点所经历的行程为柱塞行程 H(见图 5-17)，它的大小取决于驱动凸轮的轮廓。而喷油泵只是在柱塞完全封闭进油孔之后到柱塞螺旋槽和油孔开始接通之前的这一部分柱塞行程 H_g 内才泵油，H_g 为柱塞的有效行程。显然，喷油泵每次的泵油量取决于柱塞有效行程 H_g 的大小。因此，欲使喷油泵能随发动机工况不同而改变泵油量，只需改变柱塞有效行程即可，一般是通过改变柱塞螺旋槽和柱塞套油孔的相对角位置来实现的。如将柱塞转动一个角度，柱塞有效行程就变化，供油量也改变。

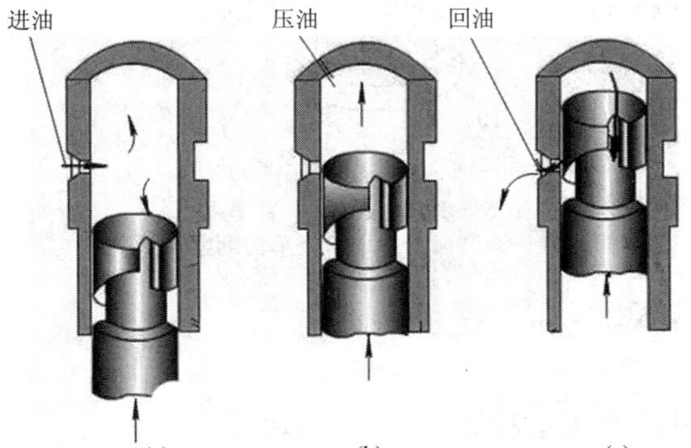

图 5-16

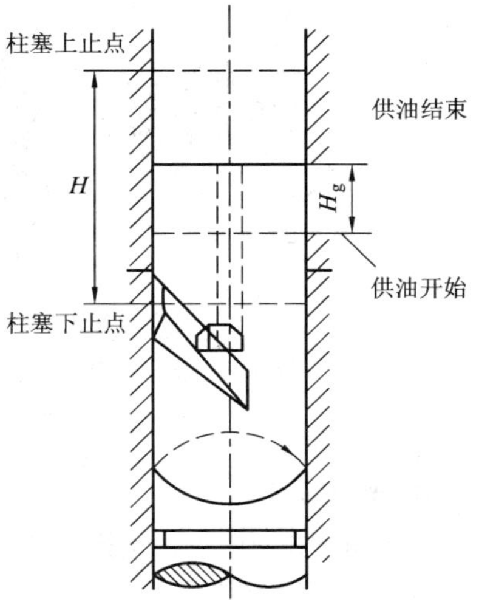

图 5-17

2. 油量调节机构

油量调节机构的任务是根据柴油机负荷和转速的变化相应改变喷油泵的供油量并保证各缸的供油量一致。由泵油过程的分析可知，可以用转动柱塞以改变柱塞的有效行程的方法来改变喷油泵供油量。

油量调节机构有齿杆式(见图 5-18)和拨叉式(见图 5-19)等。

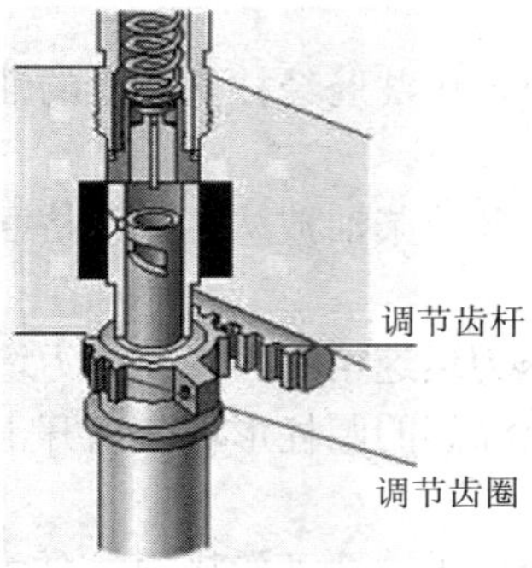

图 5-18

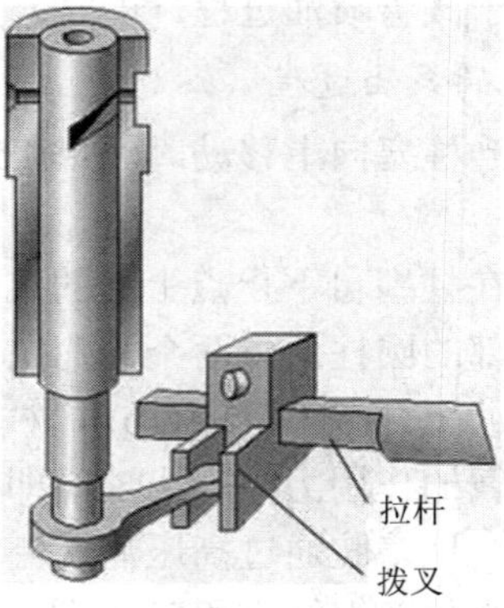

图 5-19

A 型喷油泵采用齿杆式油量调节机构。齿杆式油量调节机构的工作过程如图 5-20 所示。控制套筒松套在柱塞套上，在控制套筒上部套装一个调节齿圈，用螺钉锁紧。调节齿圈与调节齿杆相啮合。调节齿杆的轴向位置由驾驶员或调速器控制。移动调节齿杆时，调节齿圈连同控制套筒带动柱塞相对于不动的柱塞套转动，此时改变了柱塞圆柱表面上的螺旋槽与进油孔的相对角位置，从而调节了供油量。

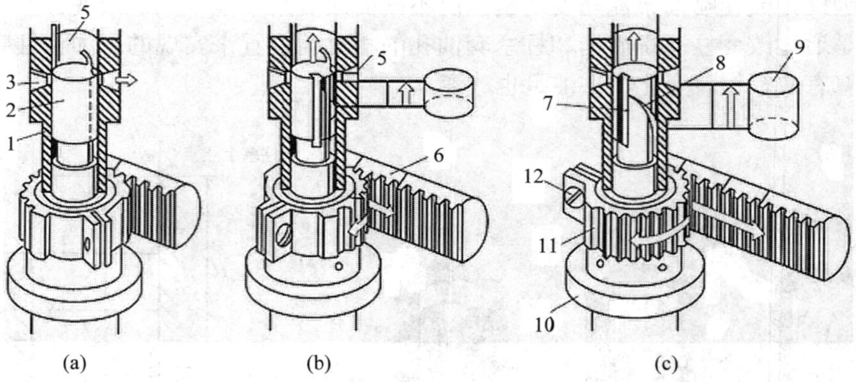

1—柱塞套；2—柱塞；3、5—柱塞套油孔；4—柱塞腔；6—调节齿杆；7—直槽；
8—螺旋槽；9—循环供油量容积；10—控制套筒；11—调节齿圈；12—调节齿圈紧固螺

图 5-20

3. 驱动机构

驱动机构的作用是将发动机动力传给柱塞，推动柱塞作直线往复运动。

驱动机构由凸轮轴和滚轮体传动总成组成。常见的滚轮体传动总成有调整螺钉式(见图 5-21)和调整垫块式(见图 5-22)。

滚轮体传动总成改变凸轮的旋转运动为柱塞的直线往复运动，滚轮体还可以用来调整各分泵的供油提前角和供油的间隔角度。

喷油泵凸轮轴是曲轴通过齿轮驱动的，曲轴转两圈，各缸喷油一次，凸轮轴只需转一圈喷油泵就喷油一次，二者速度之比为 2∶1。

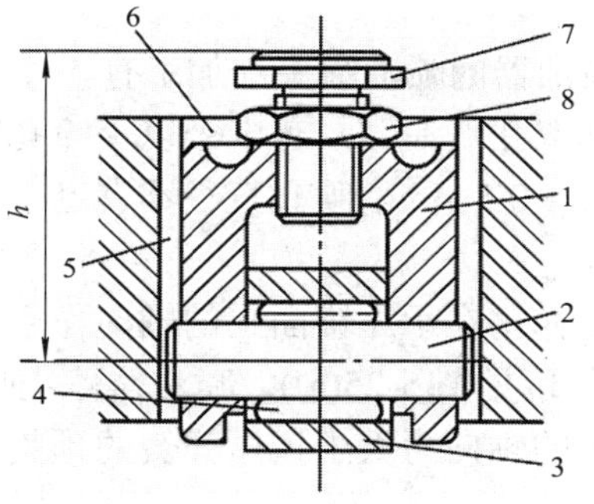

1—挺柱体；2—滚轮销；3—滚轮；4—滚针轴承；
5—定位长槽；6—挺柱孔；7—调整螺钉；8—锁紧螺母

图 5-21

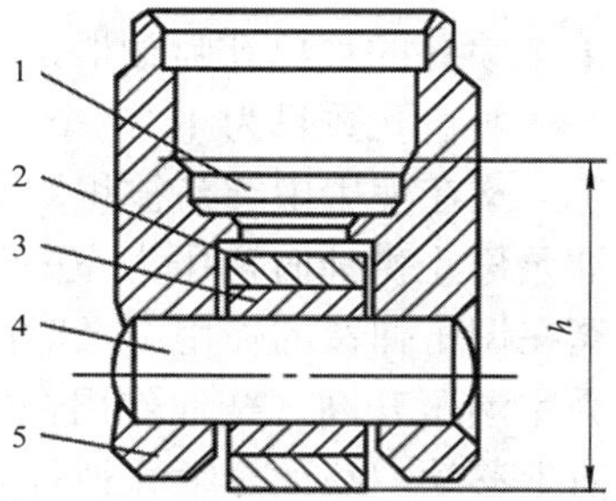

1—调整垫块；2—滚轮；3—滚轮衬套；4—滚针轴；5—滚轮架

图 5-22

4. 泵体

泵体是分泵、油量调节机构、驱动机构的装配基体。

组合式泵体分上体和下体两部分，用螺栓连接在一起。上体安装分泵，下体安装驱动件和油量调节件。

整体式泵体可使刚度加大，在较高的喷油压力下工作而不致变形。但分泵和驱动件等零件的拆装较麻烦。

(三) 喷油器

喷油器是柴油机燃油供给系中实现柴油喷射的重要部件，其功用是根据柴油机混合气形成的特点，将柴油雾化成细微的油滴，并将其喷射到燃烧室特定的部位。喷油器应满足不同类型的燃烧室对喷雾特性的要求。一般来说，喷油应有一定的贯穿距离和喷雾锥角，以及良好的雾化质量，而且在喷油结束时不发生滴漏现象。

汽车柴油机广泛采用闭式喷油器。这种喷油器主要由喷油器体、调压装置及喷油嘴等部分组成。闭式喷油器的喷油嘴是由针阀和针阀体组成的一对精密偶件，其配合间隙仅为0.002～0.004 mm。为此，在精加工之后，尚需配对研磨，故在使用中不能互换。一般针阀由热稳定性好的高速钢制造，而针阀体则采用耐冲击的优质合金钢。根据喷油嘴结构形式的不同，闭式喷油器又可分为孔式喷油器(见图 5-23)和轴针式喷油器(见图 5-24)两种，分别用于不同类型的燃烧室。

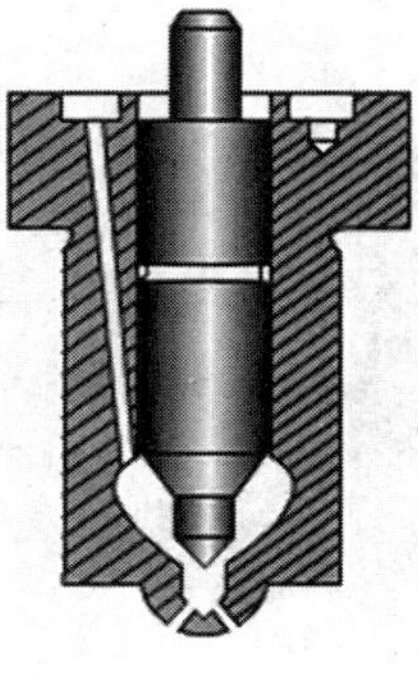
图 5-23

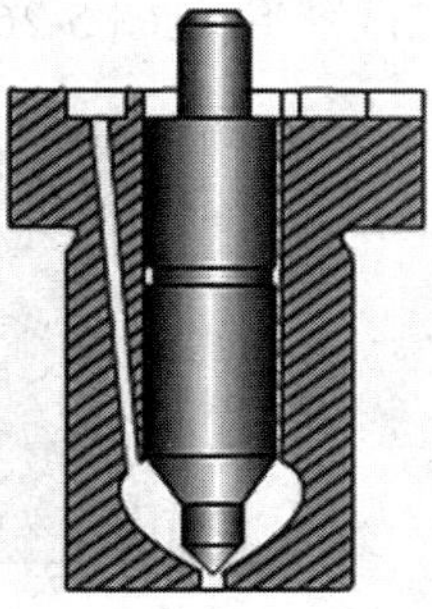
图 5-24

1) 孔式喷油器

孔式喷油器用于直喷式燃烧室柴油机上。孔式喷油器的喷油嘴头部加工有 1 个或多个喷孔，有 1 个喷孔的称单孔喷油器，有两个喷孔的称双孔喷油器，有 3 个以上喷孔的称多孔喷油器。一般喷孔数目为 1～7 个，喷孔直径为 0.2～0.5 mm。喷孔直径不宜过小，否则既不易加工，又在使用中容易被积炭堵塞。

当喷油泵停止供油时，压力室的油压下降，柴油作用在承压锥面上的轴向作用力随之减小，针阀在调压弹簧的作用下及时回位，将喷孔关闭(见图 5-25(a))，喷油器停止喷油。

当压力室油压升高，柴油作用在针阀承压锥面上的轴向力大于调压弹簧的预紧力时，针阀开始向上移动，喷油器喷孔被打开，高压柴油通过喷孔喷入燃烧室(见图 5-25(b))。

可见，针阀的开启压力即喷油压力的大小取决于调压弹簧的预紧力，预紧力越大，喷油压力就越大。

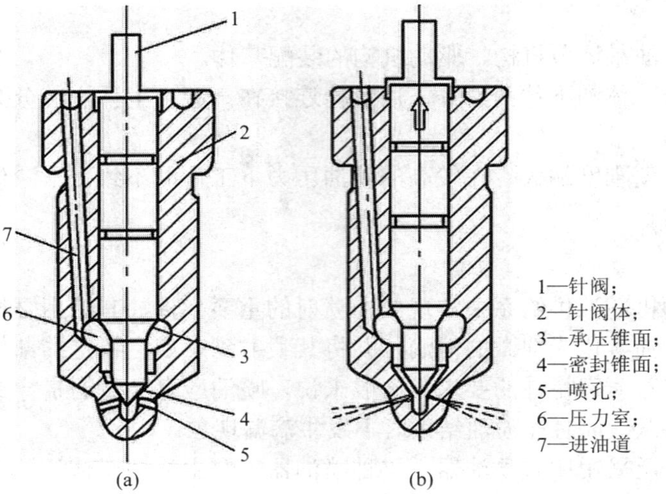

图 5-25

2) 轴针式喷油器

轴针式喷油器与孔式喷油器的工作原理相同，结构相似，只是喷油嘴头部的结构不同而已。在轴针式喷油器中，针阀密封锥面以下有一段轴针，它穿过针阀体上的喷孔且稍突出于针阀体之外，使喷孔呈圆环形。因此，轴针式喷油器的喷油柱是空心的。轴针可以制成圆柱形(见图 5-26(a))或截锥形(见图 5-26(b))。

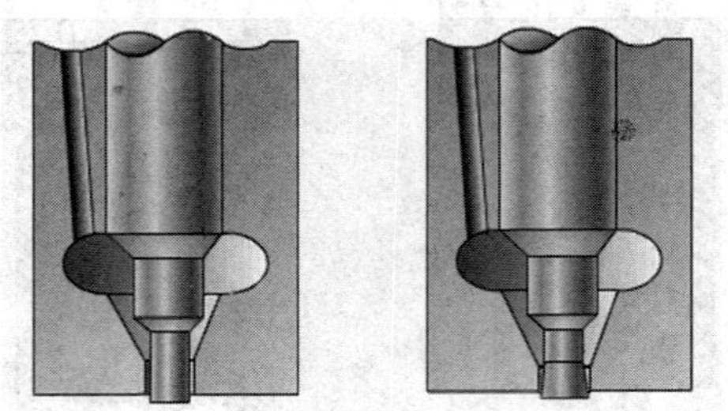

图 5-26

圆柱形轴针其喷柱的喷雾锥角较小，而截锥形轴针其喷柱的喷雾锥角较大。因此，轴针形状不同，得到喷油柱的形状也不同，以适应不同形状燃烧室的需要。

轴针式喷油器的喷孔直径较大，一般为 1～3 mm，易于加工。其喷油压力为 10～13 MPa，适用于对喷雾要求不高的涡流室式燃烧室和预燃室式燃烧室。工作时，轴针在喷孔内上下往复运动，喷孔不易积炭，而且还能自行清除积炭，有自洁作用。

二、任务实施

(一) 任务内容

(1) 喷油泵检查。

(2) 喷油器检查。

(二) 任务实施准备

(1) 器材与设备：实训发动机拆装台架、喷油器试验仪、塞尺、套装工具、台钳、清洗盘、木条、钢丝刷、清洁工具等。

(2) 参考资料：《汽车构造拆装与维护保养实训》、发动机维修手册。

(三) 任务实施步骤

(1) 清洁、检查发动机。

(2) 拆卸喷油泵。

① 拆下输油泵上的紧固螺母，取出输油泵，拔出喷油泵机油标尺。

② 拆下观察窗上的紧固螺钉，取出观察窗盖板。

③ 拆下固定上下泵体的螺母，取出上下泵体(整体式的喷油泵可省略此步)。

④ 拆下各分泵的柱塞、柱塞弹簧、弹簧座，依次放好。

⑤ 拆下出油阀固定螺套，取出出油阀弹簧、出油阀偶件，将出油阀偶件按顺序排好，并浸入干净柴油。

⑥ 松开上泵体侧面的定位螺钉，取出柱塞套，将柱塞和柱塞套按原对配好，并按顺序排好，浸入干净柴油。

⑦ 松开滚轮体侧面的定位螺钉，从下泵体中取出调整垫块和滚轮体。

(3) 检查喷油泵。

① 检查柱塞与柱塞套的摩擦面、柱塞套与泵体的接触面有无磨损或擦伤。

② 检查柱塞的端面、斜槽、柱塞套的有孔边缘等，应是尖锐平整的。

③ 检查滑动性能。

先用洁净的柴油仔细清洗柱塞副，并涂上干净的柴油后再进行试验。将柱塞套倾斜 60° 左右(见图 5-27)，拉出柱塞全行程的 1/3 左右。放手后，柱塞应在自重作用下平滑缓慢地进入套筒内，然后转动柱塞，在其他位置重复上述试验，柱塞均应能平稳地滑入套筒内。

④ 缺口的配合检查。如图 5-28 所示，检查柱塞控制套缺口与柱塞下凸块的配合间隙。

⑤ 出油阀及阀座的检修。出油阀及阀座的检查方法如图 5-29 所示，将出油阀及阀座在柴油中浸泡后，以手指堵住出油阀下面的孔，用另一手指将出油阀轻轻从上向下压。

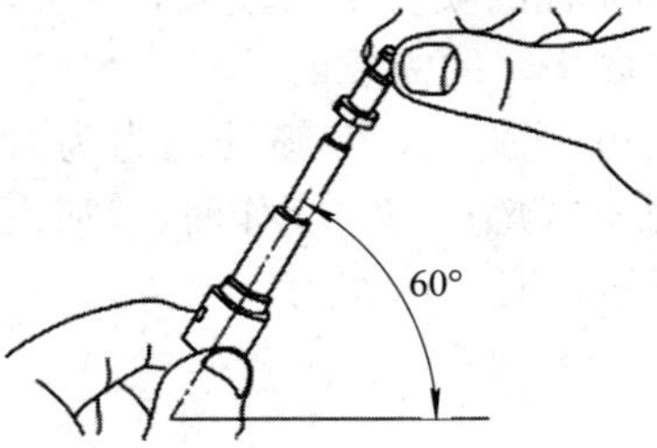

图 5-27

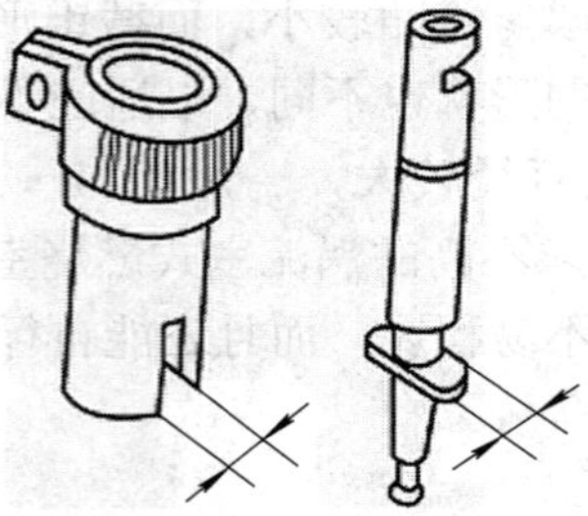

图 5-28

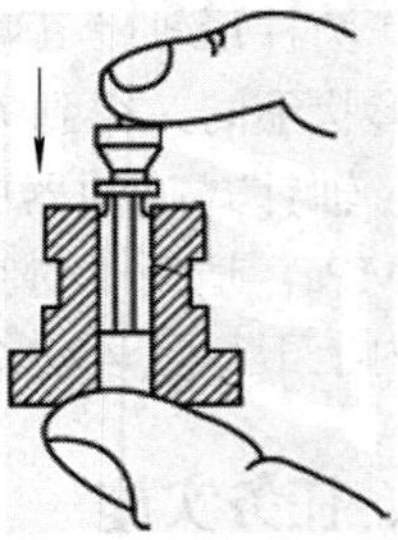

图 5-29

(4) 装复喷油泵。

(5) 拆卸喷油器。喷油器的针阀偶件为精密配合零件，在使用中不允许互换。解体前，应确认缸序标记，并按缸序拆卸喷油器，以保证能正确装回原位。

① 拆下紧固螺套，取出针阀偶件。

② 拆下调压螺钉护帽、调压螺帽、调压螺钉等，取出调压弹簧上座、调压弹簧和推杆。

③ 拆下进油管接头。

(6) 清洗喷油器。喷油器解体后，在清洁的柴油中清洗针阀偶件。清洗时，可用木条清除针阀前端轴针上的积炭；对阀座外部的积炭用铜丝刷清除；不得用手接触针阀的配合表面，以免手上的汗渍遗留在精密表面而引起锈蚀。

(7) 装复喷油器。

(8) 喷油压力检查。将喷油器装在喷油器试验仪上。扳动试验器手柄，排出喷油器内空气，然后以 60 次/min 的速度压动试验器手柄，同时观察在喷油过程中压力表上的读数。

(9) 喷雾试验。按规定喷油压力，以 60 次/min 的速度压动试验器手柄，同时观察喷油情况。

① 要求喷出的柴油应成雾状，不应有明显的肉眼可见的雾状偏斜和飞溅油粒、连续的油柱和极易判别的局部浓稀不均匀现象；喷射应干脆，具有喷油器偶件结构相应的响声；多次喷射后，针阀体端面或头部不得出现油液积聚现象。

② 全面检查还包括偶件密封性和喷雾锥角等检查。

(10) 从喷油器试验器上拆下喷油器，并装复到发动机上。

三、拓展知识

(一) 起动时排气管不冒烟

1. 故障现象

发动机起动时，发动机听不到爆发声音并且无起动迹象，排气管无烟排出。

2. 故障原因

1) 低压油路方面的原因

(1) 油箱内无油或供油不足。

(2) 油箱开关未打开或油箱盖空气孔堵塞。

(3) 油箱至喷油泵之间的油路堵塞。

(4) 油箱至输油泵之间的管路中有漏气部位，油路中进入空气。

(5) 柴油机滤清器或输油泵滤网堵塞。

(6) 低压油路中溢流阀不密封，使低压油路中不能保持有一定值的油压。

(7) 输油泵油阀粘滞、密封不严、弹簧折断。

(8) 输油泵活塞咬死或活塞弹簧折断，使输油泵的机械泵油部分失去泵油作用。

2) 高压油路方面的原因

(1) 喷油泵柱塞偶件磨损过大，造成机油内泄漏增大，使供油量达不到起动时的需要。

(2) 喷油泵油量调节机构卡滞，使柱塞不能转动或转动量过小。

(3) 出油阀密封不良或粘滞，造成不供油或供油不足。

(4) 喷油器针阀由于积炭或烧结而不能开启。

(5) 喷油器针阀开启压力调整过高。

(6) 喷油器喷孔堵塞。

(7) 高压油管中有空气或其接头松动。

3) 其他方面的原因

(1) 低温起动预热装置失效，发动机气缸内的温度过低。

(2) 空气滤清器堵塞，排气管排气不畅。

(3) 供油时间过早或过迟。

(4) 喷油雾化不良。

(5) 气缸压缩压力过低，压缩终止时的温度和压力达不到使柴油自燃的温度。

(二) 起动时排气管排出大量白烟

1. 故障现象

接通起动机后，发动机不易起动或起动后排气管排出水蒸气状的白色烟雾，然后慢慢熄火。

2. 故障原因

(1) 油路中渗入了水。

(2) 气缸垫冲坏或气缸盖螺栓松动使水进入燃烧室。

(3) 气缸体或气缸盖冷却液套有破裂处。

(三) 起动时排气管排出灰白烟

1. 故障现象

接通起动机后，发动机不易起动，起动时排出灰白色烟雾。

2. 故障原因

一般由于气缸内的温度和压力较低，柴油未能很好地形成混合气燃烧便被排出去，因而出现起动时排出灰白烟的现象，具体原因如下：

(1) 低温起动预热装置失效，发动机温度过低。

(2) 喷油正时不准，一般为喷油过早。

(3) 进气通道堵塞，供气不足。
(4) 喷油泵供油量过多或过少。
(5) 喷油器喷油雾化不良，混合气形成质量差。
(6) 气缸压力过低，柴油自燃条件差。

任务三　供油提前调节器与调速器

知识目标

□ 掌握柴油机供油提前调节器的结构与工作过程。
□ 掌握柴油调速器的结构与工作过程。

技能目标

□ 掌握柴油调速器拆装、调试的过程与规范。

一、基础知识

供油提前角对柴油机性能有很大的影响，供油提前角过大或过小均会使柴油机的动力性和经济性恶化。为了保证柴油机有良好的使用性能，必须在最佳供油提前角下工作。柴油机超速或怠速不稳，往往出自于偶然的原因，汽车驾驶员难于作出响应。这时，惟有借助调速器，及时调节喷油泵的供油量，才能保持柴油机稳定运行。

(一) 供油提前角控制

1. 供油提前角调节的必要性

供油提前角过大时，柴油是在气缸内空气温度较低的情况下喷入，混合气形成条件差，燃烧前集油过多，会引起柴油机工作粗暴、怠速不稳和起动困难；供油提前角过小时，将使燃料后燃期过长，燃烧的最高温度和压力下降，造成燃烧不完全和功率下降，甚至排气冒黑烟，柴油机过热，导致动力性和经济性降低。

最佳的供油提前角不是一个常数，应随柴油机负荷(供油量)和转速变化，即随转速的增高而加大。喷油泵供油时刻可以用供油起始角来表示，供油起始角指第一缸分泵柱塞开始供油时，相应凸轮的中心线与滚轮体中心线的夹角。喷油泵的供油起始角与柴油机的供油提前角的含义不同，一个是凸轮轴的转角，一个是曲轴的转角。

若柱塞下端、垫块、滚轮和凸轮出现磨损，则滚轮体的工作高度变小，供油提前角减小，供油起始角减小，凸轮与滚轮的接触点(供油始点)上移，喷油始点压力、喷油持续时间长短、每一循环的供油量将发生变化，因此必须定期地对供油提前角进行检查和调整。

对供油提前角进行调整时，可以对单个分泵进行调整，使分泵的供油提前角一致、供油间隔角度相等；也可以对整个喷油泵进行统一调整，达到柴油机规定的供油提前角的要求。对单个分泵进行调整时，只需要调整滚轮体的高度即可；对整个喷油泵进行统一调整时，可通过联轴器或转动喷油泵的壳体来进行。此外，柴油机的转速变化范围较大，还必须使供油提前角在初始角的基础上随转速而变化，因此车用柴油机多装有供油提前角自动调节器。

2. 供油提前角自动调节器的结构

A 型喷油泵大多采用机械离心式喷油提前器，常见的有 SA、SP 和双偏心型几种。以 SA 型为例，其基本结构如图 5-30 所示。

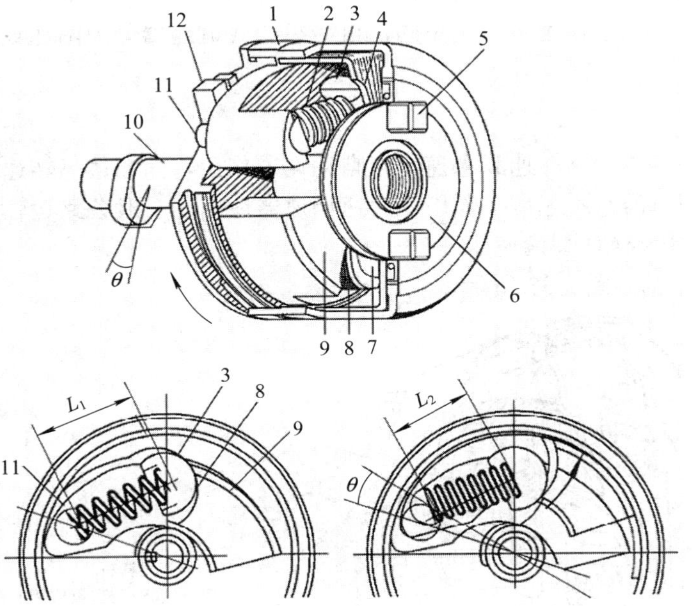

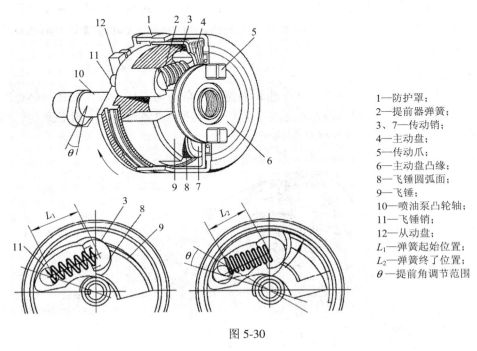

1—防护罩；
2—提前器弹簧；
3、7—传动销；
4—主动盘；
5—传动爪；
6—主动盘凸缘；
8—飞锤圆弧面；
9—飞锤；
10—喷油泵凸轮轴；
11—飞锤销；
12—从动盘；
L_1—弹簧起始位置；
L_2—弹簧终了位置；
θ—提前角调节范围

图 5-30

3. 供油提前角自动调节器的工作过程

供油提前角自动调节器装于喷油泵凸轮轴的前端，用联轴器来驱动。供油提前角自动调节器由主动件、从动件和离心件三部分组成，其中主动盘为主动件，在主动盘上固定有弹簧座，从动盘为从动件，离心件包括飞锤、飞锤销钉和滚轮等(见图 5-31)。

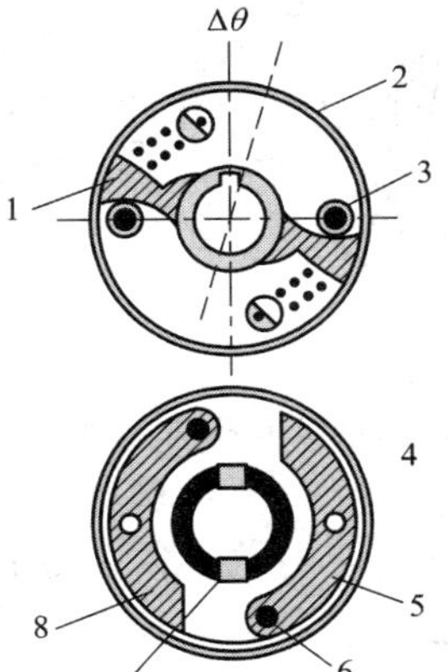

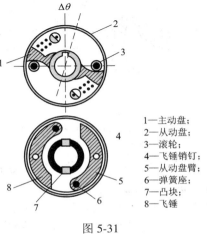

1—主动盘；
2—从动盘；
3—滚轮；
4—飞锤销钉；
5—从动盘臂；
6—弹簧座；
7—凸块；
8—飞锤

图 5-31

当柴油机转速达到设定值时，两个飞锤在离心力的作用下绕其轴销向外甩开，滚轮迫使从动盘带动凸轮轴沿箭头方向转动一个角度 $\Delta\theta$，直到弹簧的张力与飞块的离心力平衡为止，这时主动盘便又与从动盘同步旋转。此时，供油提前角等于初始角加上 $\Delta\theta$。

当柴油机转速再次升高时，飞锤进一步张开，从动盘相对于主动盘又沿旋转方向向前转动一个角度。随着转速的升高，提前角不断增大，直到最大转速。当柴油机转速降低时，飞锤收拢，从动盘便在弹簧力的作用下相对于主动盘后退一个角度，供油提前角便相应减小。

（二）调速器

调速器的作用是在发动机工作时，根据负荷情况，自动调节供油量，以稳定柴油机转速，并且使之不发生超速和熄火。

目前，在常见的柴油机上，应用最广的是机械离心式调速器。此种调速器结构复杂，但工作可靠，性能良好。按其调节作用范围的不同，机械离心式调速器分为两速式调速器和全速式调速器。

1. 两速式调速器

两速式调速器只在柴油机的最高转速和怠速下起自动调节作用，而在最高转速和怠速之间的其他任何转速时，调速器都不起调节作用。两速调速器适用于一般公路运输用的汽车柴油机。柱塞式喷油泵常用RAD型调速器。

RAD型调速器的基本结构如图5-32所示。

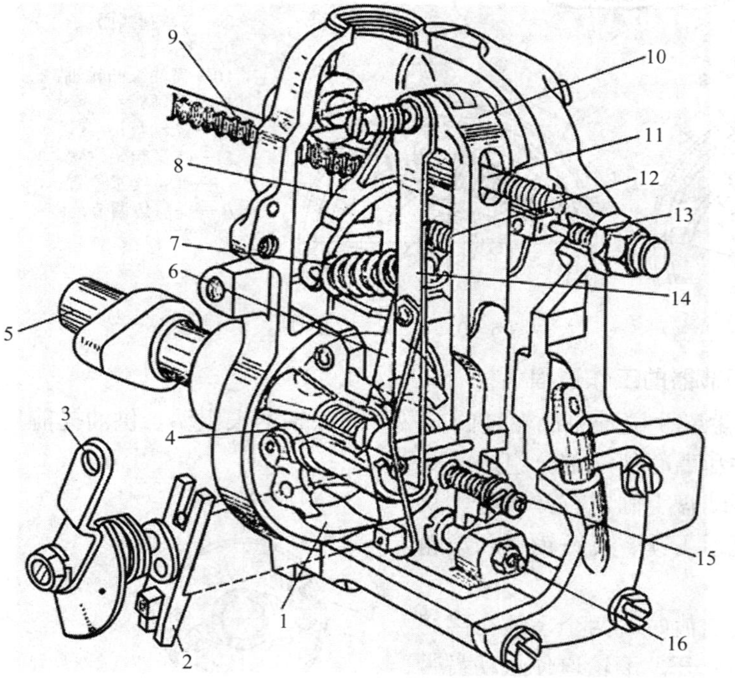

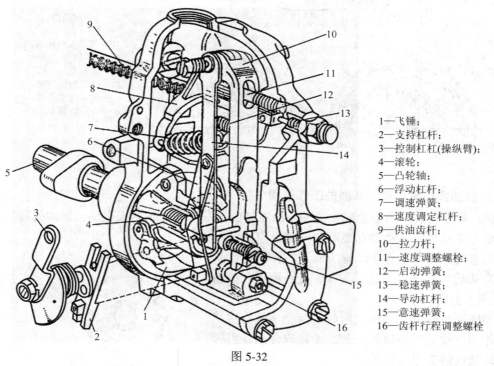

1—飞锤；
2—支持杠杆；
3—控制杠杠(操纵臂)；
4—滚轮；
5—凸轮轴；
6—浮动杠杆；
7—调速弹簧；
8—速度调定杠杆；
9—供油齿杆；
10—拉力杆；
11—速度调整螺栓；
12—启动弹簧；
13—稳速弹簧；
14—导动杠杆；
15—意速弹簧；
16—齿杆行程调整螺栓

图5-32

RAD型调速器的工作过程如下：

(1) 怠速稳定。如图5-33所示，发动机起动后将控制杠杆拉到怠速位置Ⅱ。此时，飞块的离心力使滑套右移而压缩怠速弹簧，当飞块离心力与怠速弹簧和起动弹簧的合力平衡时，供油齿杆便保持在某一位置，柴油机就在相应的某一转速下稳定地工作。当阻力增大使柴油机转速降低时，则飞块离心力随之减小，滑套便在怠速弹簧和起动弹簧的共同作用下左移，从而使浮动杠杆向左偏移，带动 *C* 点左移，同时浮动杠杆绕 *B* 点逆时针转动，推动供油齿杆左移，增加供油量，使柴油机转速回升。相反，若发动机阻力下降使转速升高，则飞块的离心力增加，滑套右移，通过导动杠杆、浮动杠杆驱动供油齿杆右移，使供油量减小，柴油机的转速下降。此时，调整怠速弹簧的预压力就可改变怠速的稳定转速。

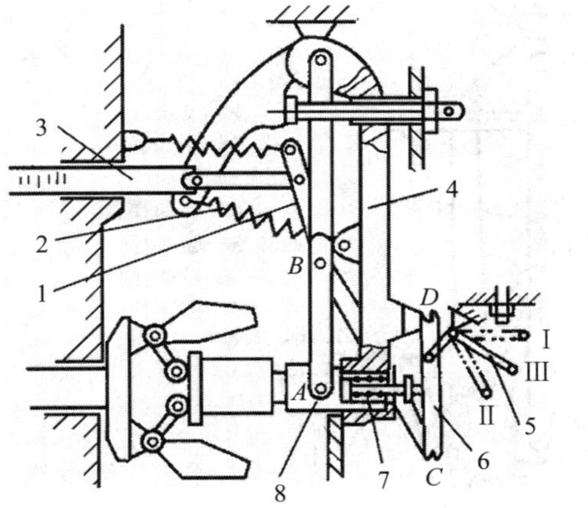

图 5-33

(2) 正常工作的供油调节。如图 5-34 所示，当柴油机超过怠速转速时，怠速弹簧完全被压入拉力杠杆内，滑套直接与拉力杠杆接触。由于拉力杠杆被很强的调速弹簧拉住，在转速低于最大工作转速(标定转速)的条件下，飞块的离心力不足以推动拉力杠杆，因此支点 *B* 就不会移动。只有改变控制杠杆的位置才可使供油齿杆左右移动，从而增加或减少供油量。由此可见，在全部中间转速范围内，供油量的调节是由驾驶员控制的，调速器不起作用。

如图 5-34 所示，例如将控制杠杆从怠速位置Ⅱ推到部分负荷位置Ⅲ时，支持杠杆绕 *D* 点转动，同时浮动杠杆绕 *B* 点逆时针转动，使供油拉杆左移，从而增加了供油量。

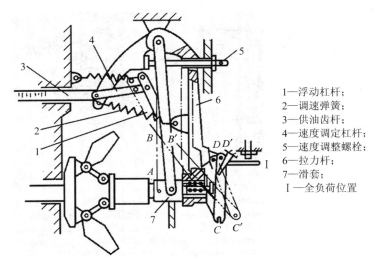

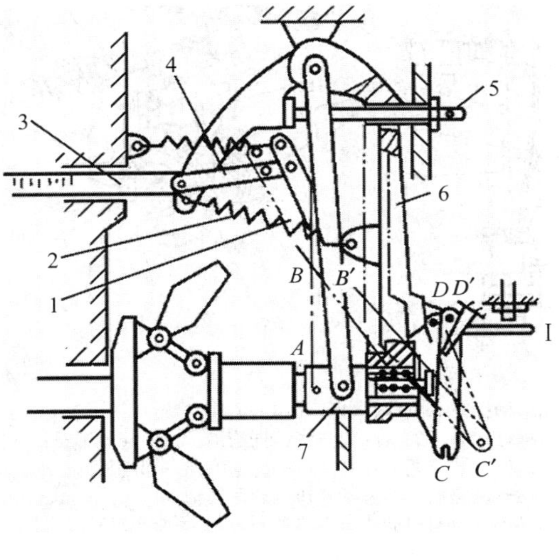

图 5-34

(3) 限制最高转速。如图 5-35 所示，不管柴油机是在部分负荷还是全负荷下工作，只要外界负荷的变化引起柴油机转速超过规定的最大转速，飞块的离心力就能克服调速弹簧的拉力，推动滑套和拉力杠杆右移，使支点 B 移到 B' 点，同时 D 移到 D' 点，C 移到 C' 点，结果使供油齿杆向右移动，供油量减少，从而保证柴油机的转速不会超过规定值。

利用调速螺栓改变调速弹簧的预紧力可调节柴油机的最高转速。

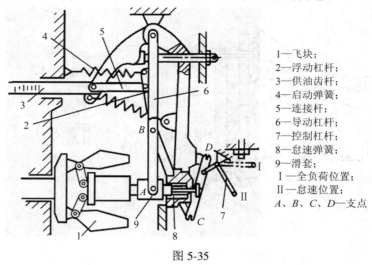

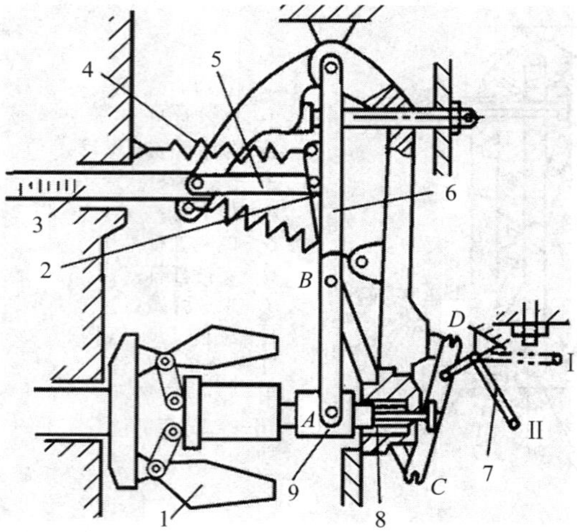

图 5-35

2. 全速式调速器

全速式调速器的基本结构如图 5-36 所示。它主要由传动组件(调速器轴、调速器传动齿轮)、感应组件(飞锤支架、飞锤、调速套筒)、调速杠杆组件(张力杆、调整杆、起动杆)、弹簧组件(调速弹簧、怠速弹簧、起动弹簧、回位弹簧)和调整螺钉(怠速调整螺钉、高速限止螺钉、油量调节螺钉)等组成。

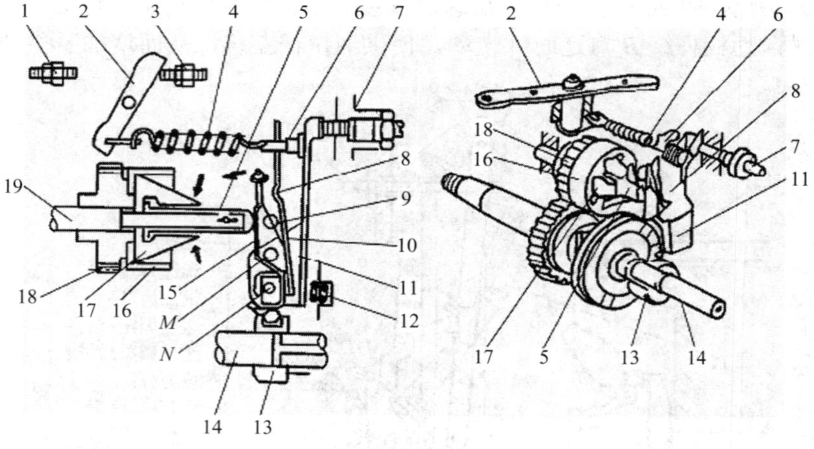

1—怠速调整螺钉；2—调速手柄；3—高速限止螺钉；4—调速弹簧；5—调速套筒；6—怠速弹簧；7—油量调节螺钉；8—张力杆；9—张力杆挡销；10—起动弹簧；11—调整杆；12—回位弹簧；13—油量调节套筒；14—柱塞；15—起动杆；16—飞锤支架；17—飞锤；18—调速器传动齿轮；19—调速器轴；M—调整杆支撑销轴(固定)；N—起动杆、张力杆及调整杆支撑销轴(可动)；

图 5-36

四块飞锤以相隔 90° 装配在飞锤支架上，并由调速器传动齿轮驱动，当飞锤转动时，受离心力作用向外飞开，使调速套筒向右移动。

调速套筒右端顶靠起动杆，起动杆下端的球头销嵌入油量调节套筒的凹槽内，用以调节油量调节套筒位置，改变供油量。

起动杆、张力杆和调整杆通过销轴 N 连在一起，并且可以分别绕销轴 N 摆动。调整杆通过销轴 M 固定在分配泵体上，其下端受回位弹簧推压，使上端紧靠油量调节螺钉上。

全程式调速器的工作过程如下：

(1) 怠速工况。柴油机怠速运转时，调速手柄推靠怠速调整螺钉，油量调节套筒左移至最小供油量位置，此时调速弹簧的张力几乎为零，调速器飞锤产生的离心力与怠速弹簧力相平衡。

当柴油机因摩擦阻力等原因而使转速下降时，则飞锤的离心力减小，上述平衡被破坏，在怠速弹簧的作用下，张力杆、起动杆以销轴 N 为支点逆时针摆动，油量调节套筒右移，供油量增加，使柴油机转速回升，保持怠速稳定，防止熄火。相反，若柴油机因某些原因而使转速上升时，调速器动作与上述相反，会自动减少油量，以保持怠速稳定。

(2) 部分负荷及标定工况。调速手柄处于怠速调整螺钉和高速限止螺钉之间的任一位置，发动机在部分负荷下工作，调速弹簧对拉力杆的拉力与调速器飞锤离心力的轴向分力保持平衡，油量调节套筒也稳定在某一中间供油量位置，发动机在某一中间转速稳定工作。

工作中，若发动机外界负荷减小，发动机转速就会升高，飞锤离心力增大，原有的平衡被破坏，将克服调速弹簧拉力，使调速滑套右移，推动起动杆、张力杆以销轴 N 为支点顺时针摆动，油量调节套筒左移，供油量减少，使柴油机转速回落，保持转速基本稳定。相反，若发动机外界负荷增加，则调速过程相反，使供油量增加，以适应外界负荷增加的需要，保持转速基本稳定。

(3) 高速控制。当发动机在标定工况下完全卸载时，发动机转速急速升高，达到最高空转转速，飞锤离心力达到最大值，克服调速弹簧拉力，推动起动杆、张力杆以销轴 N 为支点顺时针摆动，油量调节套筒左移，供油量减少，从而使柴油机转速回落，防止发动机转速进一步升高而造成“飞车”。

二、任务实施

(一) 任务内容

(1) 调速器检查。

(2) 调速器调试。

(二) 任务实施准备

(1) 器材与设备：实训发动机拆装台架、喷油泵试验台、套装工具、清洁工具等。

(2) 参考资料：《汽车构造拆装与维护保养实训》、发动机维修手册。

(三) 任务实施步骤

(1) 清洁调速器。

(2) 检查调速器零部件。

① 检查调速器飞块的铰接处(如调速器飞块轴及轴套、滚轮轴及轴孔等)，磨损严重应

予以更换。

② 检查所有杆件的铰接处，磨损超过要求应更换或检修。若杆件有变形，应予以校正，甚至更换。

③ 检查各调速器弹簧，如变形、刚度减弱等应予以更换。

④ 检查所有的轴承与衬套，若超过要求应予以更换。

(3) 调试调速器。调速器的调试应在喷油泵试验台上进行。调速器型号不同，调试参数和方法也不同。以汽车常见的两速式机械调速器为例，一般调试步骤如下：

① 在调试调速器前，应确定供油齿杆的零点位置，完成供油正时精调和各种供油量的粗调。

② 高速控制的调整。将节流阀操纵臂固定在全负荷位置，使泵转速逐渐上升，当达到比额定转速大 10 r/min 时，供油齿杆应开始向减油方向移动，若不符合要求，则应当调整最高转速调节螺钉。继续提高转速，当达到比额定转速大 100～120 r/min 时，供油齿杆应能向减油方向移动至零点位置而使供油完全停止。如不能停油，说明调速弹簧已变软。继续增速至比额定转速大 150 r/min，若仍不能停油则应更换调速弹簧。

③ 怠速控制的调速。把节流阀操纵臂置怠速位置，使喷油泵在低于怠速的转速下。然后，逐渐加速，并观察供油齿杆的位置变化，当向减油方向移动时，这时的转速就是低速控制起作用的转速。此转速应不高于柴油机怠速所规定的转速。继续加速，供油齿杆还会向减少供油方向移动。当这种移动停止时，即为调速器低速作用终止的转速，此时供油应当停止，超出的转速值不大于 200 r/min 为正常。若不符，则调整怠速弹簧总成的旋进位置(在调节怠速弹簧时，与供油齿杆相对的稳速弹簧应完全放松，使之不起作用)。

如经反复调整后仍不能达到要求，可适当调整齿杆行程调整螺栓(但调整过此螺栓后，全负荷供油量会发生变化，需作适当处理)。

④ 稳速弹簧的调整。稳速弹簧能在柴油机急剧减速时，迅速地把供油齿杆推回到怠速位置。当调速器怠速控制调整好后，在怠速下，旋进稳速弹簧螺钉，使供油齿杆位置增加 0.5 mm，然后加以紧固即可。

⑤ 止动螺栓的调整。调整好稳速弹簧后，记下怠速时供油齿杆的位置，然后停机。

将油门操纵臂向停油方向扳动，当供油齿杆退至比怠速时的位置短 1 mm 时，不再继续扳动操纵臂，并旋进止动螺栓，在同油门操纵臂接触处，将止动螺栓予以紧固。

⑥ 校正装置的调试。若有特殊的需要(为提高柴油机中、低速转矩)，可以在调速器内加装校正弹簧总成，这是在高、低速控制已调好后才进行的项目。调试时，将油门操纵臂扳向最大供油位置，使喷油泵转速控制在额定转速的 60%～70%处，旋入校正弹簧总成，使供油齿杆略向加油方向移动即可。旋进程度以需要增加多少供油量而定，而校正装置起作用的范围，可通过调整校正弹簧的预压量来改变。

三、拓展知识

(一) 发动机运转均匀、无高速、排气管排气量少

1. 故障现象

汽车行驶的动力不足，加速不灵敏，踩下加速踏板后，转速不能提高到规定值，且排

气管排气量过少。

2. 故障原因

(1) 加速踏板的拉杆行程不能保证供给最大供油量。

(2) 调速器调整不当或调速弹簧过软、折断，使喷油泵不能保证最大供油量。

(3) 喷油泵油量调节拉杆(或齿条)达不到最大供油位置。

(4) 喷油泵出油阀密封不良。

(5) 喷油泵柱塞磨损过大、粘滞或弹簧折断。

(6) 输油泵工作不良致使供油不足。

(7) 低压油路堵塞致使供油不足。

(8) 油箱至输油泵的管路漏气，使油路中进入空气等。

(9) 喷油器喷油不正常。

(10) 柴油牌号不当。

(11) 空气滤清器、排气管消声器堵塞。

(二) 发动机运转不均匀且排气管排黑烟

1. 故障现象

发动机动力不足、运转不均匀，且排气管排黑烟，加速时出现敲击声。

2. 故障原因

(1) 空气滤清器严重堵塞，造成进气量不足。

(2) 喷油泵供油量过多或各缸供油的不均匀度太大。

(3) 喷油器的喷雾质量不佳或喷油器滴油。

(4) 供油时间过早。

(5) 气缸的压缩压力不足。

(6) 柴油质量低劣。

(三) 发动机超速

1. 故障现象

柴油发动机在汽车运行中或自身空转中，尤其是全负荷或超负荷运转突然卸载后，转速自动升高，超过额定转速而失去控制。

2. 故障原因

(1) 加速踏板拉杆或喷油泵供油调节齿杆卡滞，使其在额定供油位置上回不来。

(2) 油量调节齿杆和调速器拉杆脱节。

(3) 柱塞的油量调节齿圈固定螺钉松动，使柱塞失去控制。

(4) 调速器的高速限制螺钉或最大供油量调整螺钉调整不当。

(5) 调速器内润滑油过多或机油太脏、黏度过大，使飞锤甩不开。

(6) 调速器因飞锤组件卡阻、锈污、松旷或解体等原因失去效能或效能不佳。

任务四　电子控制柴油喷射系统

知识目标

□ 掌握电子控制高压共轨式柴油喷射系统的组成。
□ 掌握电子控制高压共轨式柴油喷射系统主要组件的结构和工作过程。

技能目标

□ 掌握柴油机的维护过程与规范。

一、基础知识

为了遵守柴油机排放法规，进一步提高柴油经济性，提高安全驾驶性能等，从20世纪80年代开始，电子控制系统在柴油机上得到了广泛的使用，到目前为止已经经历了三代变化。第一代为位置控制系统，也称为泵-管-嘴电子控制柴油喷射系统；第二代为时间控制系统，也称为泵喷嘴电子控制柴油喷射系统；第三代为直接数控系统，也称为电子控制高压共轨式柴油喷射系统。电子控制高压共轨式柴油喷射系统由高压油泵把高压柴油输送到公共供油管，通过对公共供油管内的油压实现精确控制，使高压油管压力大小与发动机的转速无关，以大幅度减小柴油机供油压力随发动机转速的变化，从而改善了传统柴油机的性能。是目前柴油机供油技术的发展主流。

（一）泵-管-嘴电子控制柴油喷射系统

泵-管-嘴电子控制柴油喷射系统通过对滑套位置进行电子控制，从而控制柴油的喷射量。ECU根据油门传感器、转速传感器以及油温、水温传感器所传来的发动机工况信息，进行实时优化计算得到油量和提前角控制值，以驱动执行机构调节供油量和提前角。同时该电控系统具备通信接口，以便同其他ECU或上位机进行通信以及故障诊断和处理，控制原理如图5-37所示。

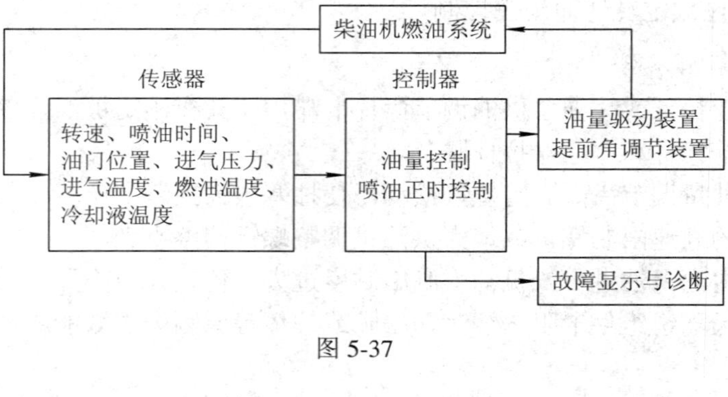

图 5-37

1. 喷油量控制

喷油量控制的执行器是旋转电磁铁，负责监测油量的传感器是半差动角度传感器。电控分配泵采用控制套作为回油孔开启的控制装置，当控制套的位置变化时，回油孔与油泵内腔相通的时间也随之变化，这就可以调节喷油量的大小。控制套的位置由半差动角度传感器测定。半差动角度传感器将旋转电磁铁的位置传回 ECU，从而进行供油量的闭环控制。ECU 需要采集油门位置信号和转速信号进行基本信号的查询，同时需要冷却液温度信号、机油温度信号、执行器位置反馈信号进行油量的调整和反馈控制。

2. 供油提前角的控制

供油提前角的控制同样需要油门和转速这两个工况判断信号，供油提前角是由高速电磁阀控制的。高速电磁阀用于调节活塞顶部压力的大小，在某一周期内完成“打开–保持–泄油–关闭”的动作，从而达到精确控制喷油正时的目的。ECU 根据检测到的相关信号计算出相应的喷油提前补偿量。

(二) 泵喷嘴电子控制柴油喷射系统

泵喷嘴电子控制柴油喷射系统柴油发动机与普通的柴油发动机相比，采用了高压泵喷嘴、喷嘴增压和废气再循环(EGR)等世界上最前沿的技术，使汽车的动力性、柴油经济性、环保性、整车行驶的平顺性、冷起动性和安全可靠性等达到了一个全新的高度。特别是其泵喷嘴技术，改善了直喷式工作的部分缺陷，使发动机的运转更加平稳，一改人们心目中柴油发动机震动和噪声比较大的印象。其供油系统如图 5-38 所示。

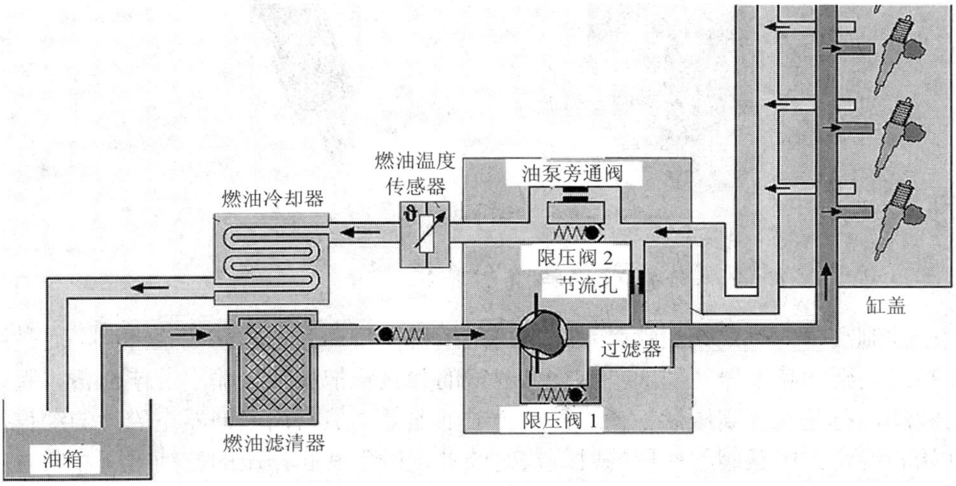

图 5-38

泵喷嘴电子控制柴油喷射系统的特点：

(1) 泵喷嘴系统由喷油泵电控单元、喷嘴组合在一起(见图 5-39)。发动机的每个缸都有一个泵喷嘴，不需要高压管或分配式喷射泵，因而避免了高压油管中的压力脉动，进而可以精确控制喷射循环。泵喷嘴系统能够产生所需要的高喷射压力，能按正确的时间和正确的喷油量进行喷射。

(2) 泵喷嘴直接集成在气缸盖上，与分配式喷射系统的缸盖相比，泵喷嘴式喷射系统的缸盖有很大变化，其安装位置比较高。

(3) 泵喷嘴通过卡块固定在缸盖上。泵喷嘴应安装准确，若泵喷嘴与缸盖不垂直，则紧固螺栓会松动，造成泵喷嘴或缸盖损坏。

(4) 凸轮轴配有辅助凸轮来驱动泵喷嘴并通过滚柱式摇臂来驱动泵喷嘴的泵活塞。

(5) 在供油循环期间，泵活塞在活塞弹簧压力的作用下移动，使高压腔的内容积扩大。由于泵喷嘴电磁阀没有动作，电磁阀针阀处于静止位置，因此供油管到高压腔内的通道打开，柴油流进高压腔。

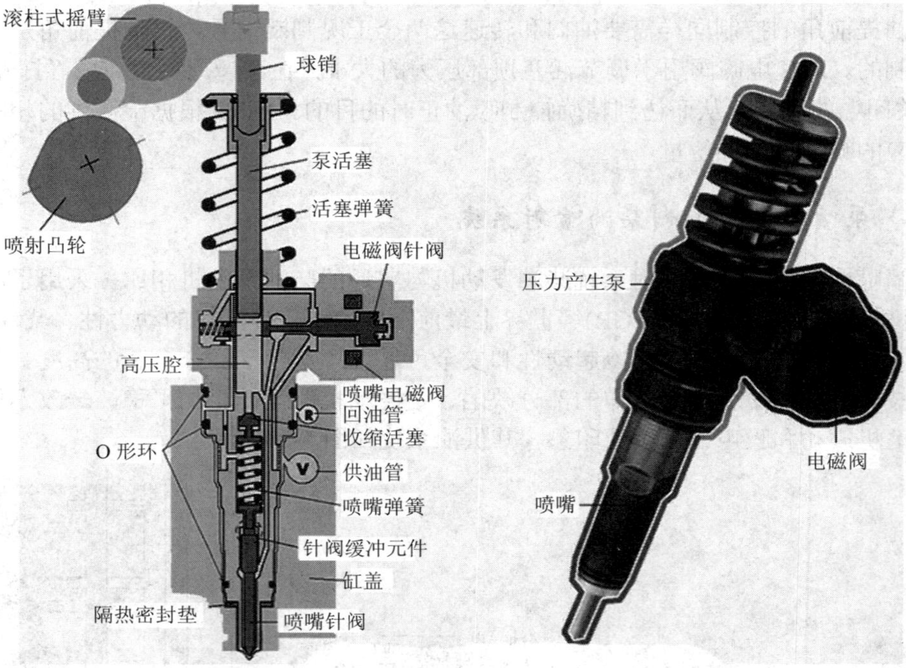

图 5-39

(三) 电子控制高压共轨式柴油喷射系统

电子控制高压共轨式柴油喷射系统不再采用机械喷油系统的柱塞泵供油，而是用一个设置在高压油泵和喷油器之间的具有较大容积的共轨管把压油泵输出的柴油蓄积起来并抑制压力波动，再通过各高压油管输送到每个喷油器上，然后由喷油器电磁阀的动作控制喷射的开始和终止。电磁阀起作用的时刻决定喷油定时，其起作用的持续时间和共轨压力共同决定喷油量。由于这种系统采用压力-时间式柴油计量原理，因此又可称为压力-时间控制式电控喷射系统。

电子控制高压共轨式柴油喷射系统的组成(见图 5-40)分为四个部分：柴油低压子系统，包括油箱、输油泵、滤清器和低压回油管；共轨压力控制子系统，包括高压喷油泵、高压油管、共轨、共轨压力传感器，以及提供安全保障的安全溢流阀和流量限制阀；柴油喷射控制子系统，包括带有电磁阀的喷油器、凸轮轴和曲轴位置传感器等；发动机电子控制系统，包括电子控制单元(ECU)和发动机的各种传感器。

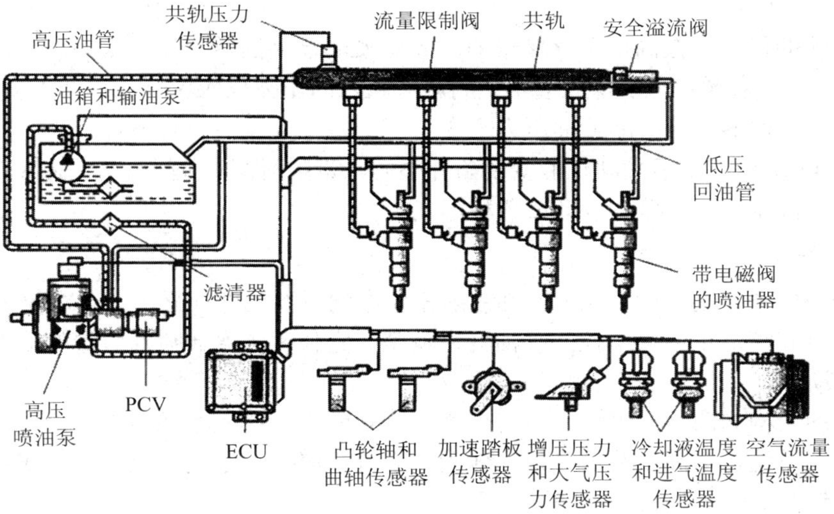

图 5-40

电子控制高压共轨式柴油喷射系统除了高压喷油泵、高压共轨和喷油器，其它组成部分与汽油机电子控制系统类似。

1. 高压喷油泵

高压喷油泵用于产生高压油。它采用三个径向布置的柱塞泵油元件，相互错开 120°，由偏心轮驱动(见图 5-41)，出油量大，受载均匀。

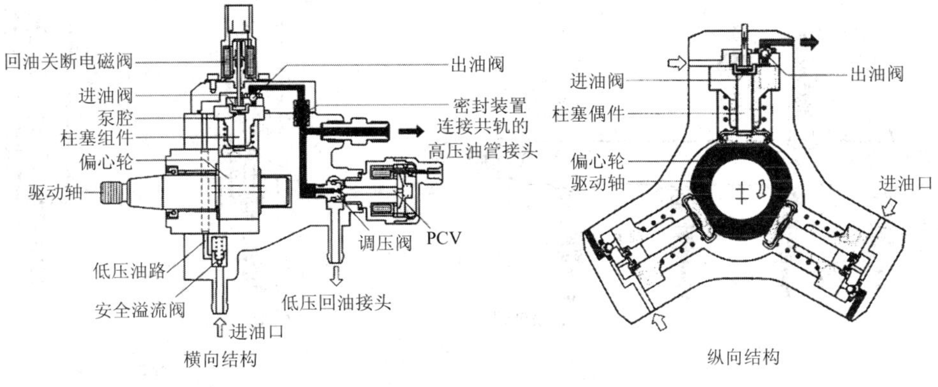

图 5-41

工作时，从输油泵来的柴油流过安全溢流阀，一部分经节流小孔流向偏心轮室供润滑冷却用，另一部分经低压油路进入柱塞室。当偏心轮转动导致柱塞下行时，进油阀打开，柴油被吸入柱塞室；当偏心轮顶起时，进油阀关闭，柴油被压缩，压力剧增，达到共轨压力时，顶开出油阀，高压油被送去共轨管。

在怠速或小负荷时，输出油量有剩余，可以经调压阀流回油箱；也可以通过控制电路使回油关断电磁阀通电，使电枢上的销子下移，顶开进油阀，切断某缸柱塞供油，以减少供油量和功率损耗。

2. 高压共轨

高压共轨的任务是在高压下存储柴油。高压喷油泵供油及喷油产生的压力波动由共轨容积来缓冲，甚至在输出较大柴油量时，高压共轨内的压力也应保持在近似不变的数值上，从而确保所有喷油器打开时的喷油压力不变。

如图 5-42 所示，由于发动机的安装条件不同，带限流阀(可选装)并安装共轨压力传感器、调压阀及限压阀的共轨可设计成各种形式。

3. 喷油器

喷油器是电子控制高压共轨式柴油喷射系统中的重要元件，采用的是电磁喷油器。

喷油始点和喷油量用可电控的喷油器来调整，它代替了普通喷油装置的喷油器体组件(喷油嘴和喷油器体)。

喷油器的结构如图 5-43 所示，它可分为三个功能组件：针阀、液压伺服系统和电磁阀。其中液压伺服系统包括高压柴油接口、球阀、溢流节流孔、进油节流孔、柱塞控制腔、控制柱塞、去针阀的高压油路和柴油回路等。

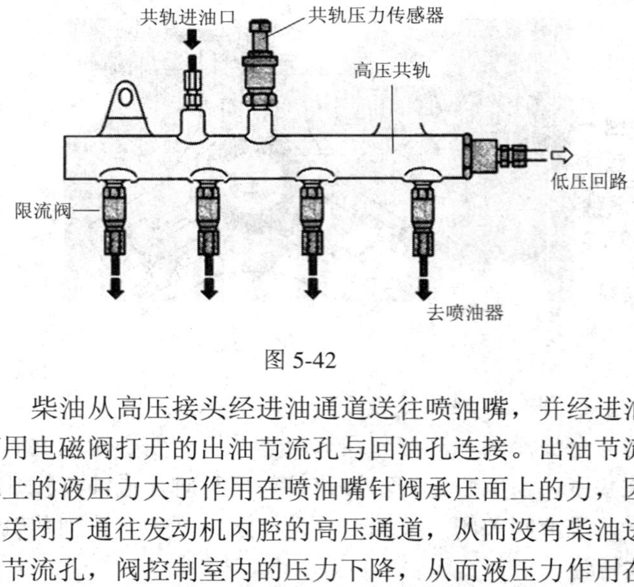

图 5-42

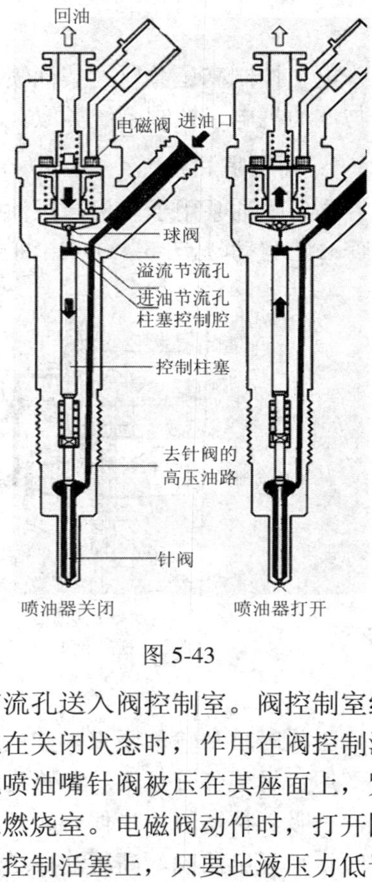

图 5-43

柴油从高压接头经进油通道送往喷油嘴，并经进油节流孔送入阀控制室。阀控制室经可用电磁阀打开的出油节流孔与回油孔连接。出油节流孔在关闭状态时，作用在阀控制活塞上的液压力大于作用在喷油嘴针阀承压面上的力，因此喷油嘴针阀被压在其座面上，紧紧关闭了通往发动机内腔的高压通道，从而没有柴油进入燃烧室。电磁阀动作时，打开回油节流孔，阀控制室内的压力下降，从而液压力作用在阀控制活塞上，只要此液压力低于作用在喷油嘴针阀承压面上的力，喷油嘴针阀立即打开，柴油可通过喷孔进入燃烧室。电磁阀不能直接产生迅速关闭针阀所需的力，因此，使用液力放大系统间接控制针阀关闭。

除了喷入的柴油量之外，附加的控制油量经控制室的节流孔进入回油通道，还有针阀导向和阀活塞导向部分的泄油。这种控制油量和泄油量经带有集油管(溢流阀、高压泵和调压阀也与集油管接通)的回油通道回流到油箱。

4. 共轨压力传感器

共轨压力传感器的作用是以足够的精度，在相应较短的时间内测定共轨中的实时压力，按相应压力向 ECU 提供一个电压信号。

如图 5-44 所示，共轨压力传感器由一个带有传感元件的膜片、一块带求值电路的电路板和带线束接头的传感器外壳等组成。

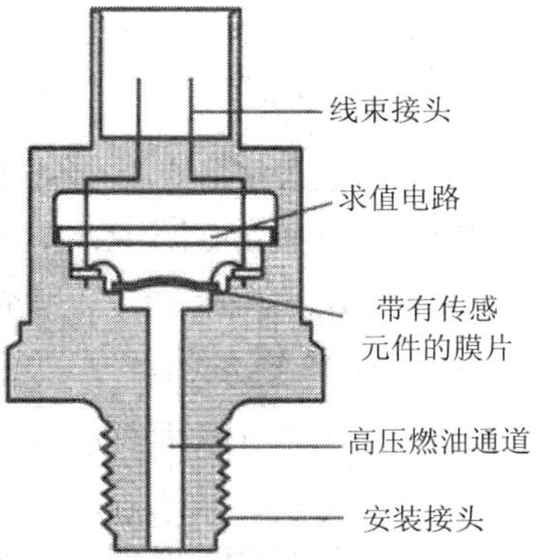

图 5-44

共轨中的柴油经高压柴油通道流向共轨压力传感器，在柴油压力作用下膜片产生变形(在此膜片上装有传感元件，用以将压力转换为电信号)、产生信号，然后将信号传送到一个向 ECU 提供加强测量信号的求值电路。

当膜片形状改变时，膜片上涂层的电阻发生变化。这种由建立的系统压力引起的膜片形状变化(压力为 1504 bar 时形状变化约为 1 mm)促使电阻改变，并在用 5 V 供电的电阻电桥中产生电压变化。此电压在 0～70 mV 左右，由求值电路放大到 0.5～4.5 V。精确测量共轨中的压力是喷油系统正常工作的保证。为此，压力传感器在测量压力时允许的偏差很小。当共轨压力传感器失效时，具有应急行驶功能的调压阀以固定的预定值进行空载控制。

二、任务实施

(一) 任务内容

(1) 电子控制高压共轨式柴油喷射系统的主要组件识别。
(2) 柴油机燃料供给系统的维护。

(二) 任务实施准备

(1) 器材与设备：实训发动机台架、套装工具、清洁工具等。
(2) 参考资料：《汽车构造拆装与维护保养实训》、发动机维修手册。

(三) 任务实施步骤

1. 识别电子控制高压共轨式柴油喷射系统的主要组件

对照实训发动机台架，识别电子控制高压共轨式柴油喷射系统的高压喷油泵、高压共轨、共轨压力传感器、电磁喷油器等。

2. 维护柴油机燃料供给系统

(1) 检查系统的各紧固螺钉(喷油泵的紧固螺钉、喷油器的紧固螺钉或螺母、联轴器的连接螺钉、各缸高压油管的连接螺母以及喷油泵壳体上的外部螺钉、螺母)有无松动。

(2) 检查系统的密封状况，各接头、油管不能有漏油、进气现象。

(3) 检查润滑状况。每天应检查喷油泵、调速器、供油提前装置中的润滑油质量和数量。

三、拓展知识

(一) 柴油机工作粗暴

1. 故障现象

(1) 发动机发出有节奏的(清脆的)金属敲击声，急加速时响声更大，且排气管冒黑烟。

(2) 气缸内发出低沉、不清晰的敲击声。

(3) 敲击声没有节奏并排有黑烟。

2. 故障原因

(1) 喷油时间过早或过迟。

(2) 喷油雾化不良。

(3) 进气通道堵塞或空气滤清器堵塞造成进气不足。

(4) 各缸喷油不均，个别缸的供油量过大。

(5) 喷油器滴油，相对喷油量增加。

(6) 选用的柴油牌号不当。

(7) 发动机温度过低。

(二) 柴油机“游车”

1. 故障现象

发动机在中、低速范围内运转，加速踏板保持在某一位置不变时，发动机转速产生忽高忽低的变化。

2. 故障原因

(1) 柴油机燃料供给系统的油路内进入空气，使供油不稳定。

(2) 喷油泵偶件磨损不均，使供油不均。

(3) 调速器调整不当，各连接件不灵活或间隙过大。

(4) 供油齿杆与齿圈(或供油拉杆与拨叉)、柱塞与柱塞套筒紧滞，使供油齿杆(或供油拉杆)移动阻力增大，引起其活动不灵敏。

(5) 凸轮轴的轴向间隙过大，造成径向间隙也增大，这样喷油泵泵油时，凸轮轴受脉冲振动，其振动又直接传递到调速器中的飞球或飞块，引起飞球支架跳动，从而使供油齿杆来回抖动。

思　考　题

1. 简述柴油机燃料供给系统的作用。
2. 简述柴油机燃料的燃烧过程。

3. 简述柴油机混合气的特点与形成方式。
4. 简述柴油机燃烧的类型与结构。
5. 简述输油泵的结构与工作过程。
6. 简述柱塞式喷油泵的结构与工作过程。
7. 简述油量调节机构的类型与工作过程。
8. 简述柴油机喷油器的类型与工作过程。
9. 简述调速器的类型与工作过程。
10. 简述电子控制高压共轨式柴油喷射系统的组成与工作过程。

项目六　汽油机点火系统

汽油机在压缩接近上止点时，火花塞点燃可燃混合气，从而燃烧对外作功。因此，汽油机的燃烧室中都装有火花塞。能够在火花塞两电极间产生电火花的全部设备称为发动机点火系统。

当在火花塞两电极间加上直流电压并且电压升高到一定值时，火花塞两电极之间的间隙就会被击穿而产生电火花。能够在火花塞两电极间产生电火花所需要的最低电压称为击穿电压。

汽油发动机点火系统经历了传统点火系统、电子点火系统、微机控制电子点火系统的发展过程。传统点火系统采用机械触点，容易烧蚀，点火正时不稳定，火花能量小，高速点火性能差，不能满足发动机向高转速、高压缩比、稀混合气燃烧等方面发展的要求，尤其是汽车排放的严格要求，现已基本淘汰。随着电子技术的发展，人们研制和开发了一系列高性能的电子点火系统，目前汽车上普遍采用的是微机控制电子点火系统。

任务一　无触点电子点火系统

知识目标

- 掌握无触点电子点火系统的组成。
- 掌握无触点电子点火系统主要组件的结构和工作过程。

技能目标

- 掌握无触点电子点火系统的检测过程及规范。

一、基础知识

传统点火系统工作时，断电器触点断开瞬间，会在触点处产生火花，烧损触点。当火花塞积炭时，易漏电，次极电压上不去，不能可靠地点火，产生高速缺火现象。无触点电子点火系统克服了这些缺点，具有较强的跳火能力，使点火可靠。

无触点电子点火系统利用传感器代替断电器触点，产生点火信号，控制点火线圈的通断和点火系统的工作，可以克服与触点相关的一切缺点。无触点电子点火系统主要由点火信号发生器(传感器)、点火控制器、点火线圈、分电器、火花塞等组成(见图 6-1)。

(一) 点火信号发生器

点火信号发生器的作用是产生与发动机曲轴位置相应的磁感应电压脉冲信号，并输入给点火器作为点火控制信号。它安装在分电器内，由分电器轴驱动。

常见的点火信号发生器(传感器)有电磁式、霍尔效应式和光电式。因此，无触点电子点火系统按照点火信号发生器(传感器)的形式分为电磁式电子点火系统、霍尔效应式电子点火系统、光电效应式电子点火系统三种。

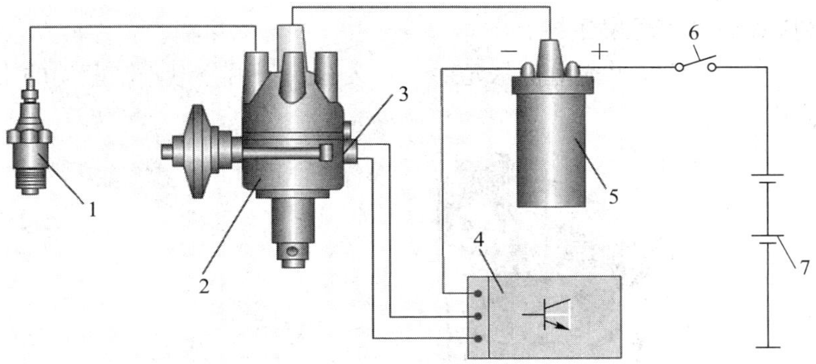

1—火花塞；2—分电器；3—点火信号发生器；4—点火控制器；5—点火线圈；6—点火开关；7—电源

图 6-1

1. 电磁式点火信号发生器

电磁式点火信号发生器(见图 6-2)由信号转子和感应器两部分组成。信号转子由分电器轴驱动，其转速与分电器轴相同；感应器固定在分电器底板上，由永久磁铁、铁芯和绕在铁芯上的电磁线圈组成。信号转子的外缘有凸齿，凸齿数与发动机的气缸数相等。

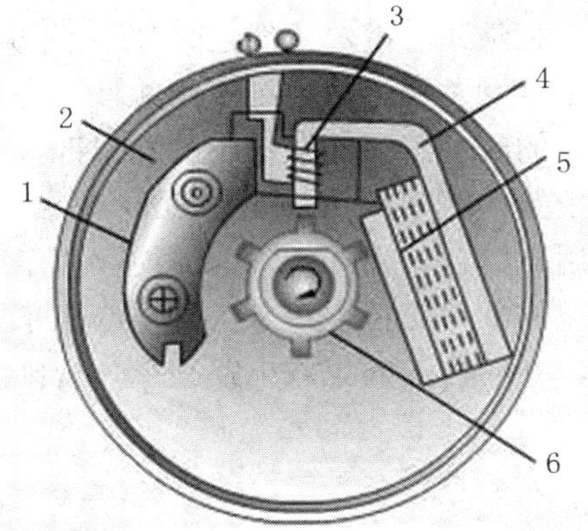

1-底板；2-活动底板；3-感应线圈；4-铁芯；
5-永久磁铁；6-信号转子

图 6-2

工作原理见“汽油机燃料供给系统中的曲轴凸轮轴位置传感器”。

电磁式点火信号发生器的主要优点是结构简单，便于批量生产，并且工作性能稳定，耐高温性能良好，适用于各种环境条件下的工作，应用十分广泛。

电磁式点火信号发生器的主要缺点是其点火信号发生器输出的点火信号电压幅值和电压波形与发动机转速关系很大，点火信号电压可在 0.5～100 V 之间变化。在低速尤其是起动时，点火脉冲信号较弱，如与之配套的点火电子组件没有足够的灵敏度，会使低速时点火性能变差而影响起动性能。转速变化时，由于信号电压波形上的变化，点火提前角和闭合角也会发生一定程度的变化，且不易精确控制。

2. 霍尔效应式点火信号发生器

霍尔效应式点火信号发生器由霍尔元件、永久磁铁和由分电器轴驱动的带缺口的触发叶轮等组成(见图 6-3)。

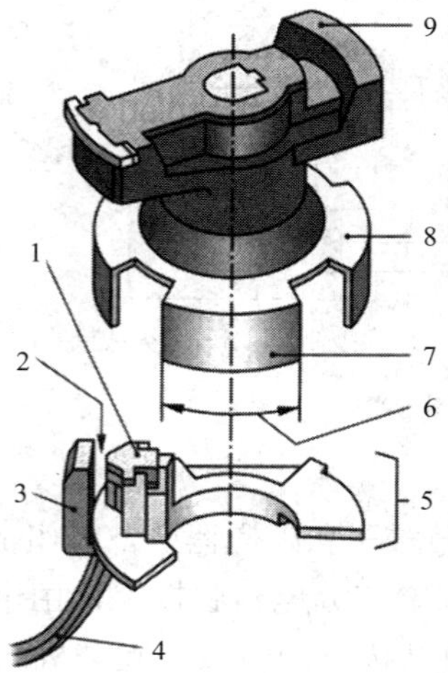

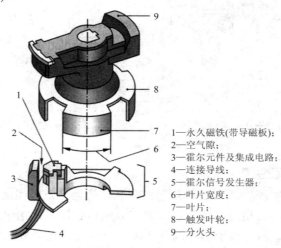

1—永久磁铁(带导磁板)；
2—空气隙；
3—霍尔元件及集成电路；
4—连接导线；
5—霍尔信号发生器；
6—叶片宽度；
7—叶片；
8—触发叶轮；
9—分火头

图 6-3

当触发叶轮的叶片进入永久磁铁与霍尔元件之间时(见图 6-4(a))，永久磁铁的磁力线被转子叶片旁路，不能作用到霍尔触发器上，通过霍尔元件的磁感应强度近似为零，霍尔元件不产生电压；随着触发叶轮的转动，当触发叶轮的缺口部分进入永久磁铁与霍尔元件之间时(见图 6-4(b))，磁力线穿过缺口作用于霍尔元件上，通过霍尔元件的磁感应强度增高，在外加电压和磁场的共同作用下，霍尔元件的输出端便有霍尔电压输出。发动机工作时，触发叶轮不断旋转，触发叶轮的缺口交替地在永久磁铁与霍尔触发器之间穿过，使霍尔触发器中产生变化的电压信号，并经内部的集成电路整形为规则的方波信号，输入点火控制电路，控制点火系统工作。

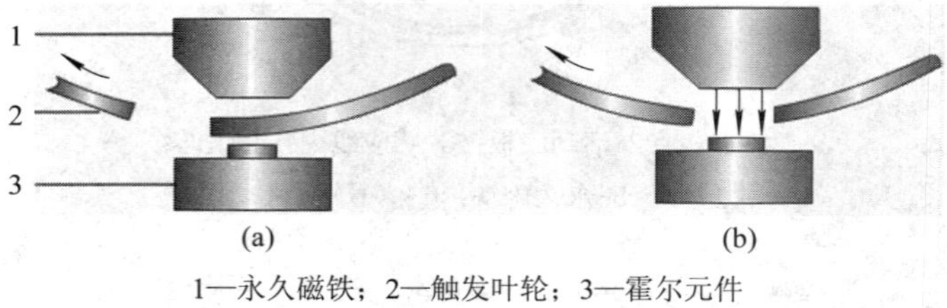

1—永久磁铁；2—触发叶轮；3—霍尔元件

图 6-4

与电磁式点火信号发生器相比，霍尔效应式点火信号发生器由于点火信号发生器输出的点火信号幅值、波形不受发动机转速的影响，即使发动机转速很低，也能输出稳定的点火信号，因此它的低速性能好，有利于发动机的起动，并且发动机在任何工况下，霍尔效应式点火信号发生器均能输出矩形波信号，故点火正时精度高且易于控制。另外，霍尔效应式点火信号发生器无需调整，不受灰尘、油污的影响，使得霍尔效应式电子点火装置的工作性能更加可靠、寿命长，应用越来越广泛。

3. 光电效应式点火信号发生器

光电效应式点火信号发生器是利用光电效应原理，以可见光光束进行触发的。其结构如图 6-5 所示。

光电效应式点火信号发生器安装在分电器壳体内，由发光二极管、光敏三极管、遮光盘、信号电路等组成(见图 6-6)。

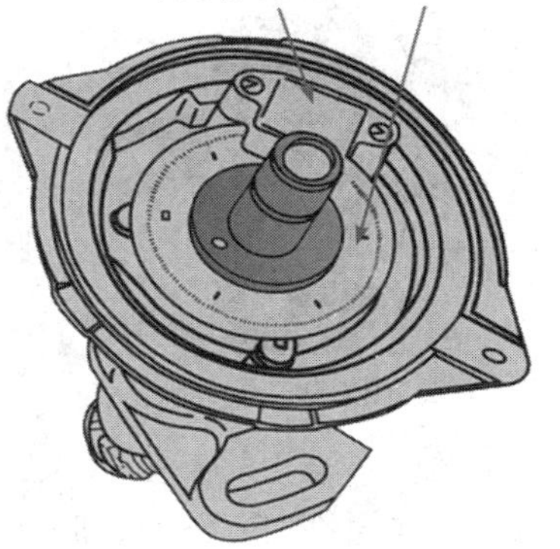

图 6-5

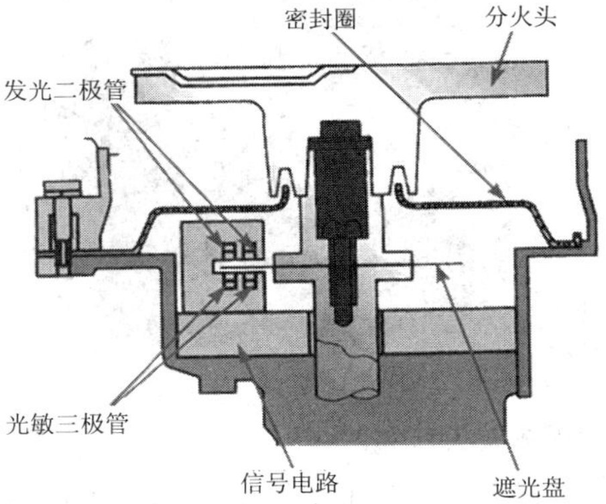

图 6-6

遮光盘安装在分电器轴上，位于分火头下面，随分电器轴一起转动。它的外围均布有 360 条缝隙，这缝隙即是光孔，产生 1° 信号。对于六缸发动机，在遮光盘外围稍靠内的圆上，间隔 60° 分布六个光孔，产生 120° 曲轴转角信号，其中有一个较宽的光孔是产生第一缸上止点对应的 120° 信号缝隙(见图 6-7)。

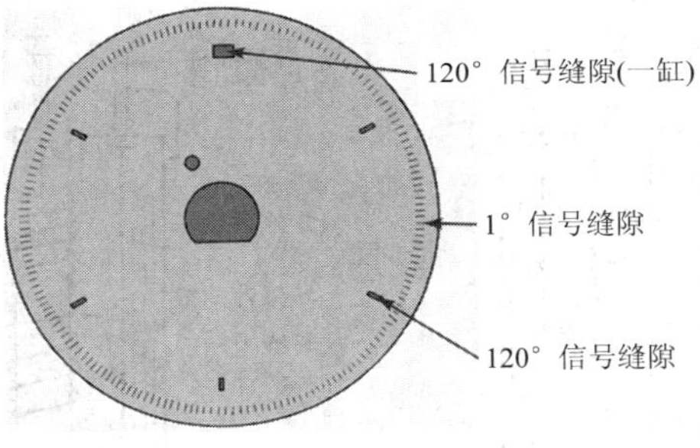

图 6-7

当遮光盘随分电器轴转动时，光源发出的射向光接收器的光束被遮光盘交替挡住，因而光敏三极管交替导通与截止，形成电脉冲信号，该电信号引入点火控制器即可控制初级电流的通断，从而控制点火系统的工作。遮光盘每转一圈，光接收器输出的电信号的个数等于发动机气缸数，正好供每缸各点火一次。

(二) 点火控制器

点火控制器(见图 6-8)的作用是将从点火信号发生器收到的信号进行整形、放大以控制点火线圈一侧电路的通断。它具有初级电流上升率的控制、闭合角控制、停车断电保护和过电压保护等功能。

(三) 点火线圈

点火线圈(见图 6-9)是将电源低压电转变成点火所需的高压电的基本元件。常用的点火线圈分为开磁路和闭磁路两种形式。

图 6-8

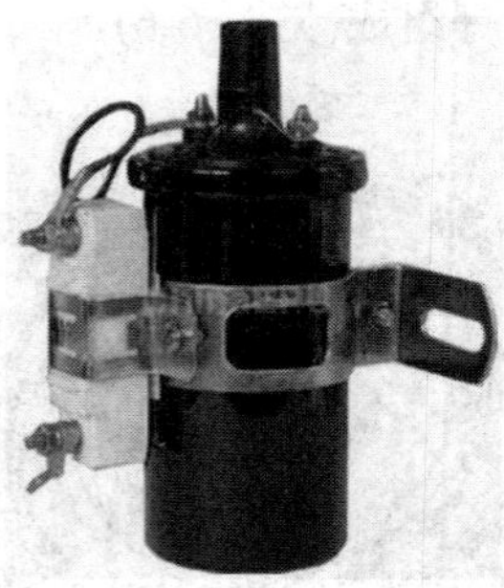

图 6-9

1. 开磁路点火线圈

传统的开磁路点火线圈的基本结构如图 6-10 所示，主要由铁芯、绕组、胶木盖、瓷杯等组成。

开磁路点火线圈的铁芯用 0.3～0.5 mm 厚的硅钢片叠成，铁芯上绕有初级绕组和次级绕阻。次级绕阻居内，通常用直径为 0.06～0.10 mm 的漆包线绕 11 000～26 000 匝；初级绕组居外，通常用 0.5～1.0 mm 的漆包线绕 230～370 匝。

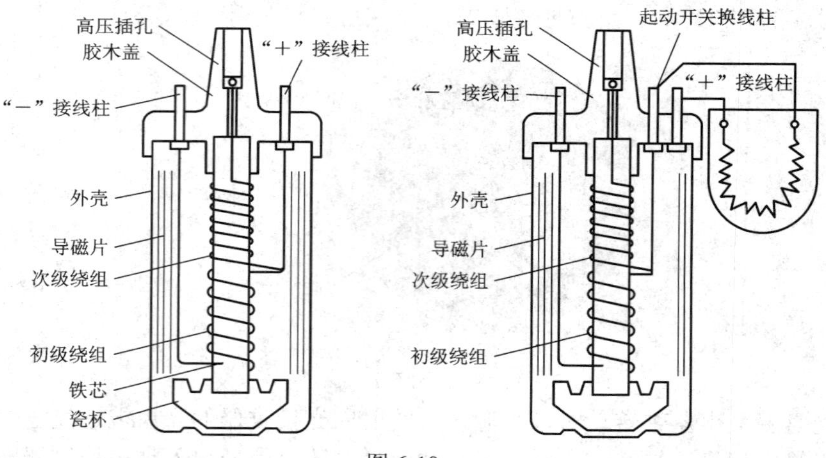

图 6-10

当初级电阻通电时，铁芯被磁化，形成磁路。由于开式线圈漏磁损失较多，因此这种开磁路的点火线圈初级、次级能量转换效率不高(60%左右)。

2. 闭磁路点火线圈

闭磁路点火线圈如图 6-11(a)所示。在闭磁路点火线圈中，初级绕组和次级绕组绕在口字形(见图 6-11(b))或日字形(见图 6-11(c))的铁芯上。使初级绕组在铁芯中产生的磁通形成闭合磁路，减少磁路损失，从而提高次级电压。

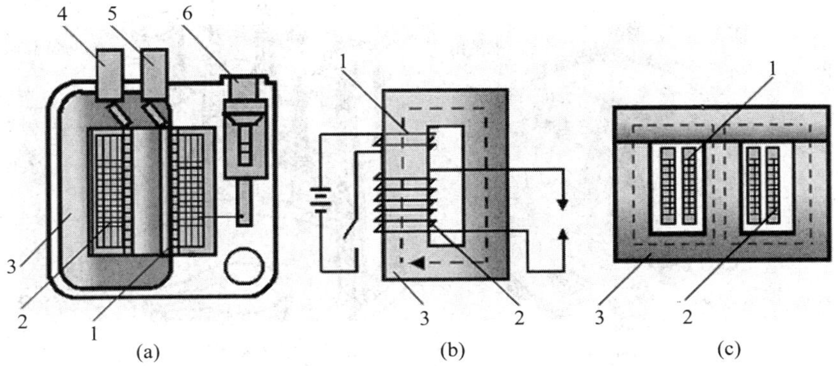

1—初级绕组；2—次级绕组；3—铁芯；4—正接线柱；5—负接线柱；6—高压插孔

图 6-11

（四）分电器

分电器的作用是按照发动机要求的点火时刻和点火顺序，将点火线圈产生的高压电分配到相应气缸的火花塞上。

分电器主要由断电器、配电器、电容器和点火提前调节装置等组成(见图 6-12)。

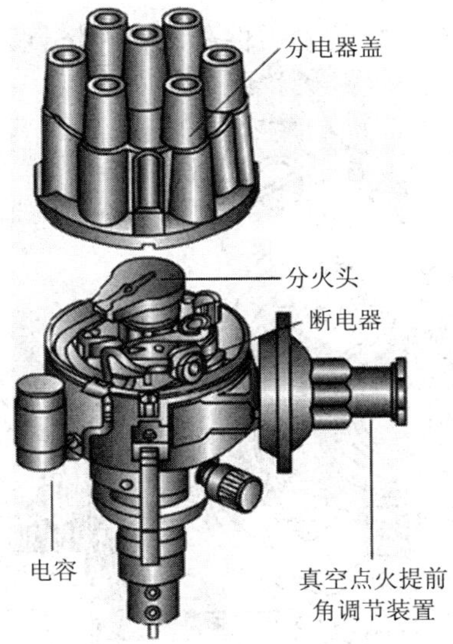

图 6-12

1. 断电器

断电器的作用是接通和切断初级绕组的电路，使其电流发生变化，以便在次级绕组中产生高压电。

电子点火系统中使用无触点点火信号发生器代替了触点式断电器。

2. 配电器

配电器(见图 6-13)的作用是将点火线圈产生的高压电分配到相应气缸的火花塞上。

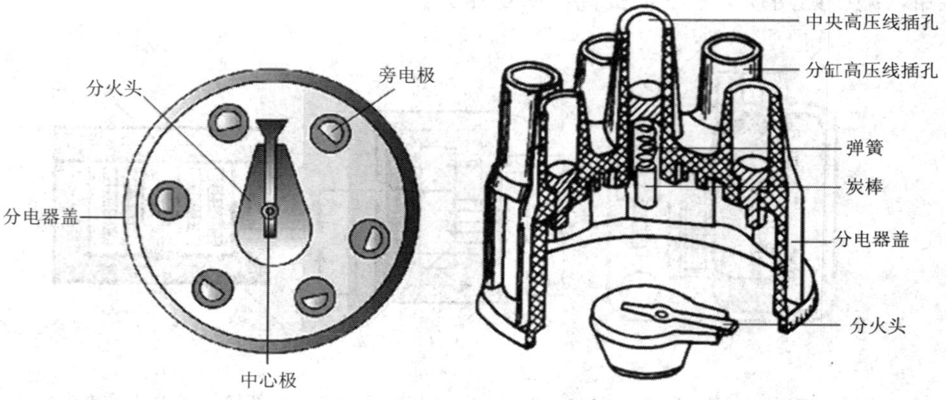

图 6-13

3. 电容

电容减小触点断开时的火花，延长触点使用寿命，加快初级电流的衰减速度，提高次级电压。

4. 真空式点火提前调节装置

真空式点火提前调节装置(见图 6-14)的作用是根据发动机负荷、转速的变化自动调节点火提前角，以保证发动机具有良好的动力性和燃料经济性。

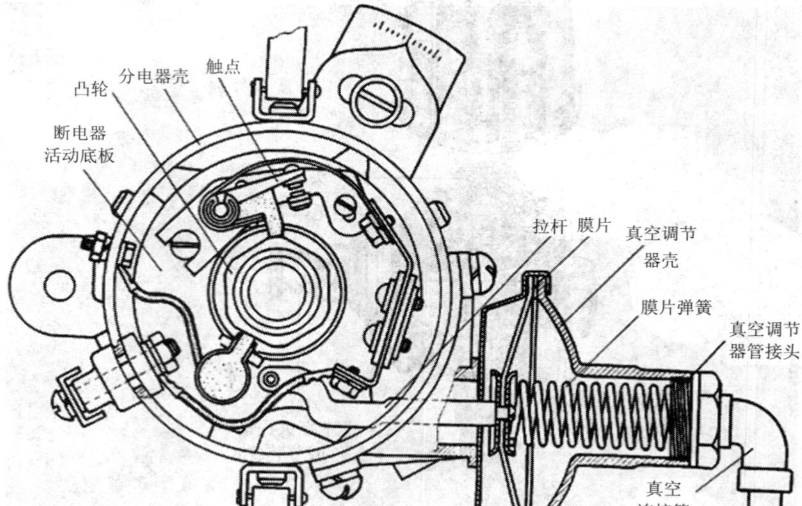

图 6-14

（五）火花塞

火花塞的作用是将高压电引进发动机燃烧室，在电极间形成火花，以点燃可燃混合气。

火花塞拧装于气缸盖的火花塞孔内，下端电极伸入燃烧室，上端连接分缸高压线。火花塞是点火系中工作条件最恶劣、要求高和易损坏的部件。

1. 对火花塞的要求

(1) 混合气燃烧时，火花塞下部将承受高压燃气的冲击，要求火花塞必须有足够的机械强度。

(2) 火花塞承受着交变的高电压，要求它应有足够的绝缘强度，能承受 30 kV 高压。

(3) 混合气燃烧时，燃烧室内温度很高，可达 1500～2200℃，进气时又突然冷却至 50～60℃，因此要求火花塞不但耐高温，而且能承受温度剧变，不出现局部过冷或过热的现象。

(4) 混合气的燃烧产物很复杂，含有多种活性物质，如臭氧、一氧化碳和氧化硫等，易使电极腐蚀。因此要求火花塞要耐腐蚀。

(5) 火花塞的电极间隙影响击穿电压，所以要有合适的电极间隙。火花塞安装位置要合适，以保证有合理的着火点。火花塞气密性应当好，以保证燃烧室不漏气。

2. 火花塞的结构

火花塞主要由螺杆、绝缘体、中心电极、侧电极和密封剂等部分组成，如图 6-15 所示。

电极一般采用耐高温、耐腐蚀的镍锰合金钢或铬锰氮、钨、镍锰硅等合金制成，也有采用镍包铜材料制成，以提高散热性能。火花塞电极间隙多为 0.6～0.7 mm，电子点火间隙可增大至 1.0～1.2 mm。

3. 火花塞的特性与类型

要使火花塞能正常工作，其绝缘体裙部的温度应保持在 773～1023K(500～750℃)，使落在绝缘体上的油滴立即烧掉，不致形成积炭，该温度为火花塞的“自净温度”。如果绝缘体裙部的温度低于自净温度，就会引起火花塞积炭；若温度过高，则混合气与炽热的绝缘体接触时，会引起炽热点火而产生早燃、爆燃等现象。

影响火花塞裙部温度的主要因素是裙部长度。按照裙部尺寸可分为冷型、中型和热型三种类型(见图 6-16)。裙部越长，受热面积越大，散热路径越长，散热越困难，裙部温度

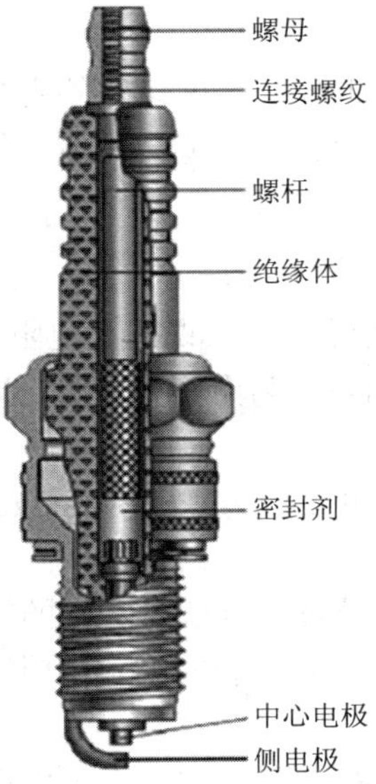

图 6-15

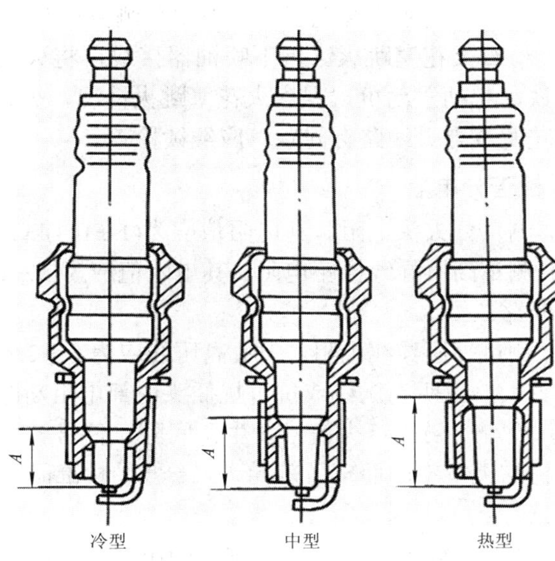

图 6-16

越高，称为热型火花塞；反之，裙部越短，裙部温度越低，称为冷型火花塞；在两者之间的称之为中型火花塞。热型火花塞适用于功率小、压缩比低的发动机；冷型火花塞适用于功率大、转速高和压缩比大的发动机；中型火花塞适用于转速较低的发动机。

二、任务实施

(一) 任务内容

(1) 火花塞检查调整。

(2) 分电器检查。

(二) 任务实施准备

(1) 器材与设备：发动机故障检测台架、汽车专用万用表、火花塞间隙测量规、塞尺、火花塞套筒、套装工具。

(2) 参考资料：《汽车构造拆装与维护保养实训》、发动机维修手册。

(三) 任务实施步骤

1. 检查调整火花塞

(1) 检查火花塞外观。火花塞的绝缘体不得有破裂，否则应予以更换；火花塞的旁电极严重烧蚀时，应予以更换新品。火花塞的绝缘体与壳体之间、绝缘体与旁电极之间，不得有严重积炭，积炭严重的火花塞应用汽油或酒精浸泡清洗，并用毛刷刷净表面。

(2) 检查火花塞电极间隙。测量和调整火花塞电极间隙应用专用量规进行。对于新的火花塞，可通过弯曲负电极来调整火花塞电极间隙。使用过的火花塞电极间隙不可调整。

(3) 测量火花塞插头电阻。用万用表表测量火花塞插头电阻。

(4) 测量火花塞绝缘电阻。用万用表测量火花塞绝缘电阻。

(5) 检查火花塞跳火。拆下喷油器接线，将火花塞套入高压分线，火花塞外壳金属与机体搭铁，起动发动机，观察火花塞跳火情况，火花呈蓝白色为正常，无火花或呈红色，说明火花塞或点火线路有问题，应继续检查。

2. 检查分电器

(1) 测量分火头电阻。其电阻值应为(1 ± 0.4)kΩ。如阻值为无穷大，说明该电阻断路。

(2) 测量高压导线插座电阻。其电阻值应为(1 ± 0.4)kΩ。如阻值为无穷大，说明插头内部电阻断路。

(3) 测量高压导线电阻。中央高压线应为 0～2.8 kΩ，高压分线应为 0.6～7.4 kΩ。如阻值为无穷大，说明高压线或抗干扰插头内部电阻断路。

(4) 检测电磁式点火信号发生器间隙。信号转子凸齿与信号发生器铁芯之间的间隙，因汽油机的类型不同而有所差异，但一般的标准间隙为 0.2～0.4 mm。检查时，可用塞尺进行测量。

(5) 测量电磁式点火信号发生器的电阻值。测量感应线圈的电阻值时，应该先把线圈从线束插接器上拆除下来，然后用万用表欧姆挡对其进行测量。

若其电阻无穷大，则表明有断路故障，应首先检查插接件的焊接处，然后再深入传感线圈内部，查看线圈在何处断路；若其电阻与标准值(规定值)相比显得过小，则说明信号发生器线圈有绕线间短路。

三、拓展知识

(一) 传统点火系统的组成

传统点火系统主要由电源(蓄电池和发电机)、点火开关、点火线圈、电容、断电器、配电器、火花塞、阻尼电阻和高压导线等组成(见图 6-17)。

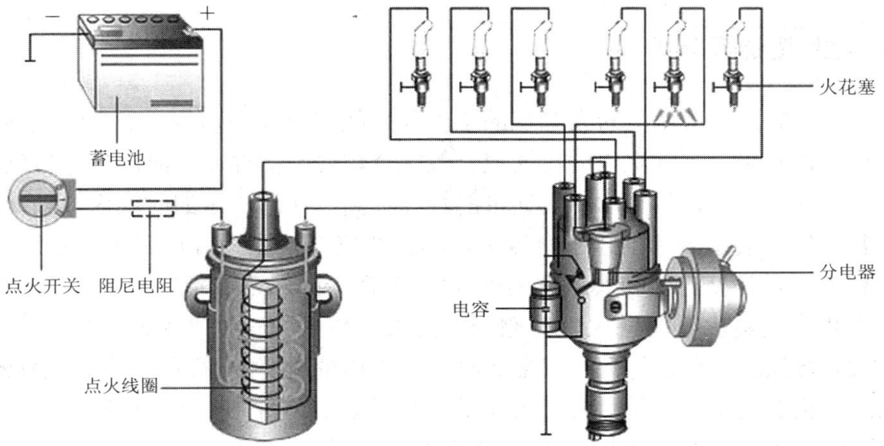

图 6-17

(二) 传统点火系统的工作过程

如图 6-18(a)所示，触点闭合时，初级电路通电，电流从蓄电池的正极经点火开关、点火线圈的初级绕组、断电器触点，最后接地流回蓄电池的负极。

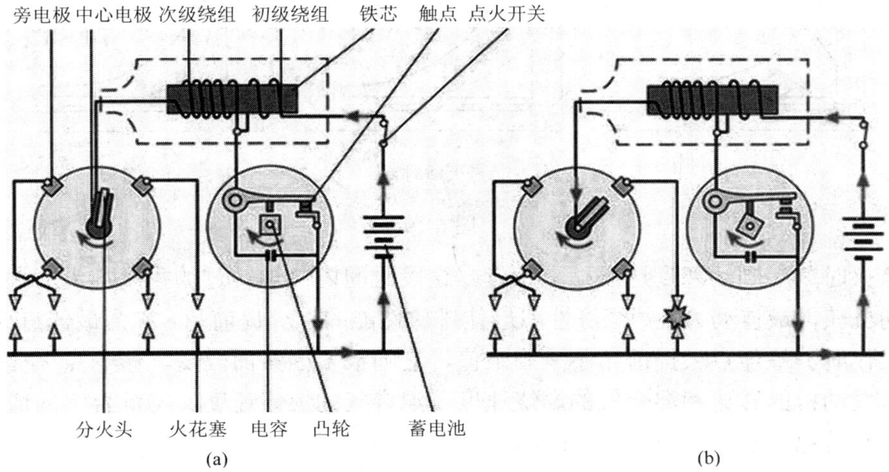

图 6-18

在初级绕组通电时，其周围产生磁场，并由于铁芯的作用而加强。

如图 6-18(b)所示，当断电器凸轮顶开触点时，初级电路被切断，初级电路迅速下降到零，铁芯中的磁通随之迅速衰减以至消失，因而在匝数多、导线细的次级绕组中感应出很高的电压，使火花塞两极之间的间隙被击穿，产生火花。

初级绕组中电流下降的速度愈大，铁芯中磁通的变化就愈大，次级绕组中的感应电压也就愈高。

初级电路为低压电路，次级电路为高压电路。在断电器触点分开瞬间，次级电路中分火头恰好与侧电极对准，次级电路从点火线圈的次极绕组，经高压导线，配电器，火花塞侧电极，蓄电池流回次级绕组。

(三) 点火提前角调节

发动机工作时，点火时刻对发动机的工作和性能有很大的影响。混合气燃烧有一定的速度，即从火花塞跳火到气缸内的可燃混合气完全燃烧是需要一定时间的。虽然这段时间很短，不过千分之几秒，但是由于发动机的转速很高，在这样短的时间内曲轴却转过较大的角度。若恰好在活塞到达上止点时点火，则混合气开始燃烧时，活塞已开始向下运动，使气缸容积增大，燃烧压力降低，发动机功率下降。因此，应提前点火，即在活塞到达压缩行程上止点之前火花塞跳火，使燃烧室内的气体压力在活塞到达压缩行程上止点后 10° ～12° 时达到最大值。这样混合气燃烧时产生的热量，在作功行程中得到最有效的利用，可以提高发动机的功率。但是，若点火过早，则活塞还在向上止点移动时，气缸内压力已达到很大数值，这时气体压力作用的方向与活塞运动的方向相反，在示功图上出现了套环，此时，发动机有效功减小，发动机功率也将下降。

点火时刻与发动机功率的关系如图 6-19 所示。

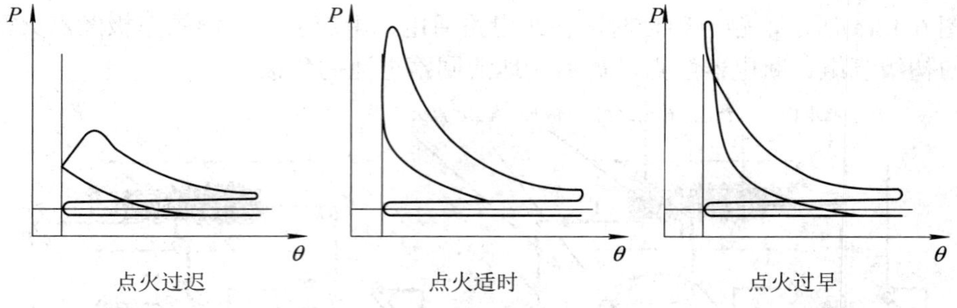

图 6-19

从点火时刻起到活塞到达压缩上止点，这段时间内曲轴转过的角度称为点火提前角。能使发动机获得最佳动力性、经济性和最佳排放性能的点火提前角，称为最佳点火提前角。发动机工作时，最佳点火提前角不是固定值，它随很多因素而改变。影响点火提前角的主要因素是发动机的转速和混合气的燃烧速度。混合气的燃烧速度又与混合气的成分、发动机的结构及其他一些因素(燃烧室的形状、压缩比等)有关。

当节气门开度一定时，随着发动机转速升高，单位时间内曲轴转过的角度增大。如果混合气燃烧速度不变，则应适当增大点火提前角，否则燃烧会延续到作功行程，使发动机的动力性、经济性下降。所以，点火提前角应随发动机转速升高而增大。但是，当发动机转速达到一定值以后，由于燃烧室内的温度和压力提高，扰流增强，混合气燃烧速度加快，最佳点火提前角增大的幅度减慢，并非呈线性关系。

当发动机转速一定时，随着负荷增加，节气门开度增大，单位时间内吸入气缸内的可燃混合气数量增加，压缩行程终了时燃烧室内的温度和压力增高。同时残余废气在气缸内混合气中所占的比例减少，混合气燃烧速度加快，点火提前角应适当减小。反之，发动机负荷减小时，点火提前角应当加大。

任务二　微机控制点火系统

知识目标

□ 掌握微机控制点火系统的组成。
□ 掌握微机控制点火系统的工作过程。

技能目标

□ 掌握微机控制点火系统的检测过程及规范。

一、基础知识

普通电子点火系统都存在着考虑的控制因素不全面、点火提前角控制不精确的缺陷，影响了发动机性能的充分发挥。此外，离心点火提前调整装置和真空点火提前调整装置中，机械运动部件的磨损、老化和脏污等，都会引起点火提前角调节特性的改变，使发动机性能下降。

微机控制点火系统可以通过各种传感器感知多种因素对点火提前角的影响，使发动机在各种工况和使用条件下的点火提前角都与相应的最佳点火提前角比较接近，并且不存在机械磨损等问题，克服了离心点火提前调整装置和真空点火提前调整装置的缺陷，使点火系统的发展更趋完善，发动机的性能得到进一步改善和更加充分的发挥。因此，微机控制点火系统是继无触点的普通电子点火系统之后点火系统发展的又一次飞跃。

微机控制点火系统，按是否配有分电器可以分为有分电器微机控制点火系统和无分电器微机控制点火系统两种。

(一) 无分电器微机控制点火系统的组成

无分电器微机控制点火系统由低压电源、点火开关、微机控制单元(ECU)、点火控制器、点火线圈、火花塞、高压线和各种传感器等组成(见图 6-20)。

有的无分电器点火系统还将点火线圈直接安装在火花塞上，取消了高压线。

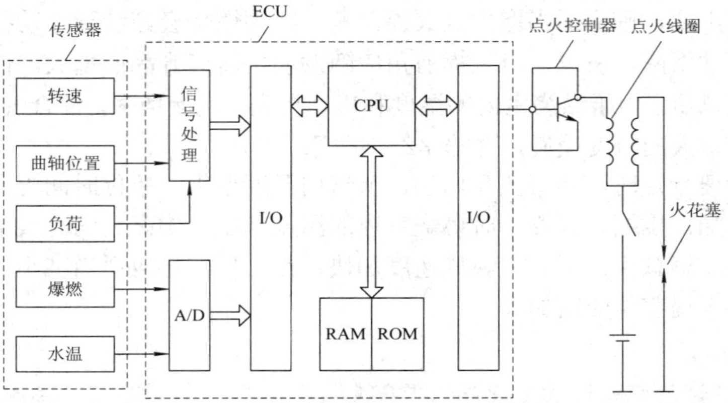

图 6-20

(二) 无分电器微机控制点火系统的分类

无分电器微机控制点火系统的优点：在不增加电能消耗的情况下，进一步增大了点火能量；对无线电的干扰大幅度降低；避免了与分电器有关的一些机械故障，提高了工作可靠性；高速时点火能量有保证；节省了安装空间，有利于发动机的合理布置，为汽车车身的流线型设计提供了有利条件；无需进行点火正时方面的调整，使用、维护方便。由于无分电器微机控制点火系统具有上述突出优点，因此无分电器微机控制点火系统正逐步成为点火系统的主流。

无分电器微机控制点火系统根据高压配电方式的不同分为独立点火方式和同时点火方式两种。

1. 独立点火方式

独立点火方(COP)是一个缸的火花塞配一个点火线圈，各个独立的点火线圈直接安装在火花塞上，独立向火花塞提供高压电，各缸直接点火(见图 6-21)。这种结构的特点是去掉了高压线，将点火器和点火线圈一体化(见图 6-22)，因此可以使高压电能的传递损失和对无线电的干扰降低到最低水平。

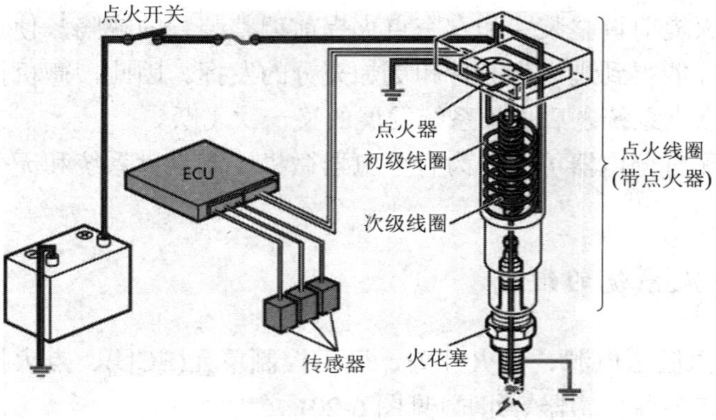

图 6-21

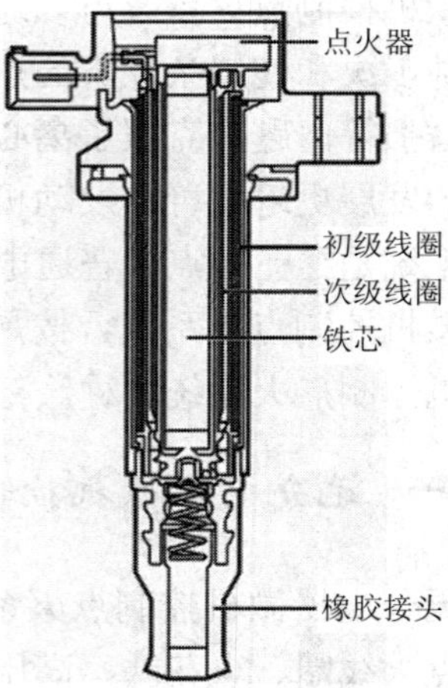

图 6-22

由于一个线圈向一个气缸提供点火能量，因此在发动机转速相同时，单位时间内线圈中通过的电流要小得多，线圈不易发热，所以这种线圈的初级电流可以设计得较大，即使在发动机高速运行时，也能够提供足够的点火能量。

2. 同时点火方式

同时点火方式是两个气缸合用一个点火线圈，对两个气缸同时点火。这种点火方式只能用于气缸数目为偶数的发动机上。如果在四缸机上，当两个缸的活塞同时接近上止点时(一个气缸是压缩行程，另一个气缸是排气行程)，两个火花塞共同用一个点火线圈且同时点火(见图 6-23)，这时一个气缸是有效点火，另一个气缸则是无效点火。

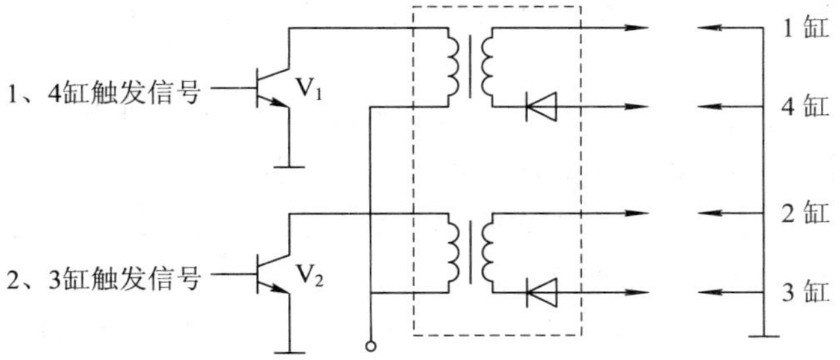

图 6-23

(三) 微机控制点火系统的控制策略

微机控制点火系统的控制策略包括点火提前角控制、闭合角控制和爆震控制，其中最重要的是对点火提前角的控制。

1. 点火提前角控制

影响最佳点火提前角的因素很多很复杂，只有在微机控制电子点火系中利用微机和自动控制技术才能使点火提前角控制在最佳值。

点火提前角控制策略因各制造厂家开发点火装置的型号不同而各异。下面以日本丰田公司开发的丰田计算机控制系统(TCCS)为例说明点火提前角的控制。

该系统的点火提前角控制包括两种基本情况：一种是起动时的点火提前角控制，另一种是起动后正常运行期间的点火提前角控制。

1) 起动时的点火提前角控制

在起动时，发动机转速信号和进气流量信号不稳定，点火提前角采用固定值，即初始点火提前角。ECU 根据转速信号(N_e 信号)和起动开关信号(STA 信号)判定为起动工况，将点火提前角固定为一个设定值；当发动机转速达到某一转速时，转入其他控制方式。

2) 起动后的点火提前角控制

发动机起动后正常运行期间的点火提前角是由 ECU 在初始点火提前角的基础上，根据主要因素确定基本点火提前角，再根据其他次要因素进行修正而得到的实际点火提前角，所以有下列关系式：

实际点火提前角 = 初始点火提前角 + 基本点火提前角 + 修正点火提前角

(1) 初始点火提前角。初始点火提前角是原始设定并存储在发动机 ECU 中的固定值，是由机械安装位置所确定的，又称固定点火提前角，一般为上止点前 5°～10°。

出现下列情况之一时，实际点火提前角等于初始点火提前角：当发动机起动且起动转速在 400 r/min 以下时；当检查连接器中 T 端子与 E_1 端子短路，节气门位置传感器怠速触点闭合，车速在 2 km/h 时；当发动机 ECU 出现故障，后备系统工作时。

(2) 基本点火提前角。基本点火提前角是 ECU 根据主要因素确定的点火提前角，发动机在怠速和正常运行工况的控制是不同的。

怠速时节气门位置传感器的怠速触点闭合，ECU 根据发动机的怠速转速、空调开关和动力转向开关信号确定基本点火提前角。

当发动机正常工作时，发动机工作稳定，气缸燃烧充分，此时的基本点火提前角是根据发动机转速和负荷确定的。

(3) 修正点火提前角。修正点火提前角是 ECU 根据其他次要因素对点火提前角进行的修正。通过上述方法获得初始点火提前角和基本点火提前角之后，再根据其他传感器的检测参数进行修正，就可得到实际点火提前角。点火提前角的修正项目随发动机各异，TCCS 系统的修正项目有暖机修正、怠速稳定修正、过热修正、空燃比修正、爆震修正等。

① 暖机修正。暖机修正是指当节气门位置传感器怠速触点闭合时，ECU 根据发动机冷却液温度的变化对点火提前角进行的修正。

当冷却液温度较低时，由于混合气的燃烧速度较慢，发生爆震的可能性很小，应增大点火提前角，以促使发动机尽快暖机；随着冷却液温度的升高，混合气的燃烧速度加快，为防止发动机过热，应逐渐减小点火提前角。

② 怠速稳定修正。怠速稳定修正是指当发动机怠速时，ECU 根据发动机怠速转速的变化对点火提前角进行的修正。

当发动机负载变化，如接通或断开空调、动力转向时，会引起发动机转速的波动，此时 ECU 根据实际转速与目标转速的差值动态地修正点火提前角，以稳定怠速。若发动机的实际转速低于目标转速，ECU 将增大点火提前角，并且目标转速与实际转速的差值越大，则点火提前角越大，使怠速保持稳定。

③ 过热修正。过热修正是指发动机冷却液温度过高时，对点火提前角进行的修正。

当发动机处于怠速运行工况时，若冷却液温度过高，为了避免发动机长时间过热，应增大点火提前角提高发动机怠速转速，从而提高水泵和冷却风扇的转速，加强冷却，降低发动机温度。当发动机处于非怠速运行工况时，若冷却液温度过高，为了避免爆震，应减小点火提前角。

④ 空燃比修正。空燃比修正是指电控燃油喷射系统进行空燃比闭环控制时，根据空燃比的变化对点火提前角进行的修正。

当 ECU 根据氧传感器的信号修正喷油量时，喷油量处于波动变化，这会引起发动机的转速在一定范围内波动。为了提高发动机转速的稳定性，当喷油量减少而导致混合气变稀时，应适当地增加点火提前角；反之则减小点火提前角。

2. 闭合角控制

分电器中断电器触点闭合期间(即点火线圈初级线圈电流接通期间)分电器驱动轴(凸轮

轴)转过的角度称为闭合角，也称为初级线圈通电时间。

闭合角控制主要影响点火线圈初级绕组的通电时间和点火线圈的储存能量，而点火线圈通电时间和储存能量取决于发动机转速和蓄电池的供电电压。为了保证在不同的转速和蓄电池供电电压时都具有相同的初级绕组断电电流(以保证点火能量恒定)，并避免点火线圈因大电流长时间通电而过热损坏，还必须对点火线圈的导通角(通电时间)加以控制。

微机控制电子点火系统通常采用导通角随发动机转速、蓄电池电压为变量制成的导通角特性，并将其以数据的形式储存于电子控制单元中的存储器中，以便随时读取。

3. 爆震控制

点火提前角的控制通常有开环控制和闭环控制两种方式。

开环控制方式是 ECU 根据有关传感器提供的发动机工况信息从内部存储器(ROM)中读取出相应的基本点火提前角，并通过计算出的修正值给予修正后得出的最佳点火提前角数据来控制点火，而对控制结果好坏不予以考虑。

闭环控制方式是在控制点火提前角的同时，不断地检测发动机的有关工况，如发动机是否发生爆燃、怠速是否稳定等，然后根据检测到的变化量大小，及时对点火提前角进行进一步修正，使发动机始终处于最佳的点火状态。闭环控制方式以爆燃控制应用最为广泛。

爆燃控制最主要的传感器是爆震传感器，它用于检测发动机是否发生爆燃，一般每台发动机安装 1～2 只，分别安装在发动机气缸体或气缸盖的前部和后部。

发动机工作期间(多在低速大负荷工况时)如发生爆燃，且爆燃强度达到一定值时，ECU 便能接收到提前信号，并根据爆燃强度的大小给点火电子组件发出推迟点火的信号，一般每次推迟 0.5°～1.5° 曲轴转角，直到爆燃消失。爆燃消失后，ECU 便将点火提前角逐渐移至最佳点火角，或以一定角度使点火提前，直到再次发生爆燃时为止。

带有爆燃控制的点火提前角闭环控制系统由于具有爆燃反馈系统，故对传感器精度要求较低，基本上不受环境和使用因素的影响，但由于发动机接近爆燃极限工作，排气中的 NO_X 含量较高，因此，在微机控制的电子点火系统中，爆燃控制一般仅在大负荷、中低转速时起作用，而在部分低负荷高转速时则多采用开环控制。

二、任务实施

(一) 任务内容

(1) 点火线圈检查。

(2) 爆震传感器检查。

(3) 1 号点火器故障排除。

(二) 任务实施准备

(1) 器材与设备：实训发动机、汽车专用万用表、示波器、跨接线、铜棒、清洁工具等。

(2) 参考资料：《汽车构造拆装与维护保养实训》、发动机维修手册。

(三) 任务实施步骤

1. 检查点火线圈

(1) 外观检查。检查点火线圈的外壳有无裂纹。

(2) 测量初级绕组电阻。用万用表电阻挡测量点火线圈的“+”与“-”端子间的电阻。

(3) 测量次级绕组电阻。用万用表电阻挡测量点火线圈的“+”与中央高压端子间的电阻。

(4) 检查电阻器的电阻。用万用表直接接于电阻器的两个端子上。

(5) 检查发火强度。将被检验的点火线圈与好的点火线圈分别接入点火系统进行对比，看其火花强度是否一样。

2. 检查爆震传感器

(1) 使用万用表电阻挡检测爆震传感器各端子之间的电阻。

(2) 拔下爆震传感器的插座，测量传感器至 ECU 之间导线的电阻。

(3) 利用跨接线连接爆震传感器，接上万用表，调至交流电压挡；使用铜棒敲击爆震传感器周围的缸体，观察万用表上的电压值变化。

(4) 换用示波器接到爆震传感器导线上，使用铜棒敲击爆震传感器周围的缸体，并观察其波形变化。

(5) 起动发动机，观察爆震波形，计算振荡频率。

3. 1 号点火器故障排除

(1) 阅读解码器使用说明书，掌握解码器使用方法及注意事项。

(2) 选择测试接头。

(3) 用测试接线连接解码器和发动机诊断插座，打开点火开关。

(4) 按下解码器电源键，启动解码器。

(5) 点击屏幕上的[开始]。

(6) 在屏幕显示车系选择菜单。

(7) 选择相应车系的诊断软件版本。

(8) 点击屏幕上的[确定]。

(9) 点击屏幕上的[控制模块]。

(10) 点击屏幕上的[发动机系统]。如果通信成功，屏幕就会显示所测系统控制电脑的相关信息。

(11) 点击屏幕上的[确定]。

(12) 点击屏幕上的[查控制电脑型号]。

(13) 点击屏幕上的[确定]，返回到诊断系统功能菜单。

(14) 点击屏幕上的[读取故障代码]。若故障码为 P1300，则表示 1 号点火器发生故障。退出诊断系统，关闭解码器，按以下步骤排除故障。

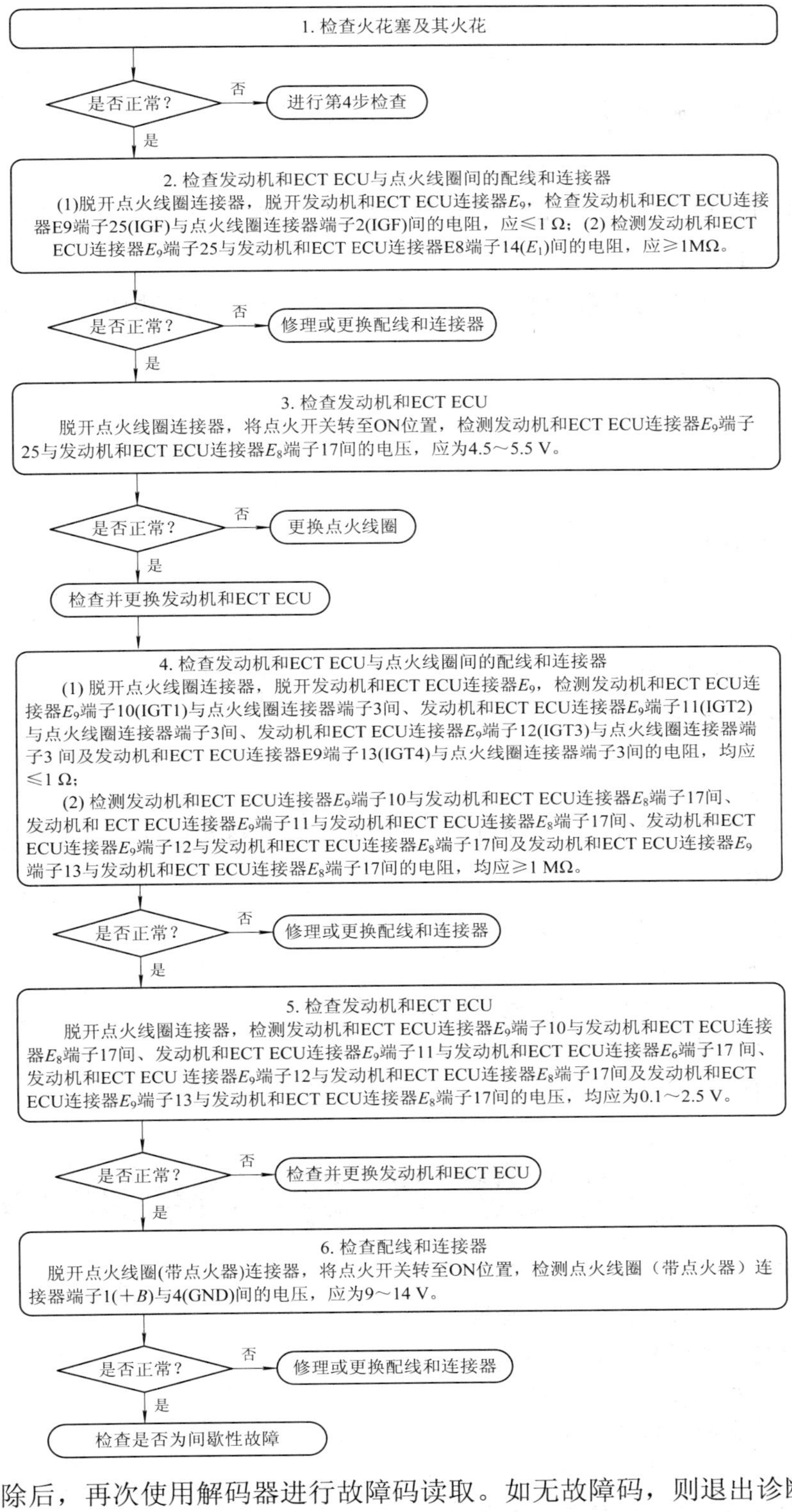
1. 检查火花塞及其火花
是否正常？
否
进行第4步检查
是
2. 检查发动机和ECT ECU与点火线圈间的配线和连接器
(1)脱开点火线圈连接器，脱开发动机和ECT ECU连接器E_9，检查发动机和ECT ECU连接器E9端子25(IGF)与点火线圈连接器端子2(IGF)间的电阻，应≤1 Ω；(2) 检测发动机和ECT ECU连接器E_9端子25与发动机和ECT ECU连接器E8端子14(E_1)间的电阻，应≥1MΩ。
是否正常？
否
修理或更换配线和连接器
是
3. 检查发动机和ECT ECU
脱开点火线圈连接器，将点火开关转至ON位置，检测发动机和ECT ECU连接器E_9端子25与发动机和ECT ECU连接器E_8端子17间的电压，应为4.5～5.5 V。
是否正常？
否
更换点火线圈
是
检查并更换发动机和ECT ECU
4. 检查发动机和ECT ECU与点火线圈间的配线和连接器
(1) 脱开点火线圈连接器，脱开发动机和ECT ECU连接器E_9，检测发动机和ECT ECU连接器E_9端子10(IGT1)与点火线圈连接器端子3间、发动机和ECT ECU连接器E_9端子11(IGT2)与点火线圈连接器端子3间、发动机和ECT ECU连接器E_9端子12(IGT3)与点火线圈连接器端子3 间及发动机和ECT ECU连接器E9端子13(IGT4)与点火线圈连接器端子3间的电阻，均应≤1 Ω；
(2) 检测发动机和ECT ECU连接器E_9端子10与发动机和ECT ECU连接器E_8端子17间、发动机和 ECT ECU连接器E_9端子11与发动机和ECT ECU连接器E_8端子17间、发动机和ECT ECU连接器E_9端子12与发动机和ECT ECU连接器E_8端子17间及发动机和ECT ECU连接器E_9端子13与发动机和ECT ECU连接器E_8端子17间的电阻，均应≥1 MΩ。
是否正常？
否
修理或更换配线和连接器
是
5. 检查发动机和ECT ECU
脱开点火线圈连接器，检测发动机和ECT ECU连接器E_9端子10与发动机和ECT ECU连接器E_8端子17间、发动机和ECT ECU连接器E_9端子11与发动机和ECT ECU连接器E_6端子17 间、发动机和ECT ECU 连接器E_9端子12与发动机和ECT ECU连接器E_8端子17间及发动机和ECT ECU连接器E_9端子13与发动机和ECT ECU连接器E_8端子17间的电压，均应为0.1～2.5 V。
是否正常？
否
检查并更换发动机和ECT ECU
是
6. 检查配线和连接器
脱开点火线圈(带点火器)连接器，将点火开关转至ON位置，检测点火线圈（带点火器）连接器端子1(＋B)与4(GND)间的电压，应为9～14 V。
是否正常？
否
修理或更换配线和连接器
是
检查是否为间歇性故障

故障排除后，再次使用解码器进行故障码读取。如无故障码，则退出诊断系统，关闭解码器，拆卸连接线。

三、拓展知识

(一) 发动机不能启动

1. 故障现象

点火开关打至启动挡时，起动机能够带动发动机运转，但发动机没有着火征兆。

2. 故障原因

当发动机因点火系的故障不能启动时，故障可能出现在低压电路，也可能出现在高压电路。具体故障如下：

(1) 霍尔传感器故障。

(2) 点火控制器故障。

(3) 点火线圈故障。

(4) 分火头故障。

(5) 炭精触点故障。

(6) 高压导线或火花塞故障。

(7) 线路故障。

(8) 点火正时不正确。

(二) 发动机运转不稳

1. 故障现象

发动机运转转速时高时低，出现抖动，严重时出现排气冒黑烟、排气管放炮等现象。

2. 故障原因

(1) 点火正时调整不当。

(2) 火花塞积炭严重。

(3) 高压线路中(分火头、高压线、分电器盖)有漏电。

(4) 点火线圈故障。

(5) 点火提前调节装置故障。

思考题

1. 简述点火信号发生器的类型及工作过程。
2. 简述点火线圈的类型及工作过程。
3. 简述分电器的组成与工作过程。
4. 简述点火系统对火花塞的要求。
5. 简述火花塞的结构与类型。
6. 简述微机控制点火系统的类型与组成。
7. 简述微机控制点火系统的控制策略。

项目七 润 滑 系 统

知识目标

- □ 掌握润滑系统的组成。
- □ 掌握润滑系统主要组件的结构。

技能目标

- □ 掌握润滑系统的拆装、检测过程和规范。
- □ 掌握更换润滑油的操作规范。

发动机工作时，各运动零件均以一定的力作用在另一个零件上，并且发生高速的相对运动，零件表面必然要产生摩擦，加速磨损。为了减轻磨损，减小摩擦阻力，延长使用寿命，发动机上都设置了润滑系统。

一、基础知识

（一）润滑系统的作用

1. 润滑作用

润滑油可用来润滑运动零件表面，减小摩擦阻力和磨损，减小发动机的功率损耗。

2. 清洗作用

润滑油在润滑系统内不断循环，清洗摩擦表面，带走磨屑和其他异物。

3. 冷却作用

润滑油在润滑系统内循环还可带走摩擦产生的热量，起冷却作用。

4. 密封作用

润滑油可在运动零件之间形成油膜，提高它们的密封性，有利于防止漏气或漏油。

5. 防锈蚀作用

润滑油可在零件表面形成油膜，对零件表面起保护作用，防止腐蚀生锈。

6. 液压作用

润滑油还可用作液压油，如液压挺柱，起液压作用。

7. 减振缓冲作用

润滑油可在运动零件表面形成油膜，吸收冲击并减小振动，起减振缓冲作用。

（二）润滑方式

由于发动机各运动零件的工作条件不同，对润滑强度的要求也就不同，因而要相应地采取不同的润滑方式。

1. 压力润滑

利用机油泵将具有一定压力的润滑油源源不断地送往摩擦表面的润滑称为压力润滑。例如，曲轴主轴承、连杆轴承及凸轮轴轴承等处承受的载荷及相对运动速度较大，需要以一定压力将润滑油输送到摩擦面的间隙中，方能形成油膜以保证润滑。

2. 飞溅润滑

利用发动机工作时运动零件飞溅起来的油滴或油雾来润滑摩擦表面的润滑方式称为飞溅润滑。这种润滑方式可使裸露在外面承受载荷较轻的气缸壁、相对滑动速度较小的活塞销，以及配气机构的凸轮表面、挺柱等得到润滑。

3. 润滑脂润滑

发动机中有些零件只需定期加注润滑脂(黄油)进行润滑，如水泵及发电机轴承就是采用这种方式定期润滑。近年来在发动机上采用含有耐磨润滑材料(如尼龙、二硫化钼等)的轴承来代替加注润滑脂的轴承。

(三) 润滑系统的基本组成

润滑系统主要由油底壳、机油泵、机油滤清器、集滤器、机油散热器、安全阀、机油压力传感器和油道等组成(见图 7-1)。

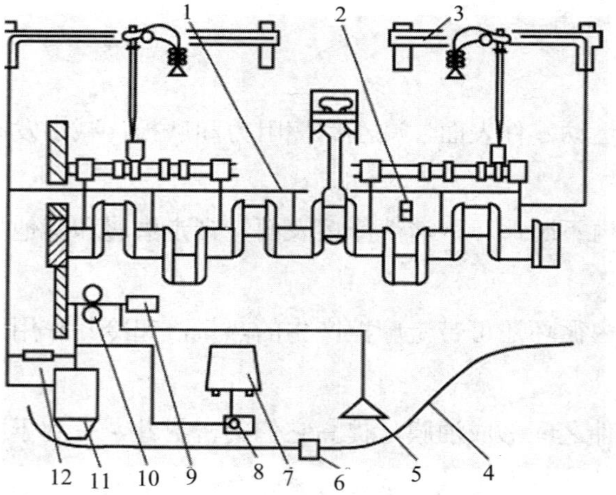

1—主油道；2—调压阀；3—摇臂轴；4—油底壳；5—集滤器；6—放油螺塞；
7—细滤器；8—低压限压阀；9—高压限压阀；10—机油泵；11—粗滤器；12—旁通阀

图 7-1

现代汽车发动机润滑系统的组成及油路布置方案大致相同，只是由于润滑系统的工作条件和具体结构的不同而稍有差别。

发动机工作时，润滑油经集滤器被吸入机油泵内，机油泵输出的润滑油分两路：一路经细滤器滤清后又回到油底壳；另一路经粗滤器滤清后进入主油道，再经分油道到达曲轴主轴颈和凸轮轴轴颈。曲轴内加工有连通主轴颈与连杆轴颈的油道。靠近前后凸轮轴轴颈处的气缸体、气缸盖和摇臂轴支座内设有两条上油道，将主油道内的润滑油输送到摇臂轴内，对摇臂轴进行润滑。摇臂和连杆大头均加工有喷油孔，从摇臂喷油孔喷出的润滑油对摇臂、气门杆、气门导管、推杆进行飞溅润滑，从连杆大头喷出的润滑油对凸轮、挺杆、气缸臂、活塞销进行飞溅润滑。润滑油对各摩擦表面进行润滑后，分别经曲轴主轴承、连杆轴承、凸轮轴轴承、推杆和挺杆导孔等处流回油底壳。

1. 机油泵

机油泵一般安装在曲轴前端，在曲轴驱动下将一定量的润滑油从油底壳中抽出加压后，送至各零件表面进行润滑，维持润滑油在润滑系中的循环。目前发动机润滑系中广泛采用的是内啮合转子式机油泵。

转子式机油泵的结构如图 7-2 所示。

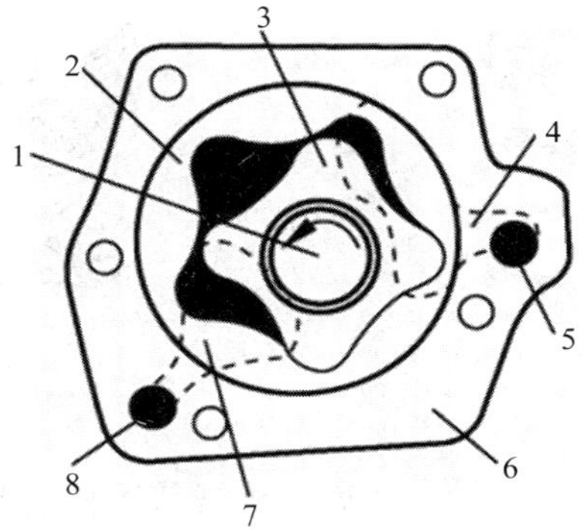

1—主动轴；2—出油孔；3—出油腔；4—壳体；
5—进油孔；6—进油腔；7—内转子；8—外转子

图 7-2

主动的内转子和从动的外转子都装在油泵壳体内。内转子固定在主动轴上，外转子在油泵壳体内可自由转动，两者之间有一定偏心距。内转子有四个凸齿，外转子有五个凹齿，这样内、外转子同向不同步地旋转。转子齿形齿廓设计得使转子转到任何角度时，内、外转子每个齿的齿形廓线上总能互相成点接触。这样内、外转子间形成四个工作腔，随着转子的转动，这四个工作腔的容积是不断变化的。在进油道的一侧空腔，由于转子脱开啮合，容积逐渐增大，产生真空，润滑油被吸入，转子继续旋转，润滑油被带到出油道的一侧。这时，转子正好进入啮合，使这一空腔容积减小，油压升高，润滑油从齿间挤出并经出油道压送出去。这样，随着转子的不断旋转，润滑油就不断地被吸入和压出。

2. 集滤器

集滤器是装在机油泵之前的吸油口端，多采用滤网式。其作用是防止较大的机械杂质进入机油泵。目前汽车发动机所用的集滤器分为浮式集滤器和固定式集滤器两种。

浮式集滤器的结构如图 7-3 所示，它是由浮子、滤网、罩及焊接在浮子上的吸油管所组成的。浮子是空心的，以便浮在油面上。固定管通往机油泵，装配后固定不动。吸油管活套在固定管中，使浮子能自由地随油面升降。浮子下面装配有金属丝制成的滤网。滤网有弹性，中内有环口，平时依靠滤网本身的弹性，使环口紧压在罩上。罩的边缘有缺口，与浮子装配后便形成狭缝。

固定式集滤器的结构如图 7-4 所示。固定式集滤器的吸油管上端用螺栓与机油泵连接，下端与滤网支座连成一体。罩利用翻边装配在滤网支座外缘凸台上，滤网夹装在支座与罩之间。罩的边缘有个缺口，形成进油通道。当机油泵工作时，润滑油从罩的缺口处经过滤网滤除较大的杂质后，通过吸油管进入机油泵。

图 7-3

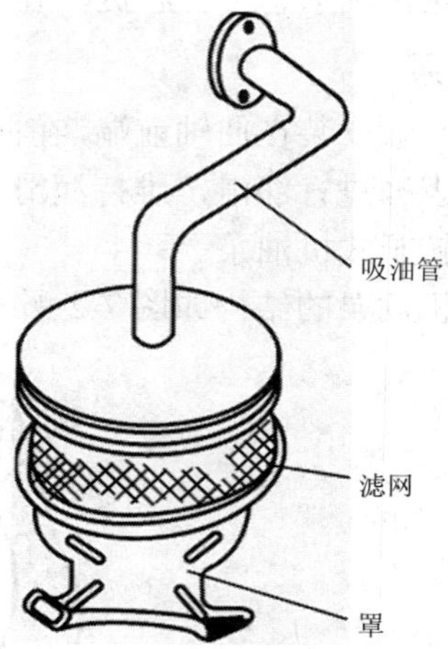

图 7-4

3. 机油滤清器

机油滤清器用来滤除润滑油中的金属屑、机械杂质和润滑油氧化物。

机油滤清器的结构如图 7-5 所示。机油滤清器的壳体用薄钢板冲压而成，壳体内装有带金属骨架的纸质滤芯，滤芯下设有旁通阀。发动机工作时，从机油泵输出的润滑油经油道进入滤清器壳与滤芯之间，经滤芯滤除杂质后，清洁润滑油出油口进入主油道。当滤芯堵塞时，旁通阀打开，润滑油不经滤芯直接进入主油道。

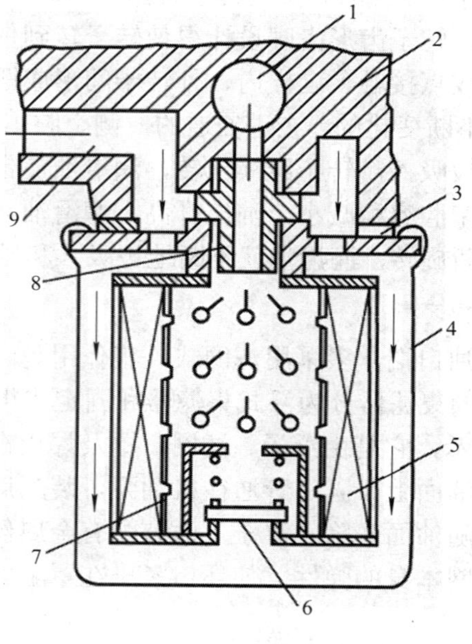

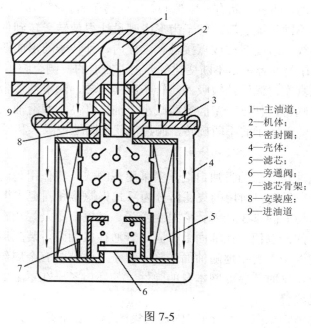

1—主油道；
2—机体；
3—密封圈；
4—壳体；
5—滤芯；
6—旁通阀；
7—滤芯骨架；
8—安装座；
9—进油道

图 7-5

4. 机油散热器

在有些发动机上，为了使润滑油保持在最有利的温度(70～90℃) 范围内工作，除靠润滑油在油底壳内自然冷却外，还另装有机油散热器(见图 7-6)。

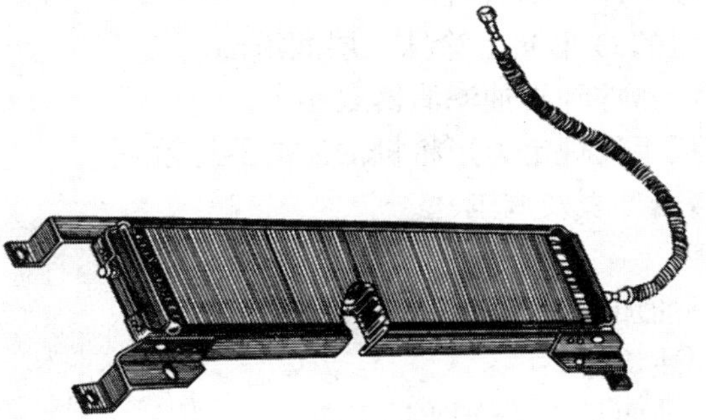

图 7-6

机油散热器一般安装在发动机冷却水散热器的前面，利用风扇风力使润滑油冷却；也有一些发动机将机油散热器装在冷却水路中，当油温较高时靠冷却水降温，而在起动暖车期间油温较低时，则从冷却水吸收热量迅速提高润滑油温度。

二、任务实施

(一) 任务内容

(1) 润滑系统检查。

(2) 润滑油更换。

(二) 任务实施准备

(1) 器材与设备：实训车辆、机油压力表、润滑油、机油滤清器、废油收集容器、套装工具、清洁工具。

(2) 参考资料：《汽车构造拆装与维护保养实训》、发动机维修手册。

(三) 任务实施步骤

1. 检查润滑油油面高度

检查时汽车要停放在平地上，发动机熄火 3 min，待润滑油流回油底壳后，抽出机油尺并将其擦净，再插回到底，重新抽出机油尺，在机油尺上就可以观察到润滑油油面位置。

2. 检查机油压力

拧下安装在主油道上的机油压力传感器，利用其连接螺口，安装一机油压力表。起动发动机，由机油压力表读取发动机工作时主油道内的机油压力。

3. 更换润滑油

(1) 将实训车辆停放在举升机上，关闭发动机，拉紧手刹。

(2) 取下汽缸盖前罩盖上的润滑油加注口盖。

(3) 举升车辆到适当高度并锁止。

(4) 将接油机放置在发动润滑油底壳下。

(5) 热车状态下，拧下放油螺塞(注意防烫)，放出润滑油。

(6) 用机油滤清器扳手卸下滤清器。

(7) 在新机油滤清器的 O 形圈上涂抹一层润滑油。

(8) 用手将机油滤清器拧到机油滤清器底座上。

(9) 用机油滤清器扳手按规定力矩将机油滤清器拧紧。

(10) 清洁机油滤清器外表及周围。

(11) 降下实训车辆。

(12) 从发动机润滑油加注口加入新润滑油。

(13) 盖好润滑油加注口盖。

(14) 用油标尺检查油面是否符合规定。

(15) 起动发动机暖机，润滑油指示灯熄灭，水温上升至正常温度，发动机怠速、中速、高速运转，然后将发动机熄火。

(16) 举升实训车辆到适当高度并锁止。

(17) 目视检查油底壳放油螺塞处及机油滤清器与底座结合处有无润滑油渗漏。

(18) 使用干净的布再检查油底壳放油螺塞结合处、机油滤清器与底座结合处有无润滑油泄漏。

(19) 降下实训车辆。

(20) 检查发动机润滑油液位。暖机熄火后等待 5 分钟，拔出机油尺，用布清洁干净，插回到机油尺孔中，再次拔出机油尺进行检查。检查完把机油尺插回机油尺孔中。

二、拓展知识

(一) 润滑油的主要性能

1. 黏度

黏度是指润滑油受外力作用移动时，分子间产生的内摩擦力大小。它是润滑油分级和选用的主要依据。黏度过小，在高温、高压下容易从摩擦表面流失，不能形成足够厚度的油膜；黏度过大，冷起动阻力增加，起动困难，润滑油不能及时被泵送到摩擦表面，导致起动磨损严重。

2. 黏温性

黏温性是指润滑油黏度随温度而变化的特性。发动机从起动到满负荷工作，温度变化范围大，导致润滑油温度变化大于 100℃。若润滑油的黏度随温度变化太大，就会使高温时黏度太低，而低温时黏度太高，影响正常润滑。

3. 氧化安定性

氧化安定性是指润滑油抵抗氧化作用，不使其性质发生永久变化的能力。润滑油工作温度高达 95℃，产生氧化后，颜色变暗，黏度增加，酸性增大，并产生胶状沉积物。氧化变质的润滑油将腐蚀发动机零件，甚至破坏发动机的正常工作。

4. 其他性能

如极压性、防腐性、起泡性、清净分散性等，它们对发动机的润滑都产生一定的影响，需要加入各种添加剂，保证润滑油的性能。

(二) 润滑油的分类

根据国家标准 GB/T 28772—2012《内燃机油分类》，我国润滑油分为汽油机油、柴油机油和农用柴油机油 3 类：

(1) 汽油润滑油：可分为 SE、SF、SG、SH、SJ、SM、SN 七个级别。

(2) 柴油润滑油：可分为 CC、CD、CF-2、CF-4、CG-4、CH-4、CI-4 七个级别。

级号越后，使用性能越好。每一种级别又有若干种单一黏度等级和多黏度等级的润滑油牌号。例如 CC 级润滑油有三个单一黏度等级(30、40 和 50 号)和六个多黏度等级(5W/30、5W/40、10W/30、10W/40、15W/40 和 20W/40)的润滑油牌号。单一黏度等级的润滑油黏温性较差，只适应某一温度范围使用。多黏度等级的润滑油黏温性好，适应温度范围宽。

(三) 润滑油的选用

由于润滑油对发动机的使用性能和寿命都有很大影响，因此应严格按照汽车使用说明书的规定选用。若无说明书，可根据发动机特性和使用地区的气温情况，选用合适的使用等级和黏度等级。

(1) 汽油机选择汽油机润滑油，柴油机选择柴油机润滑油。

(2) 根据发动机的强化程度选用合适的润滑油使用等级。高速大负荷发动机选用高等级润滑油。

(3) 根据地区、季节、气温和发动机技术特征选择黏度等级。

常用发动机润滑油黏度等级与适用温度范围见表 7-1。

表 7-1 常用发动机润滑油黏度等级与适用温度范围(供参考)

黏度等级	适用温度范围/℃	黏度等级	适用温度范围/℃
5W/20	−45～30	20W/40	−15～40
5W/30	−30～30	10W	−20～10
10W/30	−25～35	20	−15～20
10W/40	−25～35	30	−10～35
15W/40	−20～35	40	−5～40

思 考 题

1. 简述润滑系统的作用与润滑方式。
2. 简述转子式机油泵的结构及工作过程。
3. 简述机油集滤器的类型及结构。
4. 简述机油滤清器的作用及结构。

项目八 冷却系统

知识目标

□ 掌握冷却系统的组成。
□ 掌握冷却系统主要组件的结构。

技能目标

□ 掌握冷却系统的拆装、检测过程和规范。
□ 掌握更换冷却液的操作规范。

发动机工作时，可燃混合气在气缸内燃烧，其工作温度高达 2273 K(2000℃)，瞬时温度可达 3273 K(3000℃)左右。如果不加以适当冷却，不仅会使发动机过热，导致充气效率下降，燃烧不正常，机油变质，零件摩擦和磨损加剧，有时甚至造成机件卡死或烧毁等事故性损伤。但如果冷却过度，又会由于气缸温度过低，使燃油雾化不良，动力下降，机油黏度增大，摩擦损失增加，散热损失增加及润滑性能变差。因此，必须保证发动机始终处在最适宜的温度状态下工作。冷却系统的作用是把受热机件吸收的部分热量及时散发出去，保证发动机在最适宜的温度状态下工作。

为了使发动机正常工作，冷却水应保证在 353～363 K(80～90℃)的范围内，也有的封闭水箱正常温度达 85～95℃，才能使各受热机件处于正常的热范围内，保证发动机有较大的功率和较好的经济性，且运动零件的磨损正常。

一、基础知识

(一) 冷却系统的类型

冷却系统按照冷却介质的不同可以分为风冷却和水冷却两种。汽车发动机一般常采用水冷却系统。

风冷却系统是把发动机中高温零件的热量直接散入大气而进行冷却的装置。风冷发动机为了增大散热面积，气缸体和气缸盖的表面上均布了散热片，它一般与气缸体和气缸盖铸成一体(见图 8-1)。利用车辆行驶时前进的气流或特制的风扇鼓动空气，吹过散热片，将热量带走。风冷却系统的特点是冷却不够可靠、功率消耗大、噪声大和对气温变化敏感。一般只有小排量的发动机采用风冷却系统。

图 8-1

水冷却系统是把发动机的热量先传给冷却水，高温的冷却水进入散热器后再将热量散入到大气，使发动机的温度降低的装置。其主要特点是冷却均匀、冷却效果好、结构紧凑，而且发动机运转噪声小。

（二）水冷却系统的组成与工作过程

发动机冷却系统总体组成如图 8-2 所示。水套是直接铸造在气缸体和气缸盖内相互连通的空腔，水套通过橡胶软管与固定在发动机前端的散热器相连，形成封闭的冷却水循环空间，水泵安装在水套与散热器之间。发动机工作时，水套和散热器内充满冷却水，曲轴通过 V 带驱动水泵工作，使冷却水在水套与散热器之间循环流动，冷却水流经气缸体和气缸盖内水套时带走发动机热量，使发动机冷却，而流经散热器时将热量散发到大气。

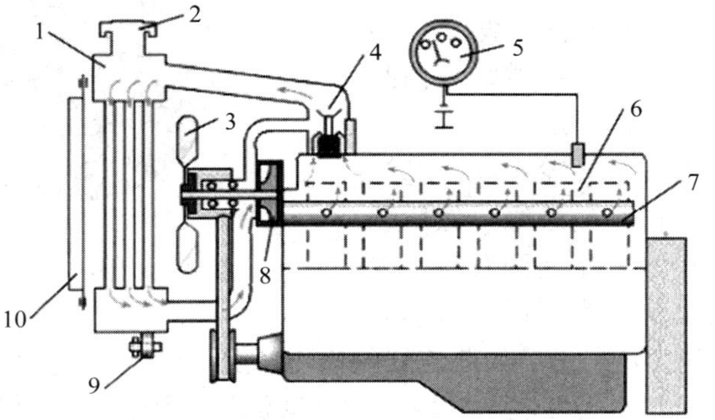

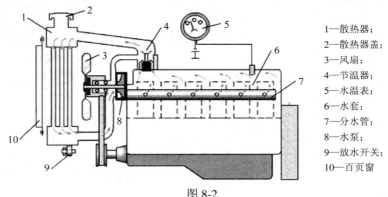

1—散热器；
2—散热器盖；
3—风扇；
4—节温器；
5—水温表；
6—水套；
7—分水管；
8—水泵；
9—放水开关；
10—百页窗

图 8-2

风扇安装在水泵轴上，水泵工作时风扇转动产生强大的吸力，以增大流经散热器的空气流量和速度，加强散热器的散热效果。在一些发动机上采用风扇离合器或电动风扇来控制风扇的工作状态，以根据发动机的工作情况调节冷却强度。

节温器安装在水套出水口处，根据发动机工作温度，它可自动控制通向散热器和水泵的两个冷却水通路，以调节冷却强度。

发动机工作温度较低(70℃以下)时，节温器自动关闭通向散热器的通路，而开启通向水泵的通路，从水套流出的冷却水直接通过软管进入水泵，并经水泵送入水套再进行循环，由于冷却水不经散热器散热，可使发动机工作温度迅速升高，此循环路线称为小循环(见图 8-3)。发动机工作温度较高(80℃以上)时，节温器自动关闭通向水泵的通路，而开启通向散热器的通路，从水套流出的冷却水经散热器散热后再由水泵送入水套，提高了冷却强度，以防止发动机过热，此循环路线称为大循环(见图 8-4)。发动机工作温度在 70～80℃时，大、小循环同时存在，即部分冷却水进行大循环，而另一部分进行小循环。

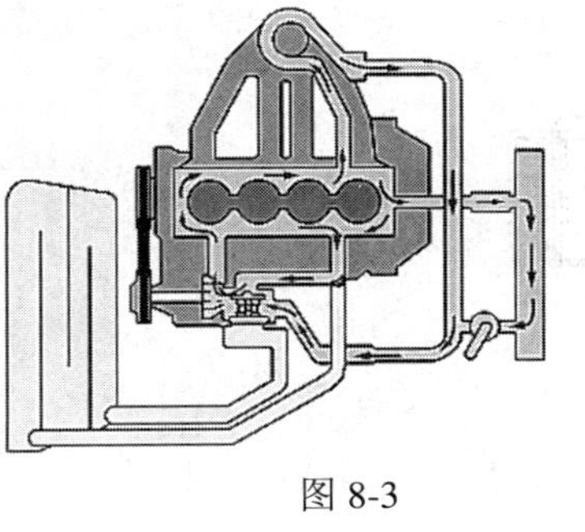

图 8-3

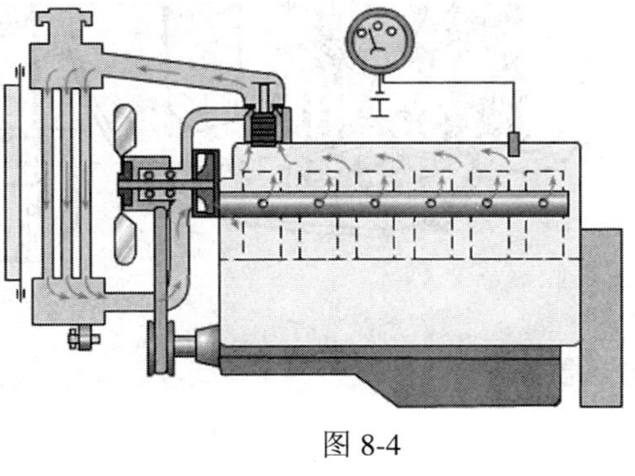

图 8-4

水温表设在仪表盘上，通过水温传感器检测并由水温表显示冷却水温度。

(三) 水冷却系统的主要组件

1. 水泵

水泵的功用是对冷却水加压，加速冷却水的循环流动，保证冷却可靠。车用发动机上多采用离心式水泵，离心式水泵具有结构简单、尺寸小、排水量大、维修方便等优点。

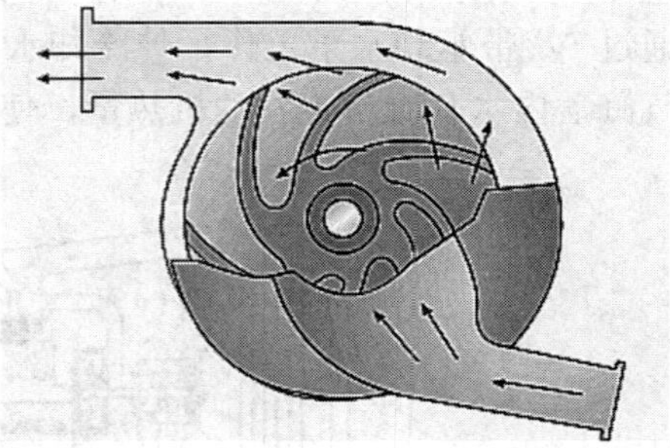

图 8-5

离心式水泵主要由泵体、叶轮和水泵轴组成，叶轮一般是径向或向后弯曲的，其数目一般为 6～9 片。水泵一般由曲轴通过 V 带驱动，有些水泵由凸轮轴直接驱动，其工作过程如图 8-5 所示。

当叶轮旋转时，水泵中的水被叶轮带动一起旋转，在离心力作用下，水被甩向叶轮边缘，然后经外壳上与叶轮呈切线方向的出水管压送到发动机水套内。与此同时，叶轮中心处的压力降低，散热器中的水便经进水管被吸进叶轮中心部分。如此连续的作用，使冷却水在水路中不断地循环。如果水泵因故停止工作时，冷却水仍然能从叶轮叶片之间流过，进行热流循环，不至于很快使发动机产生过热。

2. 风扇

风扇的功用是提高通过散热器芯的空气流速，增加散热效果，加速水的冷却。

风扇通常安排在散热器后面，当风扇旋转时，对空气产生吸力，使之沿轴向流动。空气流由前向后通过散热器芯，使流经散热器芯的冷却水加速冷却。

现代轿车发动机采用电动风扇(见图 8-6)。电动风扇用电动机驱动风扇，工作状态通过温控开关由冷却水温控制，与点火开关无关。当散热器出口冷却水温度达到设定值时，温控开关接通电动机电路，风扇开始运转，保证有足够的空气流经散热器；当冷却水温低于设定值时温控开关断开电动机电路，风扇电动机停止工作。

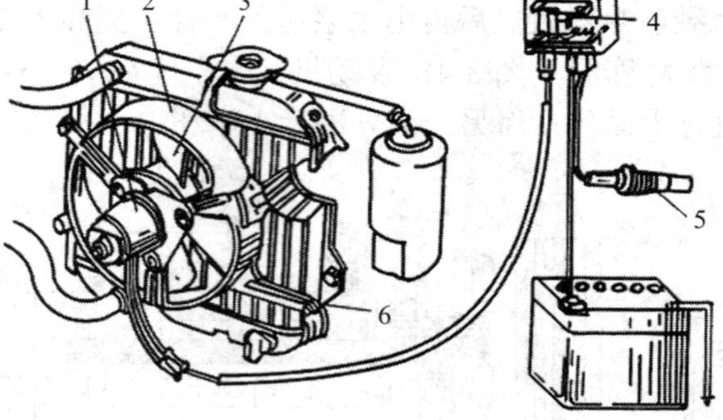

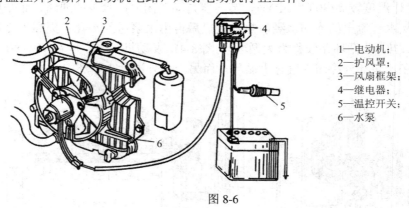

1—电动机；
2—护风罩；
3—风扇框架；
4—继电器；
5—温控开关；
6—水泵

图 8-6

3. 散热器

散热器又称为水箱，由上储水室、散热器芯和下储水室等组成(见图 8-7)。

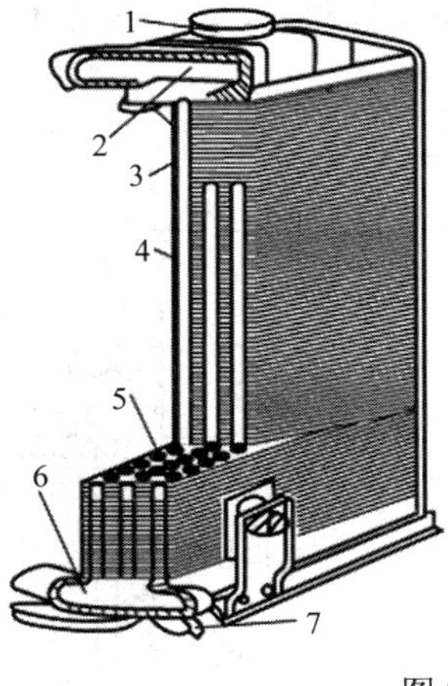

1—散热器盖；
2—上储水室；
3—散热片；
4—出水管；
5—散热器芯；
6—下储水室；
7—散热器放水开关

图 8-7

散热器的功用是增大散热面积，加速水的冷却。冷却水经过散热器后，其温度可降低10～15℃，为了将散热器传出的热量尽快带走，在散热器后面装有风扇与散热器配合工作。散热器上水室顶部有加水口，冷却水由此注入整个冷却系统并用散热器盖盖住。在上储水室和下储水室分别装有进水管和出水管，进水管和出水管分别用橡胶软管与气缸盖的出水管以及水泵的进水管相连。这样不仅便于安装，而且当发动机和散热器之间产生少量位移时也不会漏水。工作中，由发动机气缸盖出水管流出的水套中的热水，经散热器的进水管进入上储水室，经散热器芯的冷却管冷却后流入下储水室，经水管被吸入水泵，压送入水套内，并如此循环。在散热器下面一般装有减振垫，防止散热器受振动损坏。在散热器下储水室的出水管上还有放水开关，必要时可将散热器内的冷却水放掉。

散热器芯一般用铜或铝制成，由许多冷却管和散热片组成，对于散热器芯应该有尽可能大的散热面积，采用散热片是为了增加散热器芯的散热面积。散热器芯的构造形式有多种，常用的有管片式(见图 8-8)和管带式(见图 8-9)两种。

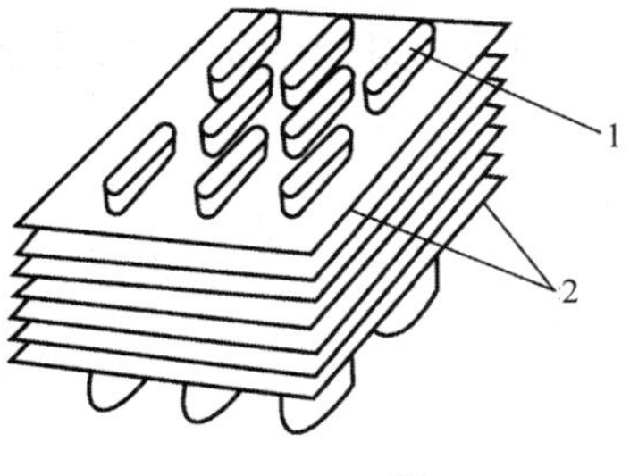

1—冷却水管；
2—散热片

图 8-8

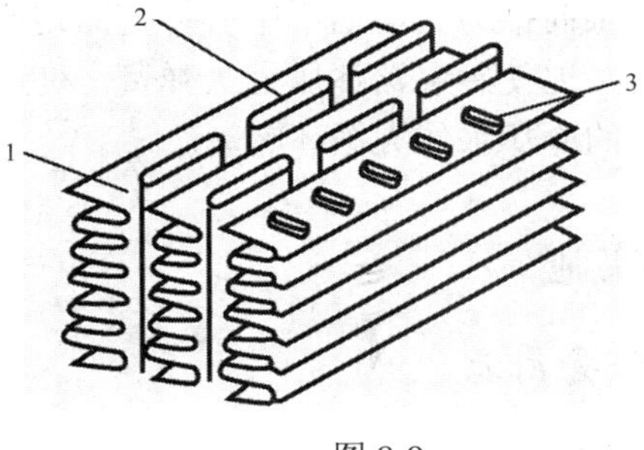

1—散热带；
2—冷却水管；
3—小孔

图 8-9

管片式散热器芯冷却管的断面大多为扁圆形，它连通上、下储水室，是冷却水的通道。采用散热片不但可以增加散热面积，还可以增大散热器的刚度和强度。

管带式散热器芯采用冷却管和散热带沿纵向间隔排列的方式，散热带上的小孔是为了破坏空气流在散热带上形成的附面层，使散热能力提高。

4. 节温器

节温器通常位于气缸盖水套的出水口处，通过控制进入散热器的冷却水量，自动调节冷却系统的冷却强度。节温器分为皱纹筒式和蜡式两种，两者又都有单阀式和双阀式之分。现在汽车上采用较多的是双阀门蜡式节温器。

双阀门蜡式节温器的结构如图 8-10 所示。

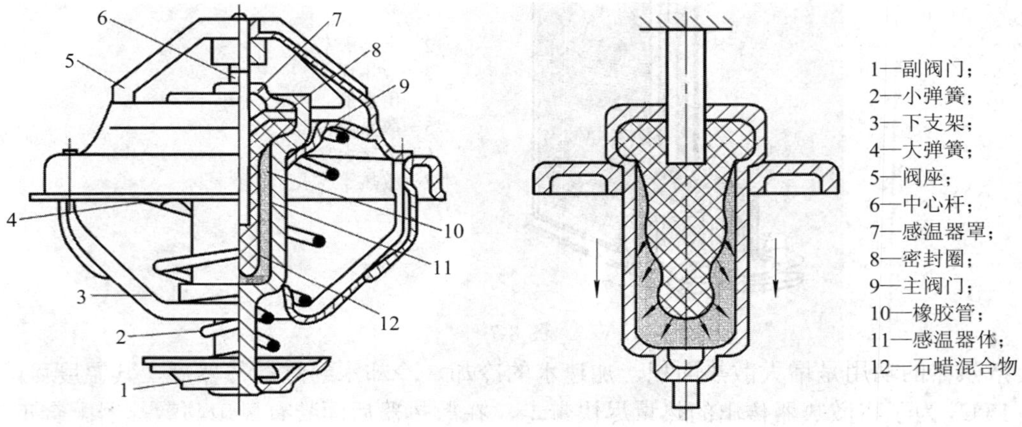

图 8-10

双阀门蜡式节温器的阀座与下支架铆接在一起，紧固在阀座上的中心的锥形下端插在橡胶管内，橡胶管与感温器体之间的空腔内充满特制的石蜡，感温器体上部套装在水泵下端、进水口的前部，用来控制水泵的进水。常温时，石蜡呈固态，当温度升高时，石蜡渐渐变成液态，其体积也随之增大。

当冷却水温度低于 85℃时，节温器体内的石蜡体积膨胀量尚小，主阀门受大弹簧作用紧压在阀座上，来自散热器的水道被关闭，而副阀门则离开来自发动机的旁通水道，所以冷却水便不经过散热器，只在水泵与发动机水套之间作小循环流动。因此，发动机开始工作时，冷却水快速升温，能很快暖机，在短时间内达到发动机的正常工作温度。

当冷却水温度高于 85℃时，石蜡体积膨胀，使橡胶管受挤压变形，对中心杆锥形端部产生向上的轴向推力。但由于中心杆是固定不动的，于是杆对橡胶管和感温器产生向下的轴向反推力，迫使感温器体压缩大弹簧，使主阀门逐渐开启，副阀门逐渐关闭，因而部分来自散热器的冷却水作大循环流动。

二、任务实施

（一）任务内容

(1) 冷却系统检查。

(2) 冷却液更换。

（二）任务实施准备

(1) 器材与设备：实训车辆、冷却液、专用清洗液、压力计、冷却液收集容器、套装工具、清洁工具。

(2) 参考资料：《汽车构造拆装与维护保养实训》、发动机维修手册。

（三）任务实施步骤

1. 冷却系统检查

(1) 检查冷却液液面高度。检查液面高度时应在发动机处于正常的工作温度下进行。检查时不必打开散热器，观察冷却液膨胀箱中的液面即可。正常的液面应位于“max”与“min”标记之间。

(2) 检查水泵总成外部。

① 检查有无渗漏。水封失效时会有大量的冷却水从检视孔处流出，水泵壳如有裂纹，也会发生渗漏。

② 检查带轮的转动和轴向、径向窜动量。用手转动带轮，应运转灵活，无卡滞现象。

③ 检查泵体及 V 带轮有无磨损及损伤。

(3) 检查电动风扇。检查风扇电动机应在冷却水温为 83℃以下的状态下进行。此时将点火开关转置 ON，风扇电动机应不工作。当拆下散热器上的温控开关线束插头并使其搭铁时，风扇电动机应转动，再接上温控开关线束插头时，风扇电动机应停止工作。

(4) 检查节温器。

① 将节温器放在一个充满水的容器内加热，用温度计监测温度。

② 水温约 87℃时，节温器阀门必须开启。

③ 水温约 120℃时，应完全打开。

2. 更换冷却液

(1) 将车放在平地位置，检查冷却液品质。

(2) 将冷却液收集容器放在冷却液散热器下。

(3) 等发动机温度降低后，拧开冷却液储液罐盖。

(4) 将散热器放水开关拧松，放出冷却液。

(5) 将放水开关关好，将专用清洗液加入到冷却系统中。

(6) 起动发动机，使发动机温度达到正常工作温度并怠速运转 20～30 min，然后使发动机停止转动，放出清洗液。

(7) 用清洁的水冲洗冷却系统 5min 后将发动机内注满清洁的水，再起动发动机使其运转 10 min 后放出水即可。

(8) 将放水开关关好。

(9) 向冷却系统内加注冷却液，直到液面到达膨胀箱的“FULL”标记处。

(10) 起动发动机暖机至冷却水温度达到正常温度为止。

(11) 打开贮水箱盖，加水至溢出加水口为止

(12) 旋下膨胀箱盖。

(13) 将压力计安装膨胀箱盖座。

(14) 用手动泵加压至规定压力。

三、拓展知识

冷却液又称防冻液，是由防冻添加剂及防止金属产生锈蚀的添加剂和水组成的液体。

（一）冷却液的作用

1. 冷却作用

发动机工作时产生大量的热量，其中 60% 的热量要通过冷却系统散发到周围空间。

2. 防腐作用

冷却系统中散热器、水泵、缸体及缸盖、分水管等部件是由钢、铸铁、黄铜、紫铜、铝、焊锡等金属组成的。由于不同的金属的电极电位不同，在电解质的作用下容易发生电化学腐蚀，因而冷却液中都要加入一定量的防腐蚀添加剂，防止冷却系统产生腐蚀。

3. 防垢作用

冷却系统的水垢能磨损水泵密封件并覆盖在汽缸体水套外壁，使其导热率下降，并使缸盖高温区温度剧增，引起缸裂。因此，为了减少水垢的生成，冷却液在生产和加注过程中均要求使用经过软化处理的去离子水。

4. 防冻作用

冬季气温低，为使汽车在冬季低温下仍能继续使用，发动机冷却液都加入了一些能够降低水冰点的物质作为防冻剂，保持在低温天气时冷却系统不冻结。

（二）冷却液的组成

冷却液是内燃机循环冷却系统的冷却介质，主要由防冻剂、缓蚀剂、消泡剂、着色剂、防霉剂、缓冲剂等组成。

随着汽车工业的发展，对发动机的性能要求也越来越高，不仅要求冷却液具有较低的冰点和较高的沸点，还应具有较好的金属防腐性、防气蚀性、防结垢性，以及对环境污染小或不污染环境，且有较长的使用寿命等方面的综合性能。各国对此都做了大量的研究，不断推出配方专利和优良的冷却液商品。一些先进国家的冷却液普及率达到了 100%。国内冷却液的普及率较低，市售的冷却液有相当数量是进口的，由于价格较高，一般用于进口车辆。虽然近年来国产冷却液生产增长很快，但不少产品由于缺乏严格的质量检验和统一的检验标准。为此，必须吸收国外的先进技术并结合中国的实际，开发生产多功能的高效冷却液来满足日益增长的市场需求。

（三）冷却液的种类

1. 乙二醇冷却液

乙二醇是一种无色微黏的液体，沸点是 197.4℃，冰点是 -11.5℃，能与水任意比例混合。混合后由于改变了冷却水的蒸气压，冰点显著降低。其降低的程度在一定范围内随乙二醇的含量增加而下降。当乙二醇的含量为 68% 时，冰点可降低至 -68℃，超过这个极限时，冰点反而要上升。40% 的乙二醇和 60% 的软水混合成的冷却液，防冻温度为 -25℃；当冷却液中乙二醇和软水各占 50% 时，防冻温度为 -35℃。

2. 二甘醇冷却液

二甘醇冷却液不易挥发和着火，对金属腐蚀性也较小，但二甘醇降低冰点的效果比乙二醇低，配制同一冰点的冷却液时，比乙二醇的用量大，同时热传导效率下降。

3. 甘油–水冷却液

甘油–水冷却液不易挥发和着火，对金属腐蚀性也小，但甘油降低冰点的效率低，配制同一冰点的冷却液时，比乙二醇、酒精的用量大。因此，这种冷却液用得较少。

4. 酒精–水冷却液

酒精的沸点是 78.3℃，冰点是 –114℃。酒精与水可任意比例混合，组成不同冰点的冷却液。酒精的含量越多，冰点越低。酒精是易燃品，当冷却液中的酒精含量达到 40%以上时，就容易产生酒精蒸气而着火。因此，冷却液中的酒精含量不宜超过 40%，冰点限制在 –30℃左右。酒精–水冷却液具有流动性好、散热快、取材方便、配制简单等优点。它的缺点是容易着火，酒精沸点低，蒸发损失大。酒精蒸发后，冷却液成分改变，冰点升高。在山区、高原地区行驶的汽车不宜使用酒精–水冷却液，因为酒精的蒸发损失大。

思 考 题

1. 简述水冷系统的组成及工作过程。
2. 简述离心式水泵的结构及工作过程。
3. 简述散热器的类型及结构。
4. 简述双阀门蜡式节温器的结构及工作过程。

项目九　起 动 系 统

为了使静止的发动机进入工作状态，必须先用外力转动发动机曲轴，使活塞开始上下运动，气缸内吸入可燃混合气，并将其压缩、点燃，体积迅速膨胀产生强大的动力，推动活塞运动并带动曲轴旋转，发动机才能自动地进入工作循环。发动机的曲轴在外力作用下开始转动到发动机自动怠速运转的全过程，称为发动机的起动过程。完成起动所需要的装置称为起动系统(见图 9-1)。

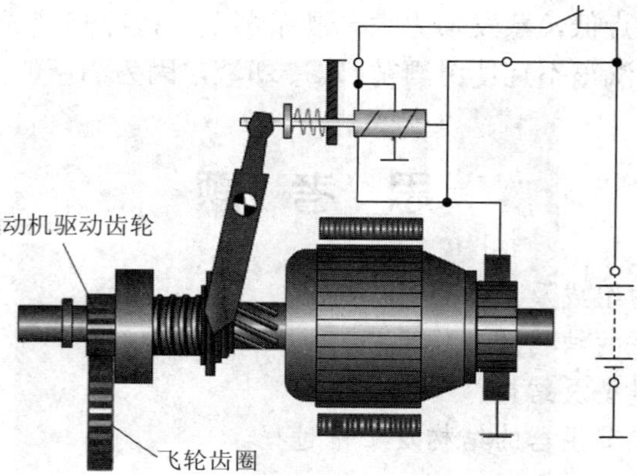

图 9-1

任务一　发动机起动及辅助起动装置

知识目标

□ 掌握发动机的起动方式。
□ 掌握辅助起动装置的作用和结构。

一、基础知识

发动机起动时，必须克服气缸内被压缩气体的阻力和发动机本身及其附件内相对运动的零件之间的摩擦阻力，克服这些阻力所需的力矩称为起动转矩。

能使发动机顺利起动所必需的曲轴转速，称为起动转速。车用汽油发动机在温度为 0～20℃时，最低起动转速一般为 30～40 r/min。为了使发动机能在更低的温度下迅速起动，要求起动转速不低于 50～70 r/min。若起动转速过低，则压缩行程内的热量损失过多，气流的流速过低，将使汽油雾化不良，导致气缸内的混合气不易着火。

对于车用柴油机的起动，为了防止气缸漏气和热量散失过多，保证压缩终了时气缸内有足够的压力和温度，还要保证喷油泵能建立起足够的喷油压力，使气缸内形成足够强的空气涡流，要求的起动转速较高，可达 150～300 r/min，否则柴油雾化不良，混合气质量不好，发动机起动困难。此外，柴油发动机的压缩比较汽油机大，因此起动转矩也大，所以起动柴油发动机所需要的起动机功率也比汽油机大。

(一) 起动方式

发动机常用的起动方式有人力起动、电力起动机起动和辅助汽油机起动等多种形式。

(1) 人力起动即手摇起动或绳拉起动。其结构十分简单，主要用于大功率柴油机的辅助汽油机的起动，或在有些装用中、小功率汽油发动机的车辆上作为后备起动装置。手摇起动装置由安装在发动机前端的起动爪和起动摇柄组成。

(2) 辅助汽油机起动的起动装置体积大、结构复杂，只用于大功率柴油发动机的起动。

(3) 电力起动以电动机作为动力源。当电动机轴上的驱动齿轮与发动机飞轮周缘上的环齿啮合时，电动机旋转时产生的电磁转矩通过飞轮传递给发动机的曲轴，使发动机起动。电力起动机简称起动机，它以蓄电池为电源，结构简单、操作方便、起动迅速可靠。目前，几乎所有的汽车发动机都采用电力起动。

(二) 辅助起动装置

1. 电热塞

一般在采用涡流室式或预燃室式燃烧室的发动机中装有电热塞(见图 9-2)，以便在起动时对燃烧室内的空气进行预热。螺旋形的电阻丝一端焊于中心螺杆上，另一端焊在耐高温不锈钢制造的发热钢套底部，在钢套内装有具有一定绝缘性能、导热好、耐高温的氧化铝填充剂。各电热塞中心螺杆用导线并联，并连接到蓄电池上。在发动机起动以前，先用专用的开关接通电热塞电路，很快红热的发热钢套使气缸内空气温度升高，从而提高了压缩终了时的空气温度，使喷入气缸的柴油容易着火。

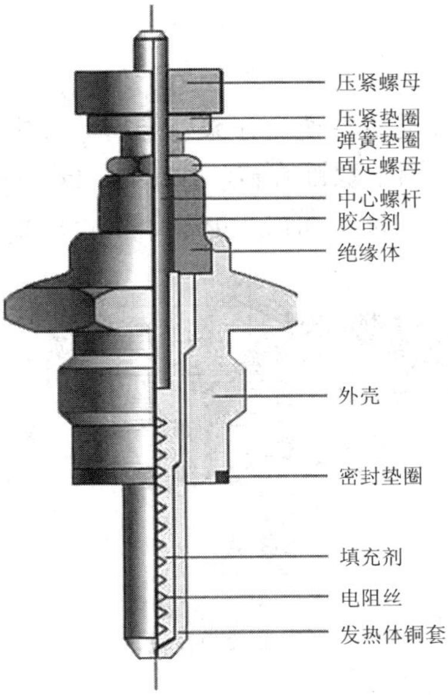

图 9-2

2. 进气预热器

在中、小功率柴油机上常采用进气预热器(见图 9-3)作为冷起动的辅助装置。空心阀体由膨胀系数较大的金属材料制成，其一端与进油管接头相连，另一端由内螺纹与一端带有外螺纹的阀芯相连。阀芯的锥形端在预热器不工作时将油管接头的进油口堵塞。阀体外绕有外表面绝缘的电热丝。柴油机起动时，接通预热器电路后，电热丝发热，同时加热阀体，阀体受热伸长，带动阀芯移动，使阀芯的锥形端离开进油孔。燃油流进阀体内腔受热汽化，从阀体的内腔喷出，并被炽热的电热丝点燃生成火焰喷入进气管，使进气得以预热。当关闭预热开关时，电路切断，电热丝变冷，阀体冷却收缩，其锥形端又堵住进油孔而阻止燃油的流入，于是火焰熄灭，预热停止。

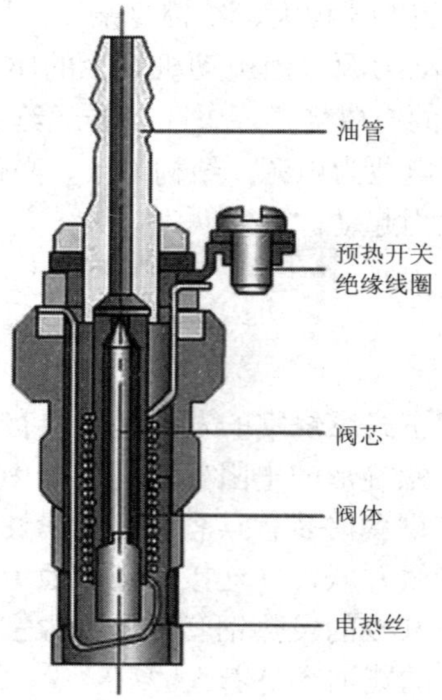

图 9-3

3. 减压装置

为了降低起动力矩，提高发动机转速，在某些车用柴油机上采用减压装置(见图 9-4)。发动机起动时，首先通过手柄驱使调整螺钉旋转，并略微顶开气门(气门一般下降 1～1.25 mm)，以降低初压缩阻力。这样在柴油机起动前起动机转动曲轴比较容易。

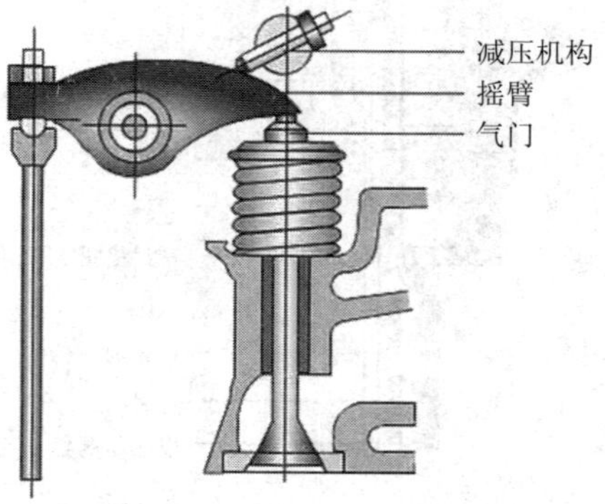

图 9-4

当曲轴转动起来后，各零件工作表面温度升高，润滑油黏度降低，摩擦阻力减小，从而降低了起动阻力矩。这时将手柄扳回原来位置，柴油机即可顺利起动。

4. 起动液喷射装置

在低温起动时，可根据需要装用起动液喷射装置(见图 9-5)。

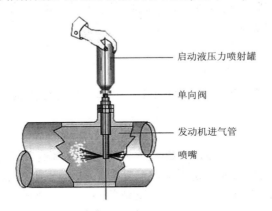

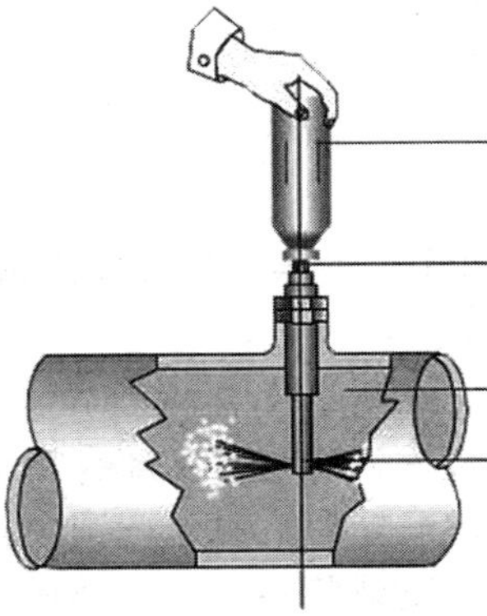

图 9-5

在柴油机进气管内安装一个喷嘴，起动液压力喷射罐内充有压缩气体(氮气)和易燃燃料(乙醚、丙酮、石油醚等)。当低温起动柴油机时，将喷射罐倒立，罐口对准喷嘴上端的管口。轻压起动液喷射罐，即打开喷射罐口处的单向阀，则起动液通过单向阀、喷嘴喷入柴油机进气管，并随同进气管内的空气一起被吸入燃烧室。因为起动液是易燃燃料，故可在较低的温度和压力下迅速着火，从而点燃喷入燃烧室的柴油。

(三) 起动系统组成

电起动系统主要由蓄电池、起动机、起动继电器、点火开关、安全开关(有的汽车采用)、低温起动预热装置等组成。

起动系统的作用是通过起动机将蓄电池的电能转换成机械能，起动发动机运转。

起动系统由蓄电池、点火开关、起动继电器、起动机等组成(见图 9-6)。

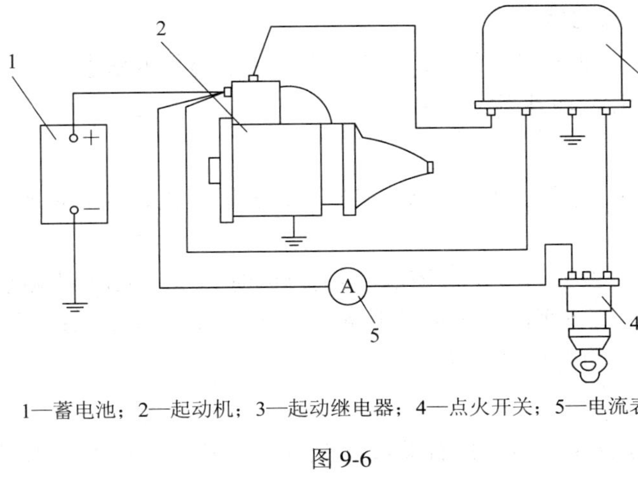

1—蓄电池；2—起动机；3—起动继电器；4—点火开关；5—电流表

图 9-6

当点火开关置于起动挡“Start”时，首先接通起动控制电路，电磁开关闭合，蓄电池电流经电磁开关流入起动机，并使其转动。同时，电磁开关还将驱动齿轮向外推出，与发动机飞轮相啮合，带动发动机转动。当发动机完成着火并加速运转后，飞轮又反过来带动起动齿轮运转的趋势时，起动机上的单向离合器使起动机的驱动齿轮相对于起动机电枢轴空转(以保护起动机)。驾驶员及时将点火开关转到点火挡“IG”，切断起动机控制电路，驱动齿轮退回，起动机停止运转。

三、拓展知识

无钥匙系统(PKE)的钥匙不是传统的钥匙，而是一个带有智能电子芯片的钥匙。

(一) 工作原理

无钥匙系统采用无线射频识别(RFID)技术，通过车主随身携带的智能卡里的芯片感应自动开关门锁，也就是说当驾驶者走近车辆一定距离时，门锁会自动打开并解除防盗；当驾驶者离开车辆时，门锁会自动锁上并进入防盗状态。一般装备有无钥匙系统的车辆，其车门把手上有感应按钮，同时也有钥匙孔，是以防智能卡损坏或没电时，车主仍可用普通方式开启车门。当车主进入车内时，车内的检测系统会马上识别智能卡，经过确认后车内的电脑才会进入工作状态，这时车主只需轻轻按动车内的启动按钮(或者是旋钮)，就可以正常启动车辆了。也就是说无论在车内还是车外，都可以保证系统在任何情况下正确识别驾驶者。

(二) 主要功能

1. 无钥匙进入功能

(1) 当钥匙靠近车体时，车门自动开锁并解除防盗警戒状态，同时方向灯闪烁 2 次；当钥匙离开车体时，车门自动上锁并进入防盗警戒状态，此时转向灯闪烁 1 次，喇叭响一短声。

(2) 主门的有效检测距离不小于 1.5 m，其他门要求在门边时有效。

2. 自动升窗与设防功能

当钥匙离开车体 3～5 m 时，车门自动上锁并进入防盗警戒状态，此时转向灯闪烁 1 次，喇叭响一短声，车窗会自动升起。

3. 无线遥控功能

(1) 遥控上锁：按此按键，车门上锁，转向灯闪烁 1 次，同时喇叭响一声，汽车进入防盗警戒状态。

(2) 遥控开锁：按此按键，车门开锁，转向灯闪烁 2 次，同时解除防盗报警状态。

(3) 寻车功能：按此按键，电子喇叭响 8 声，转向灯闪烁 8 次；若主机检测到钥匙或接收到开门信号，则自动终止寻车功能。

4. 防盗报警功能

(1) 在防盗警戒状态下，有边门触发或 ACC 信号触发，则系统开始报警，此时，电子喇叭鸣叫 30 s，方向灯闪烁 3 min。

(2) 一旦防盗被触发，则系统必须切断启动电路和油路，只有防盗被解除后方可恢复。

(3) 若在防盗警戒启动后发现车门未正确关好，则系统发出警示信号：电子喇叭鸣叫 8 次，同时方向灯闪烁 8 次；5 s 后若仍未关好门则自动断开油路和启动电路。

5. 其他功能

(1) 遥控器低电量提示：当遥控器电池电量过低时，在无钥匙或遥控开门、关门时喇叭鸣叫 4 短声。

(2) 在线诊断：可在线检测系统故障、在线升级系统设置。

(3) 省电模式：系统采用自动唤醒方式控制，遥控进入汽车天线辐射领域时自动唤醒遥控，当离开时，遥控进入睡眠状态，可自动进入省电模式。

任务二　起　动　机

知识目标

□ 掌握起动机的组成。
□ 掌握起动机各组件的结构和工作过程。

技能目标

□ 掌握起动机的拆装、检测过程和规范。

一、基础知识

起动机将蓄电池的电能转化为机械能，以驱动飞轮旋转，实现发动机运转。

起动机由直流电动机、操纵机构和传动机构三大部分组成(见图 9-7)。

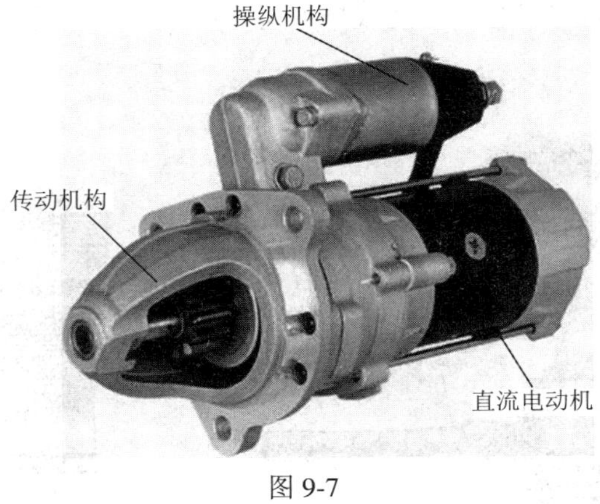

图 9-7

目前汽车发动机普遍采用串激直流电动机(其磁场绕组与电枢绕组串联)作为起动机。因为这种电动机在低转速时转矩很大，随着转速的升高，其转矩逐渐减小，这一特性非常适合发动机起动的要求。

(一) 直流电动机

直流电动机主要由壳体、磁极(定子)、电枢(转子)、换向器及电刷等组成。

1. 磁极

磁极(见图 9-8)的作用是产生磁场，由铁芯和磁场绕组组成。磁极的数目为四个(两对)，磁场绕组用矩形截面的裸铜条绕制。

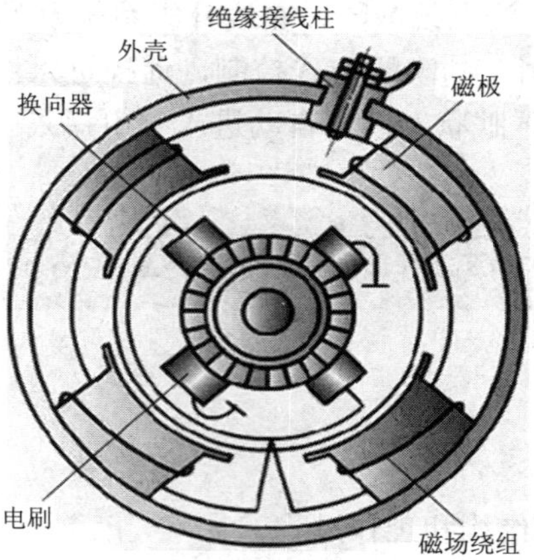

图 9-8

2. 电枢与换向器

电枢是产生电磁转矩的核心部件，主要由电枢轴、铁芯、绕组和换向器组成(见图 9-9)。

换向器和铁芯都压装在电枢轴上，电枢绕组则嵌装在铁芯内。电枢轴的一端制有螺旋花键与传动机构连接，电枢轴两端支承在壳体内。铁芯由许多相互绝缘的硅钢片叠装而成，其圆周表面上有槽，用来安装电枢绕组。因流经电枢绕组的电流很大(一般为 200～600 A)，故电枢绕组采用较粗的矩形裸铜线绕制(见图 9-10)。为了防止裸铜线绕组间短路，在铜线与铜线、铜线与铁芯之间均用绝缘性能较好的绝缘纸隔开。电枢绕组各线圈的端头均焊接在换向器上。

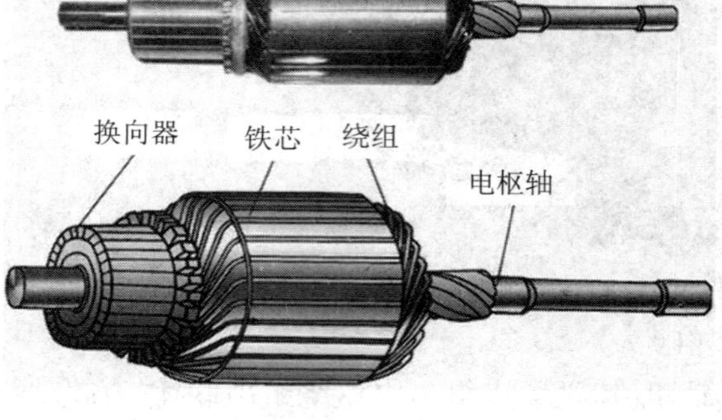

图 9-9

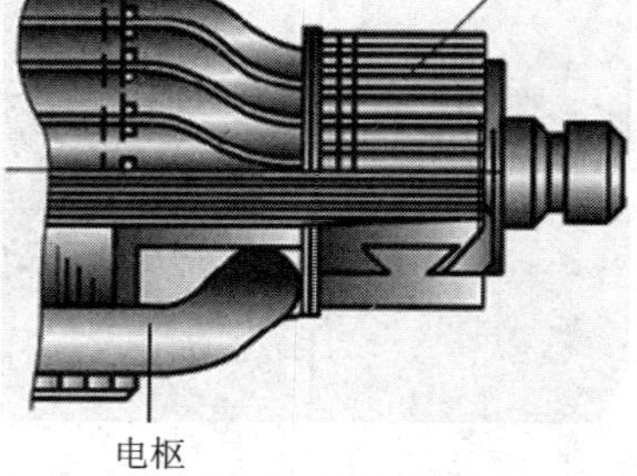

图 9-10

换向器由铜片和云母片相间叠压而成。换向器的作用是把通入电刷的直流电流转变为电枢绕组中导体所需的交变电流。

3. 电刷与电刷架

电刷与电刷架(见图 9-11)的作用是将电流引入电动机。四个电刷架均固定在前端盖上，其中两个电刷架与端盖绝缘，称为绝缘电刷架；另外两个电刷架与端盖直接铆合而搭铁，称为搭铁电刷架。电刷架由铜粉(80%～90%)和石墨粉(10%～20%)压制而成，加入铜是为了减小电阻并增加耐磨性。电刷装在电刷架中，借弹簧压力将它压紧在换向器上。

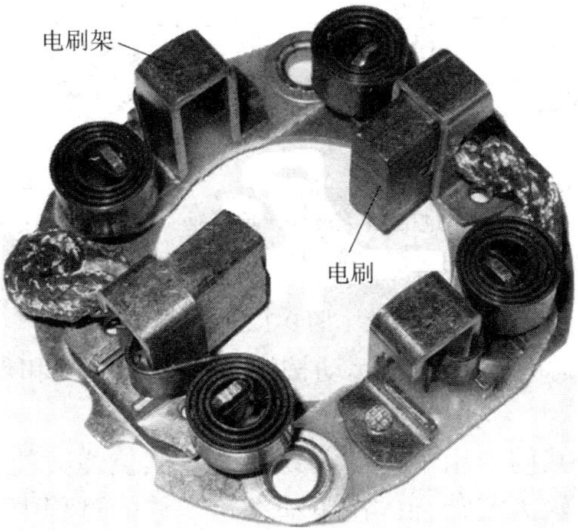

图 9-11

4. 端盖

端盖分为前、后两个端盖。前端盖一般用钢板压制而成，其上装有四个电刷架，后端盖用铸铁铸造而成。它们分别装在机壳的两端，靠两个长螺栓与起动机机壳紧固在一起。两端盖均装有青铜石墨轴承或铁基含油轴承套。

5. 外壳

外壳用钢管制成，一端开有窗口，作为观察电刷与换向器之用，平时用防尘箍盖住。

外壳上只有一个电流输入接线柱(与外壳绝缘)，并在内部与磁场绕组的一端相接。

(二) 操纵机构

起动机操纵机构的作用是控制起动机主电路的通、断和驱动齿轮的移出和退回。起动机的操纵机构分为直接式和电磁式两种。直接式操纵机构检修方便，且不消耗电能，有利于提高起动转速，但驾驶人的劳动强度大，不易远距离操纵，所以目前已很少应用。电磁式操纵机构俗称电磁开关，其使用方便，工作可靠，并适合远距离操纵，所以目前应用广泛。

电磁操纵机构有两个线圈，一个与电枢绕组串联，能产生较大的磁场力，称为吸引线圈；另一个与电动机并联，在吸引线圈被短路后，提供磁场力，保持铁芯被吸住，称为保持线圈(见图 9-12)。

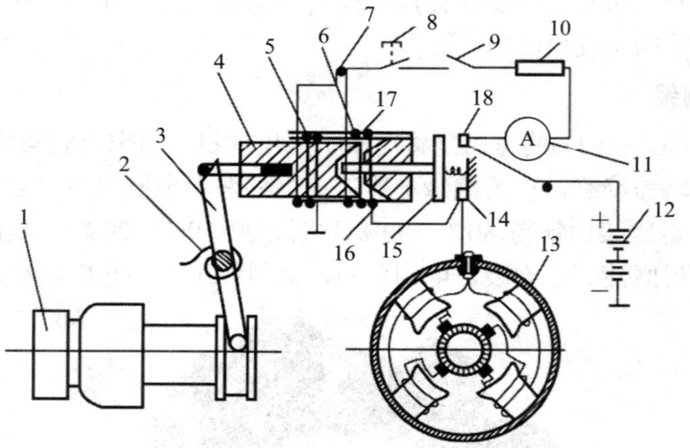

1—驱动齿轮；2—回位弹簧；3—拨叉；4—活动铁芯；5—保持线圈；6—吸引线圈；
7—接线柱；8—起动按钮；9—电源总开关；10—熔断丝；11—电流表；12—蓄电池；
13—电动机；14—起动机接线柱；15—接触盘；16—挡铁；17—黄铜套；18—蓄电池接线柱

图 9-12

工作过程：接通电源总开关，按下起动按钮，则吸引线圈和保持线圈的电路接通(并联通电)。

在两线圈电磁吸力的共同作用下，活动铁芯克服回位弹簧的弹力而被吸入。拨叉便将驱动齿轮推出，使其与飞轮齿圈啮合。在驱动齿轮左移的过程中，由于通过吸引线圈的较小电流也通过电动机的磁场绕组和电枢绕组，所以电动机将会缓慢转动，使驱动齿轮与飞轮齿圈的啮合更为平顺。在驱动齿轮与飞轮齿圈完全啮合时，接触盘也将触头和起动机接线柱接通，蓄电池的大电流便流经起动机的磁场绕组和电枢绕组，使起动机发出转矩驱动曲轴旋转。与此同时，吸引线圈由于两端均为正电位而被短路，活动铁芯靠保持线圈的磁力保持在吸合位置。发动机起动后，松开起动按钮，电流经接触盘、吸引线圈和保持线圈构成回路，两线圈串联通电，产生的磁通的方向相反而互相抵消，活动铁芯在回位弹簧的作用下回至原位，使驱动齿轮退出，接触盘回位，切断起动机的主电路，起动机便停止转动。

（三）传动机构

1. 传动机构的作用

传动机构的作用是将直流电动机的转矩传递给发动机的飞轮，以带动发动机转动。

起动机的传动机构安装在电动机电枢的延长轴上，用来在起动发动机时，将驱动齿轮与电枢轴连成一体，使发电机起动。发动机起动后，飞轮转速提高，它将带着驱动齿轮高速旋转，会使电枢轴因超速旋转而损坏，因此，在发动机起动后，驱动齿轮的转速超过电枢轴的正常转速时，传动机构应使驱动齿轮与电枢轴自动脱开，防止电动机超速。为此，起动机的传动机构中设有单向离合器。

2. 传动机构的类型

惯性啮合式传动机构：接通点火开关起动发动机时，驱动齿轮靠惯性力的作用，沿电枢轴移出与飞轮啮合，使发动机起动；发动机起动后，当飞轮的转速超过电枢轴转速时，驱动齿轮靠惯性力的作用退回，脱离与飞轮的啮合，防止电机超速。

强制啮合式传动机构：接通起动开关起动发动机时，驱动齿轮靠杠杆机构的作用沿电枢轴移出，与飞轮齿环啮合，使发动机起动；发动机起动后，切断起动开关，外力的作用消除后，驱动齿轮在复位弹簧的作用下退回，脱离与飞轮齿圈的啮合。

电枢移动啮合式传动机构：起动机不工作时，起动机的电枢与磁极错开。接通起动开关起动发动机时，在磁极磁力的作用下，整个电枢连同驱动齿轮移动与磁极对齐的同时，驱动齿轮与飞轮齿圈进入啮合。发动机起动后，切断起动开关，磁极退磁，电枢轴连同驱动齿轮退回，脱离与飞轮的啮合。

3. 单向离合器

单向离合器只传递起动机到发动机飞轮的转矩，以免发动机起动后，飞轮带动起动机电机超速旋转而损坏。

单向离合器有滚柱式、弹簧式、摩擦片式等形式。

滚柱式单向离合器如图 9-13(a)所示。

接通起动开关起动发动机时，起动机的电枢轴连同内座圈按图 9-13(b)中所示的箭头方向旋转，由于摩擦力和弹簧张力的作用，滚柱被带到内、外座圈之间楔形槽窄的一端，将内、外座圈连成一体，于是电枢轴上的转矩通过内座圈、楔紧的滚柱传递到外座圈和驱动齿轮，驱动齿轮与电枢轴一起旋转使发动机起动。

发动机起动后，曲轴转速升高，飞轮齿圈将带着驱动齿轮高速旋转。虽然驱动齿轮的旋转方向没有改变，但它由主动轮变为从动轮。当驱动齿轮和外座圈的转速超过内座圈和电枢轴的转速时，在摩擦力的作用下，滚柱克服弹簧张力的作用滚向楔形槽宽的一端(图 9-13(c))，使内、外座圈脱离联系而可以自由地相对运动，高速旋转的驱动齿轮与电枢轴脱开，防止电动机超速。

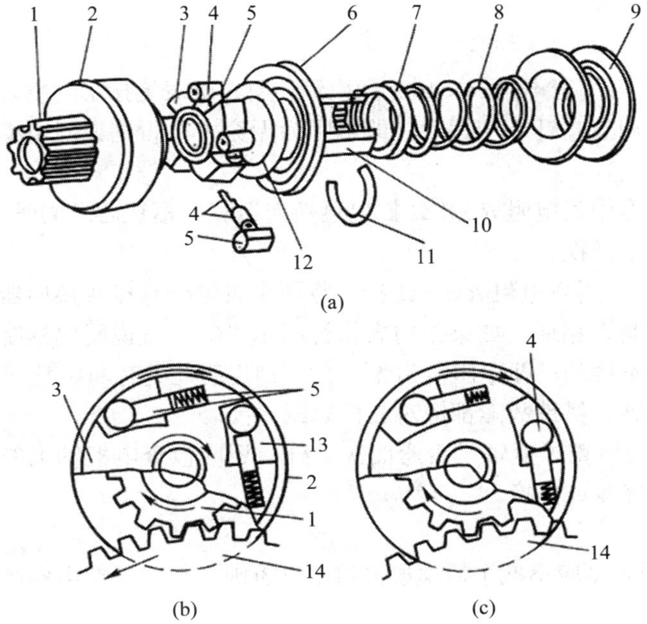

1—驱动齿轮；
2—单向离合器外壳；
3—十字块；
4—滚柱；
5—弹簧及活柱；
6—护盖；
7—弹簧座；
8—缓冲弹簧；
9—移动衬套；
10—传动套筒；
11—卡簧；
12—垫圈；
13—楔形槽；
14—飞轮

图 9-13

二、任务实施

(一) 任务内容

起动机的检查。

(二) 任务实施准备

(1) 器材与设备：实训发动机、万用表、百分表、V 形铁、检测平板、清洁工具等。
(2) 参考资料：《汽车构造拆装与维护保养实训》、发动机维修手册。

(三) 任务实施步骤

1. 检查直流电动机

(1) 检测磁场绕组(定子)。

① 检查磁场绕组断路。首先通过外部验视，看其是否有烧焦或断路处，若外部验视未发现问题，可用万用表电阻 $R \times 1\ \Omega$ 挡检测，两表笔分别接触起动机外壳引线(即电流输入接线柱)与磁场绕组绝缘电刷接头看是否导通，如果测得的电阻无穷大，就说明磁场绕组断路。

② 检查磁场绕组搭铁。用万用表电阻 $R \times 10\ \mathrm{k}$ 挡(或数字万用表高阻挡)检测磁场绕组，电刷接头与起动机外壳是否相通，如果相通，就说明磁场绕组绝缘不良而搭铁；如果阻值较小，就说明有绝缘不良处。

③ 检查磁场绕组短路。可用 2 V 直流电进行接线。电路接通后，将螺钉旋具放在每个磁极上，检查磁极对螺钉旋具的吸引力是否相同。若某一磁极吸力太小，则表明该磁场绕组有匝间短路故障存在。

(2) 检查电枢绕组。

① 检查电枢绕组搭铁。用万用表电阻 $R \times 10\ \mathrm{k}$ 挡检测，用一根表笔接触电枢，另一根表笔依次接触换向器铜片，万用表指针不应摆动，即电阻为无穷大，否则说明电枢绕组与电枢轴之间绝缘不良，有搭铁之处。

② 检查电枢绕组短路。用万用表电阻 $R \times 1\ \Omega$ 挡检查换向器和电枢铁芯之间是否导通。如有导通现象，就说明电枢绕组搭铁。

③ 检查电枢绕组断路。用万用表电阻 $R \times 1\ \Omega$ 挡，将两个表笔分别接触换向器相邻的铜片，测量每相邻两换向片间是否相通，如果万用表指针指示“0”，就说明电枢绕组无断路故障；若万用表指针在某处不摆动，即电阻值为无穷大，则说明此处有断路故障。

对于磁场绕组的断路、短路、搭铁故障都应对其检修或更换。

(3) 检查电枢轴。用百分表检查电枢轴是否弯曲。另外，还应检查电枢轴上的花键齿槽，如严重磨损或损坏，则应修复或更换。

(4) 检查电刷。

① 检查电刷的高度：电刷高度应不低于新电刷高度的 2/3(国产起动机新电刷高度一般为 14 mm)，即 7～10 mm。

② 检查电刷架的接触面积：电刷与整流子表面之间的接触面积应达到 75% 以上。

2. 检查拨叉

拨叉应无变形、断裂、松旷等现象，回位弹簧应无锈蚀、弹力正常。

3. 检查驱动齿轮

驱动齿轮的齿长不得小于全齿长的 1/3，且不得有缺损、裂痕、严重磨损或扭曲变形。

4. 检查单向离合器

将单向离合器及驱动齿轮总成装配在电枢轴上，握住电枢，当转动单向离合器外座圈时，驱动齿轮总成应能沿电枢轴自如滑动。

在确保驱动齿轮无损坏的情况下，握住外座圈，转动驱动齿轮，应能自由转动；反转时不应转动，否则就有故障。

5. 检查电磁开关线圈

用万用表 $R\times 1\,\Omega$ 挡分别测量吸引线圈和保持线圈的电阻。吸引线圈的电阻值一般在 0.6 Ω 以下，而保持线圈的阻值一般在 1 Ω 左右。

如万用表指针不摆动，即电阻无穷大，就说明线圈断路；若电阻值小于规定值，则说明线圈有匝间短路。

三、拓展知识

（一）起动机不工作

1. 故障现象

起动时，起动机不转动。

2. 故障原因

(1) 电源故障。蓄电池严重亏电或极板硫化、短路等，蓄电池极桩与线夹接触不良，起动电路导线连接处松动而接触不良等。

(2) 起动机故障。换向器与电刷接触不良，励磁绕组或电枢绕组有断路或短路，绝缘电刷搭铁，电磁开关线圈断路、短路、搭铁或其触点烧蚀等。

(3) 起动继电器故障。起动继电器线圈断路、短路、搭铁或其触点接触不良。

(4) 点火开关故障。点火开关接线松动或内部接触不良。

(5) 起动系线路故障。起动线路中有断路、导线接触不良或松脱等。

（二）起动机运转无力

1. 故障现象

起动时，起动机转速明显偏低甚至于停转。

2. 故障原因

(1) 电源故障。蓄电池亏电或极板硫化短路，起动电源导线连接处接触不良等。

(2) 起动机故障。换向器与电刷接触不良，电磁开关接触盘和触点接触不良，电动机激磁绕组或电枢绕组有局部短路等。

(三) 起动机空转

1. 故障现象

接通起动开关后，只有起动机快速旋转而发动机曲轴不转。

2. 故障原因

(1) 单向离合器打滑或损坏。
(2) 拨叉变形或拨叉联动机构松脱。
(3) 起动机驱动齿轮不能在轴上自由滑动。

(四) 起动机运转不停

1. 故障现象

当发动机启动后，将点火开关关断，起动机仍然不能停止运转，并发出尖叫声。

2. 故障原因

(1) 单向离合器卡死。
(2) 起动机驱动齿轮缓冲弹簧复位力过小或折断。
(3) 起动继电器触点或电磁开关触点烧结粘死。

(五) 起动机异响

1. 故障现象

起动机在起动瞬间出现异常的撞击声。

2. 故障原因

(1) 齿顶缺损不能正常啮合。
(2) 起动机安装不当，齿侧间隙太小。

思 考 题

1. 简述发动机的起动方式。
2. 简述起动系统的功用及组成。
3. 简述直流电动机的组成。
4. 简述起动机操纵机构的组成与工作过程。
5. 简述起动机传动机构的类型与工作过程。
6. 简述滚柱式单向离合器的结构与工作过程。

项目十　汽车排放污染物与净化

环境与发展是世界各国普遍关注的焦点问题，发展不仅是满足当代人的需要，还要考虑和不损害后代人的生存条件。因此，保护人类赖以生存的环境成为世界共同关心的问题。汽车污染是环境污染的主要途径，为了人类的可持续发展，防治汽车污染已经成了刻不容缓的全球性问题，这就需要我们共同努力在科技创新、节能减排等方面来防治汽车污染。

进入21世纪，汽车污染日益成为全球性问题。随着汽车数量越来越多、使用范围越来越广，它对世界环境的负面效应也越来越大，尤其是危害城市环境，引发呼吸系统疾病，造成地表空气臭氧含量过高，加重城市热岛效应，使城市环境转向恶化。

任务一　汽车排放污染物

知识目标

□ 掌握汽车排放污染物的成分与危害。

技能目标

□ 掌握汽车排放污染物的检测过程及规范。

一、基础知识

(一) 汽车排放污染物的主要成分

汽车的排气中包含许多成分，其中基本成分是二氧化碳、水蒸气、过剩的氧气以及存留下的氮气。它们是燃料和空气完全燃烧后的产物，从毒物学的观点看排气中的这些成分是无害的。

除上述成分外，汽车排气中还含有不完全燃烧的产物和燃烧反应的中间产物，包括一氧化碳(CO)、碳氢化合物(HC)、氮氧化物(NO_X)、二氧化硫(SO_2)和固体微粒(炭烟)等。这些成分的质量总和在汽车排气中所占的比例不大，例如汽油车中只占5%，柴油车中还不到1%，但它们中大部分是有害的，或有强烈刺激性的臭味，有的还有致癌作用，因此被列为有害排放物。

在相同工况下，汽油车的CO、HC和NO_X排放量比柴油车大，因此目前的排放法规对汽油车主要是限制CO、HC和NO_X的排放量。柴油车对大气的污染较汽油车轻很多。柴油机燃烧时混合气形成的时间短，在空气不足或混合气不均匀的情况下，主要是产生炭烟污染，因此排放法规主要是限制柴油车的炭烟排放。

（二）汽车排放污染物的来源

1. 发动机排气管排出的废气(尾气)

汽车排放的有害污染物中约有 55% 的碳氢化合物(HC)和绝大部分的一氧化碳(CO)、氮氧化物(NO_X)、二氧化硫(SO_2)、固体微粒(炭烟)排放等都是由排气管排出的。

2. 曲轴箱窜气

曲轴箱窜气的丰要成分是HC(占 HC 总排放量的 20%～25%)，其余还有 C0、NO_X、SO_2 等成分。

3. 燃油蒸气

燃油系统的燃油蒸气进入到大气中，主要成分为 HC，约占总排放量的 20%。

（三）汽车排放污染物的危害

1. 碳氢化合物(HC)

汽车废气中的 HC 是多种碳氢化合物的总称，是发动机未燃尽的燃料分解或供油系统中燃料的蒸发所产生的气体。单独的 HC 只有在浓度相当高的情况下才会对人体产生影响，一般情况下作用不大。但 HC 与 NO_X 在紫外线的照射下会发生化学反应，形成光化学烟雾。当光化学烟雾种的光化学氧化剂超过一定浓度时，具有明显的刺激性。它能刺激眼结膜，引起流泪并导致红眼症，同时对鼻、咽、喉等器官均有刺激作用，能引起急性喘息症。光化学烟雾还具有损害植物、降低大气能见度、损坏橡胶制品等危害。

2. 一氧化碳(CO)

在标准状况下，一氧化碳(CO)纯品为无色、无嗅、无刺激性的气体。相对分子质量为 28.01，密度为 1.25 g/L，冰点为 −205.1℃，沸点为 −191.5℃；在水中的溶解度甚低，极难溶于水；与空气混合爆炸极限为 12.5%～74.2%。

随空气进入人体的一氧化碳，经肺泡进入血循环后，能与血液中的血红蛋白(Hb)、肌肉中的肌红蛋白和含二价铁的细胞呼吸酶等形成可逆性结合。一氧化碳与血红蛋白的亲和力比氧与血红蛋白的亲和力大 200～300 倍，因此，一氧化碳侵入机体，便会很快与血红蛋白结合成碳氧血红蛋白(COHb)，从而阻碍氧与血红蛋白结合成氧合血红蛋白(HbO_2)。一氧化碳与血红蛋白的结合，不仅降低血球携带氧的能力，而且还抑制、延缓氧合血红蛋白(HbO_2)的解析与释放，导致机体组织因缺氧而坏死，严重者则可能危及人的生命。

3. 氮氧化物(NO_X)

排放中的氮氧化物主要是 NO_2 和 NO，通常可概括表示为 NO_X。

汽车尾气中直接排出的氮氧化物基本上都是 NO。汽油车排出的氮氧化合物中，NO 占 99%，而柴油车排出的氮氧化合物中 NO_2 的比例较大。NO 从发动机刚排出时，其毒性较小，但排出后 NO 在大气中被氧化成剧毒的 NO_2，这一过程一般需要几个小时。若空气中有强氧化剂(如臭氧)，则氧化过程变得很迅速。NO_2 是一种刺激性很强的污染物，它能刺激眼、麻醉嗅觉，甚至引起肺气肿。

4. 二氧化硫(SO_2)

二氧化硫为无色透明气体，有刺激性臭味，溶于水、乙醇和乙醚。

二氧化硫进入呼吸道后，因其易溶于水，故大部分被阻滞在上呼吸道，在湿润的黏膜上生成具有腐蚀性的亚硫酸、硫酸和硫酸盐，使刺激作用增强。上呼吸道的平滑肌因有末梢神经感受器，遇刺激就会产生窄缩反应，使气管和支气管的管腔缩小，气道阻力增加。二氧化硫可被吸收进入血液，对全身产生毒副作用，它能破坏酶的活力，从而明显地影响碳水化合物及蛋白质的代谢，对肝脏有一定的损害。

二氧化硫还是酸雨的重要来源，酸雨给地球生态环境和人类社会经济都带来严重的影响和破坏。研究表明，酸雨对土壤、水体、森林、建筑、名胜古迹等人文景观均带来严重危害，不仅造成重大经济损失，更危及人类生存和发展。

5. 固体微粒(炭烟)

炭烟是燃料不完全燃烧的产物。发动机的炭烟主要由直径为 0.1～10 μm 的多孔性炭粒构成。燃烧中各种各样的不完全燃烧产物，可以以多种形式附着在多孔的活性很强的炭粒表面。这些附着在炭粒表面的物质种类繁多，其中有些是致癌物质。

(四) 影响汽油机排放污染物产生的因素

1. 混合气浓度

当空燃比在 16 以下时，随着空燃比的下降，混合气浓度增大，氧气不足，不完全燃烧现象严重，使 CO、HC 排放增多，NO_X 排放减少；当空燃比大于 17 时，随着空燃比增大，CO 排放减少，同时氧化反应速度减慢，燃烧温度下降，使 HC 排放增多，NO_X 排放减少。在混合气浓度稍稀处，HC、CO 排放浓度最小，而 NO_X 排放浓度最大。

2. 运行工况

汽油机在怠速和小负荷工况运行时，供给的混合气偏浓，且燃烧室温度较低，燃烧速度慢，易引起不完全燃烧，使 CO 含量增多；又因为燃烧室温度低，燃烧室壁面激冷现象严重，不能燃烧的燃油量增多，使排出的 HC 增多。

3. 火花质量和点火提前角

(1) 火花质量决定点燃混合气的能力。当点燃稀薄混合气时，火花的持续时间对汽车排气污染物的影响是很大的。火花越弱，出现失火现象越多，而失火将会造成大量的 HC 生成。现代发动机普遍采用高能点火系统，将点火初级电流从 3～4 A 提高到 5～7 A，增加了点火强度，加长了火花持续时间，从而改善了混合气燃烧质量，使 HC 排放量降低。

(2) 点火提前角推迟时，可降低燃烧气体的最高温度，使 NO_X 排放量降低。点火提前角的推迟，还会延长混合气燃烧时间，在做功行程后期，未燃的 HC 会继续燃烧，使 HC 排放量降低。点火提前对 NO_X 排放浓度的影响还与混合气空燃比有关，在理论空燃比附近，点火提前角的影响最大。因此当采用电控汽油喷射加三元催化转化器进行闭环控制时，为了满足更严格的排放法规的要求，可通过推迟点火提前角降低 NO_X 的排放浓度。

4. 配气相位

配气机构凸轮形状决定气门开启和关闭时刻及气门升程曲线，而这些参数影响发动机的充气过程。进入气缸的新鲜混合气数量，决定了发动机的转矩和功率。留在气缸内的未燃混合气量和在排气门开启时未被排出的废气量会影响点火性能和燃烧状况，从而影响发动机效率、未燃 HC 的排放浓度。在进、排气门同时开启时，根据气缸内的压力状况，新鲜混合气可能排出机外，或废气流回进气歧管，这会对发动机效率和未燃 HC 排放物造成很大影响。

（五）影响柴油机排放污染物产生的因素

1. 混合气浓度

尽管柴油机混合气不均匀，会有局部过浓区，但由于过量空气系数较大，氧气较充分，能对生成的 CO 在缸内进行氧化，因而一般 CO 较少，只是在接近冒烟界限时急剧增加。HC 也较少，当过量空气系数 λ 增加时，HC 将随之上升。在 λ 稍大于 1 的区域，虽然总体是富氧燃烧，但由于混合气不均匀，当局部高温缺氧使 $1>\lambda\geqslant 2$ 时，就会急剧产生大量碳烟，且随着 λ 的增大，碳烟浓度将迅速下降。柴油机 NO_X 排放量随混合气浓度变稀、温度下降而减少。

2. 运行工况

(1) 稳定工况时负荷和转速变化的影响。柴油机负荷的变化就是混合气浓度的变化。CO 排放在大负荷和小负荷时偏高；HC 排放则是随着负荷的减小而加大；NO_X 排放则随着负荷的减小、燃烧温度的降低而降低；微粒碳烟排放量在中、低负荷时较低，而大负荷时急剧增长。

柴油机转速改变时，HC 和 NO_X 排放变化不大；CO 则因高速时充气量下降和燃烧时间缩短而上升；低速时缸内温度和喷油压力较低也使 CO 上升；微粒碳烟则在高速时增加，这是由于充气量下降，混合气变浓的缘故。

(2) 冷起动过程的影响。柴油机冷起动时，缸内压缩温度很低，燃油雾化条件差，相当部分会附于燃烧室壁面，初期未燃 HC 以白烟的形式排出机外。由于起动时雾化程度低，直喷柴油机一般要加大 50%～100% 的启动油量，因此碳烟、HC 和 CO 排放量必然增多。

3. 喷油提前角

推迟喷油，直接喷射式柴油机的 NO_X 大幅度下降，而间接喷射式涡流室柴油机 NO_X 的下降幅度则小一些。但是喷油过迟，燃油消耗率和碳烟排放都会恶化，对 CO 和 HC 的排放也有不利影响。

4. 喷油压力

近年来，提高喷油压力的高压喷射措施日渐成为直接喷射式柴油机机内净化的最佳手段。间接喷射式柴油机主要依靠气流进行雾化、混合，所以对喷油压力要求较低。

在循环喷油量和喷孔大小及分布不变的情况下，提高喷油压力就是加大喷油率，它直接产生两方面的效果。

(1) 降低微粒碳烟的排放量。喷油压力提高，则喷雾粒子的粒径减小，贯穿度加大，喷雾锥角加大，再加上紊流的增强，直接促进了燃油与空气的混合。其直接效果是降低了某一时刻浓混合气成分的比例，使生成微粒碳烟的范围缩小。所以高压喷射必然使微粒碳烟排放降低。

(2) 降低油耗率。喷油率增大必然缩短喷油时期，使燃烧加速，从而使油耗率降低。以上高压喷射降低烟度和油耗的优点，恰恰弥补了推迟喷油所带来的缺点。应认识到，高压喷射并没有明显削弱推迟喷油所带来的减小 NO_X 排放的效果。因此若将两种措施同时应用，进行合理调配后，NO_X 和微粒碳烟排放都会同时降低。

二、任务实施

(一) 任务内容

(1) 汽油车排放污染物检测。

(2) 柴油车排放污染物检测。

(二) 任务实施准备

(1) 器材与设备：实训汽车、不分光红外线气体分析仪、烟度计、白纸、清洁工具等。

(2) 参考资料：《汽车构造拆装与维护保养实训》、发动机维修手册。

(三) 任务实施步骤

1. 汽油车排放污染物检测。

1) 仪器准备

(1) 按仪器使用说明书的要求做好各项检查工作。

(2) 接通电源，对气体分析仪预热 30 min 以上。

(3) 用标准气样校准仪器，先让气体分析仪吸入清洁空气，用零点调整旋钮把仪表指针调整到零点，然后把标准气样从标准气样注入口注入，再用标准调整旋钮把仪表指针调到标准指示值。

注意：在灌注标准气样时，要关掉气体分析仪上的泵开关。

(4) 把取样探头和取样导管安装到气体分析仪上，此时如果仪表指针超过零点，则表明导管内壁吸附有较多的 HC，需要用压缩空气或布条等清洁取样探头和导管。

2) 受检汽油车准备

(1) 进气系统应装有空气滤清器，排气系统应装有排气消声器，并且不得有泄漏。

(2) 汽油应符合国家标准的规定。

(3) 测量时发动机冷却水和润滑油温度应达到汽车使用说明书所规定的热状态。

3) 怠速测量

(1) 发动机由怠速工况加速至 0.7 倍的额定转速，维持 60 s 后降至怠速状态。

(2) 发动机降至怠速状态后，将取样探头插入排气管中，深度等于 400 mm，并固定于排气管上。

(3) 先把指示仪表的读数转换开关打到最高量程挡位，再一边观看指示仪表，一边用读数转换开关选择适于排气含量的量程挡位。发动机在怠速状态维持 15 s 后开始读数，读取 30 s 内的最高值和最低值，其平均值即为测量结果。

(4) 测量工作结束后，把取样探头从排气管里抽出来，让它吸入新鲜空气 5 min，待仪器指针回到零点后再关闭电源。

2. 柴油车排放污染物检测

1) 仪器准备

(1) 通电前，检查指示仪表指针是否在机械零点上，否则用零点调整螺钉使指针与“10”的刻度重合。

(2) 接通电源，仪器进行预热。打开测量开关，在检测装置上垫 10 张全白滤纸，调节粗调及微调电位器，使表头指针与“0”的刻度重合。

(3) 在 10 张全白滤纸上放上标准烟样，并对准检测装置，仪表指针应指在标准烟样的染黑度数值上，否则应进行调节。

(4) 检查取样装置和控制装置中各部机件的工作情况，特别要检查脚踏开关与活塞抽气泵的动作是否同步。

(5) 检查控制用压缩空气和清洗用压缩空气的压力是否符合要求。

(6) 检查滤纸进给机构的工作情况是否正常。检查滤纸是否合格，应洁白无污。

2) 受检柴油车准备

(1) 进气系统应装有空气滤清器，排气系统应装有消声器并且不得有泄漏。

(2) 柴油应符合国家规定，不得使用燃油添加剂。

(3) 测量时发动机的冷却水和润滑油温度应达到汽车使用说明书所规定的热状态。

3) 测量

(1) 用压力为 0.3～0.4 MPa 的压缩空气清洗取样管路。

(2) 把抽气泵置于待抽气位置，将洁白的滤纸置于待取样位置，将滤纸夹紧。

(3) 将取样探头固定于排气管内，插入深度等于 300 mm，并使其轴线与排气管轴线平行。

(4) 将脚踏开关引入汽车驾驶室内，但是暂不固定在油门踏板上。

(5) 按照自由加速工况的规定加速 3 次，以清除排气系统中的积存物，然后把脚踏开关固定在油门踏板上，进行实测。

(6) 测量取样，按照自由加速工况的规定和自由加速烟度测量规程，将油门踏板与脚踏开关一并迅速踩到底，持续 4 s 后立刻松开，维持怠速运转，循环测量 4 次，取后 3 个循环烟度读数的算术平均值作为所测烟度值。

(7) 当汽车发动机出现黑烟冒出排气管的时间与抽气泵开始抽气的时间不同步现象时，应取最大烟度值作为所测烟度值。

(8) 在被染黑的滤纸上记下试验序号、试验工况和试验日期等，以便保存。

(9) 检测结束，及时关闭电源和气源。

三、拓展知识

随着汽车尾气排放污染的日益严重，汽车尾气排放立法势在必行，世界各国早在 20 世纪六七十年代就对汽车尾气排放建立了相应的法规制度，通过严格的法规推动了汽车排放控制技术的进步，而随着汽车尾气排放控制技术的不断提高，又使更高标准的制定成为可能。

（一）欧洲排放标准

欧洲标准是由欧洲经济委员会(Economic Commission for Europe，ECE)的排放法规和欧共体(the European Economic Community，EEC)的排放指令共同加以实现的，欧共体即是现在的欧盟(European Union，EU)。排放法规由 ECE 参与国自愿认可，排放指令是 EEC 或 EU 参与国强制实施的。汽车排放的欧洲法规(指令)标准 1992 年前已实施若干阶段，欧洲从 1992 年起开始实施欧Ⅰ(欧Ⅰ型式认证排放限值)，1996 年起开始实施欧Ⅱ(欧Ⅱ型式认证和生产一致性排放限值)，2000 年起开始实施欧Ⅲ(欧Ⅲ型式认证和生产一致性排放限值)，2005 年起开始实施欧Ⅳ(欧Ⅳ型式认证和生产一致性排放限值)。

（二）中国排放标准

与国外先进国家相比，我国汽车尾气排放法规起步较晚、水平较低，根据我国的实际情况，从 20 世纪 80 年代初期开始采取了先易后难分阶段实施的具体方案，其具体实施至今主要分为四个阶段，也就是我们常说的国Ⅰ、国 Ⅱ、国 Ⅲ、国 Ⅳ。

1. 第一阶段

1983 年我国颁布了第一批机动车尾气污染控制排放标准，这一批标准的制定和实施，标志着我国汽车尾气法规从无到有并逐步走向法制治理汽车尾气污染的道路，在这批标准中，包括了《汽油车怠速污染排放标准》、《柴油车自由加速烟度排放标准》、《汽车柴油机全负荷烟度排放标准》三个限值标准和《汽油车怠速污染物测量方法》、《柴油车自由加速烟度测量方法》、《汽车柴油机全负荷烟度测量方法》三个测量方法标准。

2. 第二阶段

在 1983 年我国颁布第一批机动车尾气污染控制排放标准的基础上，我国在 1989 年至 1993 年又相继颁布了《轻型汽车排气污染物排放标准》、《车用汽油机排气污染物排放标准》两个限值标准和《轻型汽车排气污染物测量方法》、《车用汽油机排气污染物测量方法》两个工况法测量方法标准。至此，我国已形成了一套较为完态的汽车尾气排放标准体系。值得一提的是，我国 1993 年颁布的《轻型汽车排气污染物测量方法》采用了 ECER15-04 的测量方法，而测量限值《轻型汽车排气污染物排放标准》则采用了 ECER15-03 限值标准，该限值标准只相当于欧洲七十年代以来的水平(欧洲在 1979 年实施 ECE R15-03 标准)。

3. 第三阶段

以北京市 DB11/105—1998《轻型汽车排气污染物排放标准》的出台和实施，拉开了我国新一轮尾气排放法规制定和实施的序曲，从 1999 年起北京实施 DB11/105—1998 地方法规，2000 年起全国实施 GB14961—1999《汽车排放污染物限值及测试方法》(等效于 91/441/1EEC 标准)，同时《压燃式发动机和装用压燃式发动机的车辆排气污染物限值及测试方法》也制定出台；与此同时，北京、上海、福建等省市还参照 ISO3929 中双怠速排放测量方法分别制定了《汽油车双怠速污染物排放标准》地方法规，这一条例标准的制定和出台，使我国汽车尾气排放标准达到国外九十年代初的水平。

4. 第四阶段

汽车排放污染物主要有 HC(碳氢化合物)、NO_X(氮氧合物)、CO(一氧化碳)、PM(微粒)

等，通过更好的催化转化器的活性层、二次空气喷射以及带有冷却装置的排气再循环系统等技术的应用，控制和减少汽车排放污染物到规定数值以下的标准。根据规划，北京市2008年对全市新增机动车实施“国家第四阶段机动车污染物排放标准”(以下简称“国4排放标准”)，具有国4排放标准的汽车燃油将在2008年1月1日起开始全市供应。

任务二　汽车排放净化技术

知识目标

□ 掌握汽车排放净化的技术措施。

技能目标

□ 掌握发动机尾气的检测过程及规范。

一、基础知识

(一) 废气再循环系统

废气再循环(Exhaust Gas Recirculation，EGR)是指把发动机排出的部分废气回送到进气歧管，并与新鲜混合气一起再次进入气缸。其主要目的为降低排出气体中的NO_X的生成量。

由于废气的掺入，能有效抑制燃烧温度的升高，而且由于惰性气体的增加，使着火延迟期变长，燃烧速度减缓，燃烧温度下降，因而可以有效地抑制NO_X的生成。但是由于废气的掺入会使混合气的着火性能和发动机的输出功率下降，因此必须对废气的掺入时间和掺入量进行适当的控制。如果EGR控制系统的控制品质不理想，当系统输出大于设定值时，会导致NO_X排放增加；在系统输出小于设定值时，会导致柴油机微粒排放增加，而且还会导致燃油经济性和动力性的明显下降。因此，EGR控制器应具有在保持系统稳定的前提下，控制精度高、动态响应快的良好品质。

1. EGR控制目标

(1) 在低速、小负荷时，由于供油量小，燃烧变得相对不太稳定，应降低EGR率；在高速、大负荷时，为了获得较高的输出功率也要降低EGR率。

(2) 怠速时，由于燃烧温度较低，则NO_X的排放量不多，一般应关闭EGR阀，否则将导致发动机工作不稳定。

(3) 水温过低时，混合气供应不均匀，燃烧不稳定，而且燃烧温度低，一般要关闭EGR阀；而在电子控制中，应随水温升高而逐渐使阀的开度增大。

(4) 在发动机起动时，一般关闭EGR阀，保证发动机顺利起动直至稳定工况。

(5) 空气温度也会影响EGR率。因为空气温度对发动机的燃烧也有很大影响，所以空气温度过低也应适当降低EGR的量。

2. 废气再循环系统分类

废气再循环系统根据系统执行器(EGR 阀)的动作控制形式，分为机械控制式废气再循环系统和电子控制式废气再循环系统(见图 10-1)。

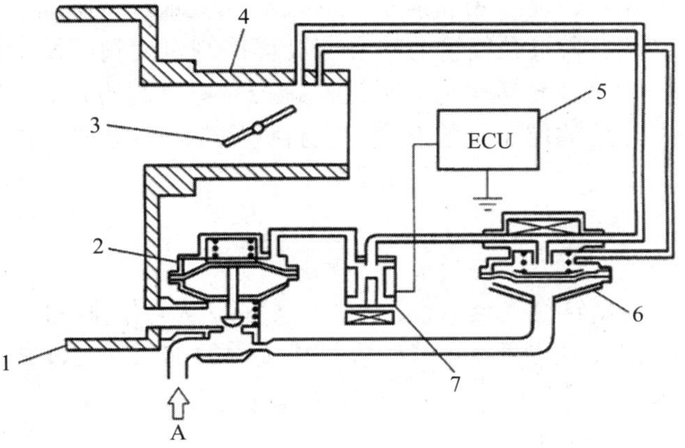

1—进气室；
2—废气再循环阀；
3—节气门；
4—节气门体；
5—电控元件；
6—排气真空调节阀；
7—电控真空开关阀；
A—废气

图 10-1

电子控制式废气再循环系统不仅废气再循环率的控制范围大，控制自由度也大。其主要功能特点就是选择 NO_X 排放量大的发动机工况，进行适量的控制。在发动机工作时，ECU 根据各传感器，如转速传感器、水温传感器、节气门位置传感器、点火开关等信号，确定发动机目前在哪一种工况下工作，以输出指令，控制 EGR 电磁阀打开或关闭，使废气再循环进行或停止。

(二) 燃油蒸发控制系统

燃油蒸发控制系统(EVAPorative emission control system，EVAP)能够存储燃油系统产生的燃油蒸气，阻止燃油蒸气泄漏到大气中，同时将收集的燃油蒸气适时地送入进气歧管，与正常混合气混合后进入发动机燃烧，使燃油得到充分利用。

目前常见的比较简单的燃油蒸发控制系统主要由活性炭罐、炭罐控制电磁阀等组成(见图 10-2)，能够更加精确地控制燃油蒸发流量。

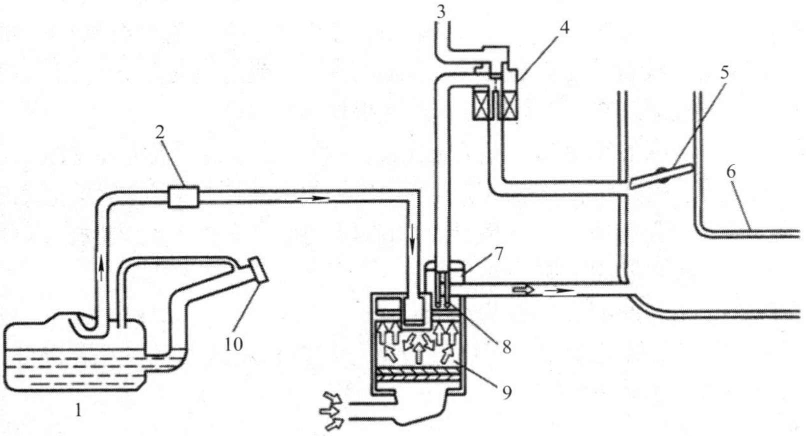

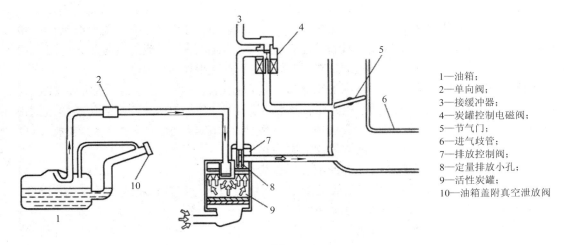

1—油箱；
2—单向阀；
3—接缓冲器；
4—炭罐控制电磁阀；
5—节气门；
6—进气歧管；
7—排放控制阀；
8—定量排放小孔；
9—活性炭罐；
10—油箱盖附真空泄放阀

图 10-2

汽油蒸气先被吸附并储存在活性炭罐内，直到特定的发动机工况下，蒸气才被吸入进气歧管，送入发动机缸内燃烧。活性炭罐由充满活性炭粒的耐油尼龙和塑料容器组成。燃油蒸气被活性炭罐吸入直到被净化。净化是用新鲜空气吹过活性炭罐，将燃油蒸气排出活性炭罐的过程。在净化阀(排放控制阀)与进气管之间装有炭罐控制电磁阀，发动机工作时ECU根据发动机的转速、温度、空气流量等信号，通过炭罐控制电磁阀的开启、闭合来控制净化阀上部的真空度，从而控制排放控制阀的开度。当排放控制阀打开时，燃油蒸气通过净化阀被吸入进气歧管。

(三) 二次空气喷射系统

二次空气喷射系统是空气泵将新鲜空气送入发动机排气管内，从而使排气的HC和CO进一步氧化和燃烧，即把导入的空气中的氧在排气管内与排气中的HC和CO进一步化合形成水蒸气和二氧化碳，从而降低了排气中的HC和CO的排放量。

空气泵型二次空气喷射系统主要由二次空气喷射泵、分流阀、连接管道等组成(见图10-3)。

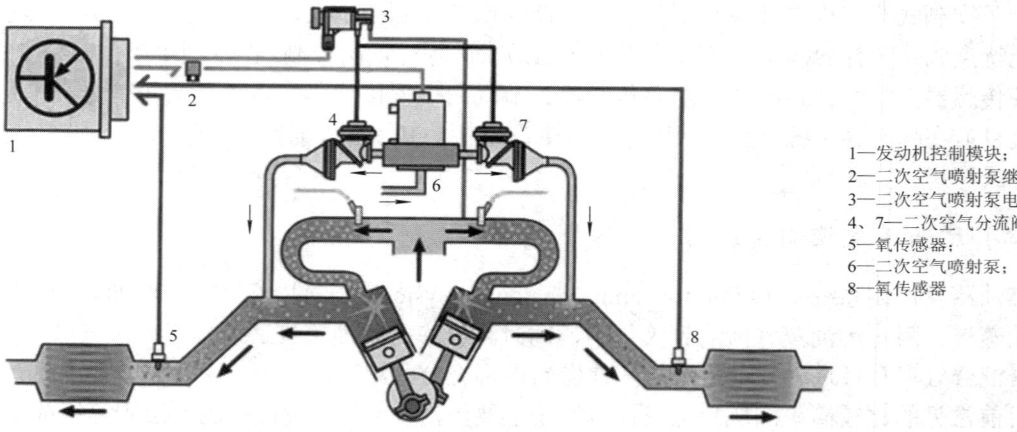

图 10-3

工作原理是：当发动机工作时，通过曲轴传动带带动空气泵运转，泵送量大而压力较低的空气流通过软管进入分流阀。正常情况下，分流阀上阀门开启，空气流经分流阀、单向阀进入空气喷射歧管。空气喷射歧管将空气流喷入发动机排气孔或排气歧管，与排气中的HC、CO反应，使其进一步转化成CO_2和水蒸气，以减少排气污染。

当汽车冷启动时会要求比平常高的空燃比才能保证运转平稳。由于这个原因，ECU在冷启动时会命令发动机在开路循环模式(固定空燃比)运转20～120 s，直到氧传感器达到正常温度。而在这个过程中，尾气中会生成大量一氧化碳和碳氢化合物等大气污染物。这些一氧化碳和碳氢化合物是可以继续被氧化而减小污染的。

二次空气喷射系统按其空气喷入的部位可分为两类：

第一类，新鲜空气被喷入排气歧管的基部，即排气歧管与气缸体相连接的部位，因此，排气中的HC、CO只能从排气歧管开始被氧化。

第二类，新鲜空气通过气缸盖上的专设管道喷入排气门后气缸盖内的排气通道内，排气中HC、CO的氧化更早进行。二次空气喷射系统按照结构和工作原理的不同可以分为空气泵型和吸气器型两种结构类型。

二次空气喷射系统也常被称为补燃系统或后燃系统。其原因是可燃混合气在气缸内进行第一次燃烧后，其中那些未完全燃烧的部分由于人为地引入新鲜空气而使其在排气过程中进行了补燃，因而经消声器排入大气时的尾气很少有或者完全没有火星。而排气内有火星是在有可燃气体存在的情况下引发火灾的一大原因。因此，二次空气喷射系统也是防止发动机尾气引起火灾的一项重要技术。

(四) 曲轴箱强制通风

在发动机工作时，燃烧室的高压可燃混合气和已燃气体，或多或少会通过活塞组与气缸之间的间隙漏入曲轴箱内，造成窜气。窜气的成分为未燃的燃油气、水蒸气和废气等，这会稀释机油，降低机油的使用性能，加速机油的氧化、变质。水汽凝结在机油中，会形成油泥，阻塞油路；废气中的酸性气体混入润滑系统，会导致发动机零件的腐蚀和加速磨损；窜气还会使曲轴箱的压力过高而破坏曲轴箱的密封，使机油渗漏流失。

为防止曲轴箱压力过高，延长机油使用期限，减少零件磨损和腐蚀，防止发动机漏油，必须实行曲轴箱通风。

曲轴箱通风包括自然通风和强制通风，现代汽油发动机常采用强制式曲轴箱通风(PCV)。

(1) 自然通风。自然通风方式是在曲轴箱上设置通风管，管上装有空气滤网。当曲轴箱内压力增大时，漏入曲轴箱中的气体经由通风管排出。

(2) 强制通风。强制通风方式是将曲轴箱内的混合气通过连接管导向进气管的适当位置，返回气缸重新燃烧，这样既减少排气污染，又提高发动机的经济性。目前车用汽油机都采用强制通风，汽车用柴油机也逐渐采用强制通风。强制通风可分为开式和闭式两种。

开式强制曲轴箱通风装置在发动机处于全负荷低转速时，产生的串气量大，但流量控制阀开度却减小，过量的窜缸混合气会通过开式通风盖散入大气，其净化率只有 75%左右。

闭式强制曲轴箱通风装置能完全实现控制曲轴箱的排放，实现曲轴箱完全通风，防止油泥和其他有害物质的积蓄，减少了发动机的故障和磨损。闭式强制曲轴箱通风装置是汽油发动机满足排放法规规定的必要设计。

曲轴箱强制通风系统的组成如图 10-4 所示。

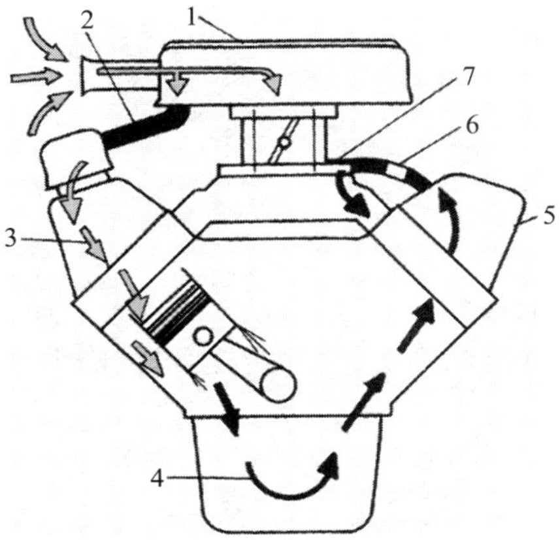

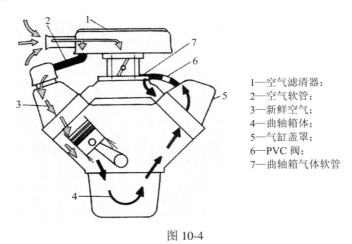

1—空气滤清器；
2—空气软管；
3—新鲜空气；
4—曲轴箱体；
5—气缸盖罩；
6—PVC 阀；
7—曲轴箱气体软管

图 10-4

（五）微粒捕集器

微粒捕集器是一种安装在发动机排放系统中的陶瓷过滤器，它可以在微粒排放物质进入大气之前将其捕捉。

微粒捕集器能够减少发动机所产生的烟灰达 90% 以上，捕捉到的微粒排放物质随后在车辆运转过程中燃烧殆尽。它的工作基本原理是：如柴油微粒过滤器喷涂上金属铂、铑、钯，柴油发动机排出的含有炭粒的黑烟，通过专门的管道进入发动机尾气微粒捕集器，经过其内部密集设置的袋式过滤器，将炭烟微粒吸附在金属纤维毡制成的过滤器上；当微粒的吸附量达到一定程度后，尾端的燃烧器自动点火燃烧，将吸附在上面的炭烟微粒烧掉，变成对人体无害的二氧化碳排出。为了做到这一点，排气后处理系统应用了先进的电控系统、催化涂层和燃料添加型催化剂(FBC)。这种燃料添加型催化剂包含诸如铈、铁和铂等金属。这些材料按比例加入到燃料中，在发动机控制系统的帮助下不仅控制微粒排放物质的数量，而且还控制碳氢化合物和污染气体等污染物的排放量。捕捉器的再生或净化功能必须在可控的基础上完成，以保持捕集器不被烟灰堵塞。在净化周期结束以后，任何残留灰尘或滤渣最终都将在日常维护中被人为地清除。

微粒捕集器可以有效地减少微粒物的排放，它先捕集废气中的微粒物，然后再对捕集的微粒进行氧化，使微粒捕集器再生。所谓过滤器的再生是指在长期工作中，捕集器里的微粒物逐渐增加会引起发动机背压升高，导致发动机性能下降，所以要定期除去沉积的微粒物，恢复捕集器的过滤性能。捕集器的再生有主动再生和被动再生两种方法。主动再生指的是利用外界能量来提高捕捉器内的温度，使微粒着火燃烧。当捕集器中的温度达到 550℃时，沉积的微粒物就会氧化燃烧，如果温度达不到 550℃，过多的沉积物就会堵塞捕捉器，这时就需要利用外加能源(例如电加热器、燃烧器或发动机操作条件的改变)来提高微粒内的温度，使微粒物氧化燃烧。被动再生指的是利用燃油添加剂或者催化剂来降低微粒的着火温度，使微粒能在正常的发动机排气温度下着火燃烧。添加剂(有铈、铁和锶)要以一定的比例加到燃油中，添加剂过多会影响催化器的寿命，但是如果过少，就会导致再生延迟或再生温度升高。

二、任务实施

（一）任务内容

(1) 废气再循环系统的检查。
(2) 燃油蒸发控制系统的检查。

（二）任务实施准备

(1) 器材与设备：实训汽车、清洁工具等。
(2) 参考资料：《汽车构造拆装与维护保养实训》、发动机维修手册。

（三）任务实施步骤

1. 废气再循环系统检查

(1) 发动机在正常温度下怠速运转。从 EGR 上拆下真空管，用真空泵在阀上加真空，发动机怠速会开始不稳或停车。当拆下真空泵时怠速恢复正常。如果发动机怠速反应不正确或没反应，则可能是阀膜片泄漏、密封不严或进气歧管排气通道受阻。

(2) 关掉发动机，观察阀杆随真空变化时的移动情况，或用手指放在阀下感觉阀的运动，如果膜片完好无损，则阀杆和膜片会随真空向上移动，且当真空撤下后可回位，否则说明 EGR 阀已坏，应更换 EGR 阀。

(3) 如果 EGR 阀工作正常，将其拆下并检查阀和阀的通路是否堵塞，必要时需清洗。

2. 燃油蒸发控制系统检查

(1) 油管、油箱及油箱盖的检查。检查油管及其连接部位有无松动、弯曲或损坏；检查油箱盖上的安全阀是否起作用；检查燃油箱有无变形、裂开和漏油处。

(2) 活性炭罐的检修。由于炭罐净化系统的控制方式不同，对炭罐的检测方法也不尽相同。对于上述介绍的炭罐，其检测方法如下：

① 从净化阀上拆下真空控制阀，将发动机转速升到 1500 r/min，检查真空管内的真空度。如果没有真空，则检查该管路是否堵塞。

② 将真空泵接到真空控制口上，加入真空。如果净化阀不能保持真空，则需更换炭罐总成；如果净化阀保持有真空，则拆下净化管，检查管路中是否有真空，如果无真空，则检查管路。

③ 关掉发动机并从炭罐上拆下燃油通风管，将阀上的管口堵住。将真空泵接到净化管口，加入真空。如果炭罐保持真空，则取下滤清器(如装有)后再试；如果炭罐仍保持真空，则更换炭罐，如果不再保持真空，则更换滤清器。如果系统上还装有炭罐控制阀，则还要检测其性能，这里不再叙述。炭罐是一个密封装置，实际中不需维护，当炭罐底部的滤清器脏污、堵塞或损坏时需更换滤清器；当发现炭罐开裂渗油或有其他损伤时应更换总成。

二、拓展知识

燃油分层喷射(Fuel Stratified Injection，FSI)技术是电喷发动机利用电子芯片经过计算分析精确控制喷射量进入气缸燃烧，以提高发动机混合燃油比例，进而提高发动机效率的一种技术。与传统技术把燃油喷入进气歧管的发动机相比，FSI 发动机的主要优势有：动态响应好，功率和扭矩可以同时提升，燃油消耗降低。

FSI 发动机产生的效果可以从奥迪公司公布的发动机指标看出来。以 3.2 升 FSI 和 4.2 升 FSI 为例，对比的机型分别是以前的 3.0 升和 4.2 升汽油机。功率上，3.2 升 FSI 发动机是 257 马力，比原机型的 218 马力提升了 39 马力，4.2 升 FSI 发动机的 350 马力比原机型的 235 马力提升了 115 马力；在最大扭矩上，是 3.2 升 FSI 的 330 牛米对原机型的 290 牛米，4.2 升 FSI 的 440 牛米对原机型的 420 牛米。

FSI 是给发动机的喷射方式带来了革命，它让一款普通发动机的各种性能都得到了提升，而 FSI 再往上发展就变得更加容易了。TFSI 是在 FSI 基础上加入了涡轮增压技术；而 TSI 技术与 FSI 并没有什么相关性。

涡轮增压燃油分层喷射发动机(TFSI)，这个比 FSI 多出来的 T 字代表的则是涡轮增压(Turbocharger)，而发动机本身也的确是在 FSI 发动机的基础上增加了一个涡轮增压器。涡轮增压是利用发动机排出的高温高压的废气推动涡轮高速转动，再带动进气涡轮压缩进气，提高空气密度，同时电脑控制增大喷油量，配合高密度的进气，因此可以在排量不变的条件下提高发动机工作效率。

由于涡轮增压器是靠排气推动的，因此在发动机转速低时涡轮并不工作。但在这个时候涡轮还是转动的，只是排气压力不够，达不到增大进气压力的效果。随着转速的上升(约1500 转或以上)，排气压力逐渐加大涡轮就进入了正常的工作状态，达到增压的目的和效果。

但是，当转速接近额定转速(约 5000 转或以上)的时候，发动机本身的内压超过了排气压力，这时的涡轮同样是不工作的。实际上发动机的一般工作区间在 1500～5000 转内，所以涡轮增压以它优越的经济性和动力性得到了众多用户的认可。不过怎么说还是有点缺陷，这两个区间的动力缺失如何解决呢？转速过高时可以换个大尺寸的涡轮，转速过低时动力空挡也会同时加大。很自然地，一款无可挑剔的发动机应运而生，涡轮机械增压燃油分层喷射发动机(Twinscharger Fuel Stratified Injection，TSI)解决了所有问题。

TSI 的设计非常巧妙，它实际上是把一个涡轮增压器(Turbocharger)和机械增压器(Supercharger)一起装到一台发动机里面。TSI 中的 T 不是指 Turbocharger 而是 Twincharger (双增压)的意思。上文我们讲到涡轮增压发动机在较低和较高转速时都有一个动力的空挡，为了进一步提高发动机的效率，增加一个机械增压装置，并让它在低转速时加大进气压力。而涡轮增压器的尺寸可以再大一些，去弥补高转速时的动力空挡，从而达到一个从低到高转速的全段优异动力表现。

另外，涡轮增压器由于废气涡轮的惯性，会有相应的发动机迟滞现象。而机械增压器则是由发动机转轴直接带动，能够随着发动机转速变化而迅速且线性地改变转速。2005 年，大众 1.4 升直喷汽油发动机首先搭载了这套系统，它的最大功率达到了惊人的 170 马力(国产 1.8 T 发动机的最大功率也才 150 马力)。

需要注意的是，一汽-大众和上海大众将其 1.4TFSI 和 1.8TFSI 发动机都称为 1.4TSI 和 1.8TSI。厂商为了避免大家对 TFSI 简称 TSI 产生异议，他们对此解释为："因为一贯体系中我们一般采用 3 个字作为发动机特有技术的称呼，所以这次我们把 TFSI 简称为 TSI，其中 T 代表涡轮增压，SI 代表直喷技术。"国产迈腾、速腾等车型最新的 TSI 发动机实际上跟前面说到的 TSI 并不是一回事。

思 考 题

1. 试分析汽车排放污染物的主要成分及来源。
2. 试分析汽车排放污染物的危害。
3. 简述影响汽油机排放污染物产生的因素。
4. 简述影响柴油机排放污染物产生的因素。
5. 简述废气再循环系统的类型与工作过程。
6. 简述燃油控制蒸发系统的组成与工作过程。
7. 简述二次空气喷射系统的组成与工作过程。
8. 简述曲轴箱强制通风系统的组成与工作过程。

项目十一　发动机的装配与维护

任务一　发动机的装配

知识目标

□ 掌握发动机装配的基本知识与要求。

技能目标

□ 掌握发动机装配的过程与规范。

一、基础知识

(一) 基本要求

(1) 复检零部件、辅助总成，性能试验均合格。

(2) 易损零件、紧固锁止件全部换新，如自锁螺母、弹簧垫片等。

(3) 严格保持零件、润滑油道的清洁。

(4) 做好预润滑，且预润滑剂必须清洁，其品质符合发动机的工作要求。

(5) 不允许互换配合位置的零件，严格按装配标记进行装配。零件的平衡配重位置须正确、固定可靠。

(6) 尽量使用专用器具进行装配，并且按规定的紧固力矩、紧固方法和顺序来紧固螺栓。

(7) 装配间隙必须符合技术条件，但应根据具体情况适当调整。

(8) 电控系统各接头、线柱要清洁且接触可靠。燃油系统中的 O 形密封圈必须更换，而且不得使用含硅密封胶。

(二) 装配顺序与调整方法

发动机的装配顺序与调整方法随结构的不同有所变化，但其顺序基本相同。以桑塔纳轿车为例加以说明。

1. 安装曲轴与轴承

(1) 将气缸清洗干净后倒置于安装支架上，正确安放好各道主轴承(一、二、四、五道轴承只是装在缸体上的一片有油槽，装在瓦盖上的一片无油槽，第三道轴承两片均有油槽)及推力垫圈。

(2) 将曲轴置于缸体主轴承座孔中，按规定扭矩依次拧紧各轴承盖螺栓(拧紧力矩为 65 N • m)，安装推力垫圈后应轴向撬动曲轴检查其轴向间隙；每紧固一道主轴承盖后应转动曲轴数周，最后再检查其径向间隙。轴承过紧或曲轴轴向间隙不符合要求时，应查明原因并及时予以排除。

(3) 安装曲轴前/后端油封凸缘、凸缘衬垫及油封等。

(4) 安装飞轮及曲轮齿带轮。

2. 安装活塞连杆组

(1) 组装活塞连杆组。使活塞顶部的箭头标记与同缸号连杆的凸点指向同一侧，在配合面上涂抹机油，然后用拇指将活塞销推入活塞销座孔及连杆小头的孔中(阻力较大时，可先用热水将活塞加热至60℃；若加热后仍不能将活塞销推入，则应重新选配零件)，并装好锁环。

(2) 检查活塞是否偏缸。使发动机侧置，将未装活塞环的活塞连杆组装入各缸，并按规定扭矩分次拧紧连杆螺栓(1.8 L 发动机应当拧紧至 30 N·m，再继续拧紧 180°；1.6 L 发动机应以 45 N·m 的力矩拧紧)。用厚薄规检查活塞在上、下止点及气缸中部时，活塞顶部在气缸前、后方向的间隙是否相同，即是否存在偏缸。存在偏缸时，应查明原因并予以消除。检查偏缸的同时，还应注意检查连杆轴承与轴颈的轴向间隙及径向间隙。

(3) 安装活塞环。在活塞环端隙、侧隙及背隙符合要求的情况下，用活塞环钳将活塞环装入相应的环槽中。安装第二道气环(锥形环)时，应使标有“TOP”标记的一面朝向活塞顶部。各道活塞环的开口相互错开 120°，并使第一道活塞环的开口位于侧压力小的一侧，且与活塞销轴线成 45°角。

(4) 将活塞连杆组装入气缸。使活塞顶面的箭头指向发动机前方，并按缸号标记将组装好的活塞连杆组自缸体上方放入气缸中，用活塞环箍压缩活塞环后，用手锤木柄将活塞推入缸内，使连杆大头落于连杆轴颈上，按标记扣合连杆轴承盖，并按规定力矩拧紧连杆螺栓。

3. 安装中间轴

将中间轴装入机体承孔中，在其前端装入 O 形密封圈、油封凸缘及油封。油封凸缘紧固螺栓应以 25 N·m 的力矩拧紧。最后安装中间轴齿带轮。

4. 安装气缸盖及配气机构

(1) 将各气门插入相应的气门导管中，检查气门与气门座的密封性(可用汽油进行渗漏检验)，不符合要求时，应进行手工研磨。

(2) 取出各气门，装好气门弹簧下座，用专用工具将气门油封压装到气门导管上，再重新插入各气门，装好气门弹簧、上弹簧座及锁片(使用过的旧锁片不允许再用)，并用塑料锤轻轻敲击数次，以确保锁片安装的可靠性。

(3) 按顺序将各气门挺柱装入挺柱承孔中，在缸盖后端装好凸轮轴半圆塞(新件)，将凸轮轴置于气缸盖上的承孔中，按解体的相反顺序以 20 N·m 的力矩拧紧各道凸轮轴轴承盖(先对称紧固 2、4 道轴承盖，后紧固 1、3、5 道轴承盖)，并复查凸轮轴的轴向和径向间隙。

(4) 将定位导向螺栓拧入缸体上的 1、3 螺栓孔中，使有“OPENTOP”标记的一面朝上，再将气缸垫安放于气缸体上。

(5) 转动曲轴使活塞离开上止点位置，将气缸盖置于气缸体上，用手拧入其他 8 个缸盖螺栓，再拧出 1、3 螺栓孔中的定位螺栓，拧入 2 只缸盖螺栓。

(6) 按拆卸时的相反顺序分四次拧紧各缸盖螺栓。第一次扭至 40 N·m；第二次扭至 60 N·m；第三次扭至 75 N·m；第四次再旋紧缸盖螺栓 1/4 圈(90°)。

(7) 装上凸轮轴油封及齿带轮，并以 80 N·m 的力矩拧紧齿带轮紧固螺栓。

(8) 安装气门罩盖密封衬垫、密封条、气门罩盖、压条及储油器等，并以 10 N·m 的力矩拧紧其紧固螺母。

5. 安装齿形皮带、分电器和机油泵

(1) 将齿形皮带套到曲轴及中间轴齿带轮上。

(2) 转动凸轮轴，使其齿形皮带轮上的标记与气门罩盖平面平齐(转动凸轮轴时，曲轴不可位于上止点位置，以防气门碰撞活塞，造成零件损伤)。

(3) 装好齿形皮带下护罩及曲轴前端的三角带轮，并装好发电机、水泵及空调压缩机，再套上发电机及压缩机三角带。

(4) 转动曲轴，使飞轮上的点火正时标记与变速器壳上的标记对齐，或使曲轴带轮外缘上的标记与齿形皮带轮下护罩上的箭头标记对正。

(5) 将齿形皮带套到凸轮轴齿带轮上，并通过张紧轮调整好齿形皮带的张紧程度。

(6) 调好发电机皮带的张紧力。

(7) 使分火头指向分电器壳上的第一缸标记，将分电器插入机体承孔中，并固定好分电器压板。

(8) 使机油泵驱动轴的扁头对正分电器驱动轴的槽口，安装好机油泵，并装上油底壳及其衬垫。

6. 安装其他附件

将机油滤清器、汽油泵进排气歧管、化油器、起动机及齿形皮带轮上护罩等依次安装到发动机机体上。

7. 发动机总成的装车

将发动机总成装到车上，并连接好各管路及线路。具体操作可按拆卸的相反顺序进行，并注意以下问题：

(1) 注意不要碰伤变速器的输入轴。

(2) 发动机橡胶支承块的自锁螺母应更换新件。

(3) 将发动机装入支架座上，旋紧紧固螺栓。

(4) 调好离合器踏板的自由行程及节气门、阻风门拉索，安装好排气管。

(5) 连接起动机接线时，导线不得碰到发动机。

(6) 合理加注冷却液。

三、拓展知识

(一) 发动机磨合的意义

总成修理的发动机使用的零件有新有旧，零件的技术状况相差较大；修理工艺装备和企业生产技术水平也存在着很大的差异，有些总成修理的发动机在磨合中就出现拉缸、烧瓦等严重故障。因此，总成修理的发动机进行科学的磨合就更为必要。

1. 形成适应工作条件的配合性质

(1) 扩大配合表面的实际接触面积。新零件和经过修理的零件，由于表面微观粗糙和各种误差，装配后配合副的实际接触面积仅为设计面积的 1/100～1/1000，配合表面上单位

实际接触面积的载荷就会超过设计值的百倍乃至千倍。微观接触面积在高应力、高摩擦热的作用下就容易产生塑性变形和粘着磨损，引起咬粘等破坏性故障。因此，使新零件在特定的磨合规范下运动，粗糙表面的微观凸点产生微观机械切削现象，使实际接触面积不断扩大，在短期内形成适应正常工作条件的配合表面。

(2) 形成适应工作条件的表面粗糙度。每一种工作条件均有其相应的表面粗糙度，零件加工的表面粗糙度与工作条件的要求差距很大，只有在磨合中才能形成适应工作条件的表面粗糙度。

(3) 改善配合性质。由于磨合磨损形成了适应工作条件的实际接触面积和表面粗糙度以及配合间隙，因此，不但显著地提高了零件的综合抗磨损性能，也减少了摩擦阻力与摩擦热，降低了故障率，提高了大修发动机的可靠性与耐久性。

2. 改善配合副的润滑效能

磨合使配合间隙增大到适应正常工作条件的配合间隙，改善了润滑油的泵送性能，增大了配合副间的润滑油流量，不但改善了配合副的润滑效能，也有利于保持正常的工作温度和配合表面的清洁。

3. 提高发动机的可靠性与耐久性

金属在低于或近于疲劳极限下，磨合一定的时间，可以明显提高金属零件的抗磨损能力和抗疲劳破坏能力，从而提高机械的可靠性和耐久性。

发动机全部磨合过程由微观几何形状磨合期、宏观几何形状磨合期、适应最大载荷表面准备期三个时期组成。微观几何形状磨合期内(第一时期)，微观粗糙表面因微观机械加工的作用逐渐展平，表面金属被强化，显微硬度成倍地提高，产生剧烈的磨损，增大配合间隙，形成适应摩擦状态的工作表面质量。宏观几何形状磨合期内(第二时期)，零件表面的形位误差部分得以消除，磨损量逐渐减小，机械损失减弱。适应最大载荷表面准备期内(第三时期)，零件磨损率和发动机的动力性、经济性逐渐稳定，故障率降低，可靠件提高。第一时期磨合于出厂前在台架上完成，称为“发动机磨合”；后两个磨合时期需在发动机上安装限速片，在限速限载条件下的运行过程中完成，称为“汽车走合”。

(二) 磨合规范

发动机磨合分为冷磨合与热磨合两个阶段。冷磨合是由外部动力驱动总成或机构的磨合，而发动机自行运转的磨合则称为热磨合。其中发动机自行运转的磨合称为无载热磨合；加载自运转磨合称为负载磨合。发动机的磨合质量在材料、结构、装配质量等条件一定的情况下，主要取决于磨合时期的转速、载荷、磨合时间、润滑油品质。因此，磨合转速、载荷和磨合时间组成了发动机的磨合规范。

1. 冷磨合规范

(1) 冷磨合转速：起始转速为 400～500 r/min，终止转速为 1200～1400 r/min。起始转速过低，由于曲轴的溅油能力不足以及机油泵的输油压力过低，难以满足配合副较大摩擦阻力和摩擦热对润滑、冷却、清洁能力的需求，极易造成配合副的破坏性损伤。由于高摩擦阻力和高摩擦热的限制，起始转速也不能过高。

发动机磨合的关键是气缸与活塞环、活塞和曲轴与轴承等配合副的磨合。配合面上的载荷主要由活塞连杆组的质量和离心力形成。

(2) 冷磨合载荷：装好气缸盖后堵死火花塞螺孔，借助气缸的压缩压力来增加冷磨载荷是极为有益的。

(3) 冷磨合的润滑：现行的润滑方式有自润滑、油浴式润滑和机外润滑。实践证明：机外润滑方式最佳，对提高磨合效率极为有利。所谓机外润滑是指由专门的泵送系统，将专门配制的黏度较低、硫化极性添加剂含量高的专用发动机润滑油，以较大的流量送入发动机进行润滑的润滑方式。机外润滑不但使摩擦表面松软，加速磨合过程，而且润滑、散热以及清洁的能力很强，还可以提高磨合过程的可靠性。

(4) 磨合时间：各级转速的冷磨合时间约为 15 min，共需 60 min。

2. 热磨合规范

(1) 无载热磨合：为有载热磨合做准备，其磨合原理与冷磨合类似。因此无载热磨合的转速为$(0.4\sim0.55)n_e$(n_e为发动机额定转速)。

(2) 有载热磨合：起始转速为$(0.4\sim0.5)n_e$，磨合终止时的转速一般取 $0.8n_e$，并采取四级调速。

在热磨合过程中，必须进行发动机的检查调整和发动机性能试验，排除故障使发动机符合大修竣工技术条件，并清洗润滑系、更换润滑油和滤清器滤芯，然后加装限速装置。

任务二　发动机的维护

知识目标

□ 掌握发动机维护的基本要求。

技能目标

□ 掌握发动机维护的方法与规范。

一、基础知识

(一) 发动机维护及意义

1. 发动机维护

为维持发动机完好技术状态或工作能力而进行的作业称为发动机维护，也称为发动机保养。

2. 发动机维护的意义

发动机经过一段时间的运转之后，其内部零部件将不可避免地产生不同程度的磨损、松动和变形等，如果不及时维护，机件的磨损将急剧加大，发动机的动力性、经济性和排放性等各项性能指标也将明显变差。通过加强发动机的维护，可以及时发现和消除故障隐患，使发动机经常处于良好的技术状况，防止发动机早期损坏，延长发动机使用寿命；注重运行中的维护，终生不大修，“三分修、七分养”的全新理念正在为人们所接受。

（二）发动机维护级别与作业项目

由于发动机是由许多零部件组成的，它们的工作条件各异，故障规律及最优的维护周期也不尽相同，因此，必须将维护作业划组、分级、归类进行。我国目前执行的发动机维护制度将发动机维护划分为日常维护、一级维护、二级维护。此外，还有发动机的走合期维护和季节维护。不同车型的维护周期和维护规范由生产厂家结合本地区具体情况制定。

1. 日常维护

日常维护是以清洁、补给和安全检视为中心内容，由驾驶员负责执行的维护作业。

发动机日常维护的基本作业项目见表11-1。

表11-1 发动机日常维护的基本作业项目

维护时间	作业内容
出车前	(1) 对发动机外表进行清洁； (2) 检查加足机油、燃油、冷却液，观察有无泄漏现象； (3) 检查散热器盖、油箱盖、加机油口盖是否齐全完整； (4) 检查调整蓄电池液面高度、存电情况或检查免维护蓄电池比重计显示情况； (5) 起动发动机，查听有无异响，检查各部仪表工作是否正常
行车中	(1) 注意各仪表工作状况，当发现警报灯亮或机油压力表、水温表显示异常时应立即停车检查； (2) 留意发动机有无异响和异味
收车后	(1) 检查补充机油、燃油、冷却液； (2) 检查各部有无损伤、漏油、漏水、漏气和漏电现象； (3) 严寒季节未加防冻液的冷却水应放干净

2. 一级维护

一级维护除执行日常维护作业外，以清洁、润滑、紧固为作业中心内容，由维修企业负责进行。一级维护时间按制造厂的使用说明书要求，结合具体工作情况进行。

发动机一级维护的基本作业项目见表11-2。

表11-2 发动机一级维护的基本作业项目

序号	项目	作业内容	技术要求
1	点火系	检查、调整	正常工作
2	发动机空气滤清器、空压机空气滤清器、曲轴箱通风系空气滤清器、机油滤清器和燃油滤清器	清洁或更换	各滤芯应清洁无破损，上下衬垫无残缺，密封良好；滤清器应清洁，安装牢固
3	曲轴箱油面、冷却液液面高度	检查	符合规定
4	曲轴箱通风装置、三效催化转化装置	外观检查	齐全、无损坏
5	水泵、空压机、进排气歧管、输油泵、喷油器连接螺栓	检查校紧	各连接部位螺栓、螺母应紧固，锁销、垫圈及胶垫应完好有效
6	空压机、发电机、空调机皮带	检查皮带磨损、老化程度，调整皮带松紧度	符合规定
7	蓄电池	检查	电解液液面高度应符合规定，通气孔畅通，电桩夹头清洁、牢固

注：技术要求栏中的“符合规定”指符合实际应用中的有关技术规定或技术要求。

3. 二级维护

二级维护除执行一级维护作业外，还以检查、调整为主要作业内容，由维修企业负责进行。一级维护时间按制造厂的使用说明书要求，结合具体工作情况进行。

发动机二级维护前应进行检测诊断和技术评定，根据检测评定结果，确定附加作业或小修项目，结合二级维护一并进行。

发动机二级维护的基本作业项目见表 11-3。

表 11-3 发动机二级维护的基本作业项目

序号	维护项目	作业内容	技术要求
1	发动机润滑油 机油滤清器	(1) 更换润滑油； (2) 视情况更换机油滤清器	(1) 润滑油规格性能指标符合规定； (2) 液面高度符合规定； (3) 机油滤清器密封良好，无堵塞，完好有效
2	空气滤清器	清洁空气滤清器	(1) 空气滤清器清洁有效，安装可靠； (2) 恒温进气装置真空软管安装可靠； (3) 进气转换阀工作灵敏、准确
3	油箱及油管 燃油滤清器 燃油泵	(1) 检查接头及密封情况； (2) 清洁燃油滤器，并视情况更换； (3) 检查燃油泵，必要时更换	(1) 接头无破损、渗漏，紧固可靠； (2) 燃油滤清器工作正常； (3) 燃油泵工作正常、油压符合规定
4	燃油蒸发控制装置	检查清洁，必要时更换	工作正常
5	曲箱箱通风装置	检查、清洁	清洁畅通，连接可靠，不漏气，各阀门无堵塞、卡滞现象，灵敏有效，符合规定
6	散热器 膨胀箱 百叶窗 水泵 节温器 传动皮带	(1) 检查密封情况、水箱盖压力阀、液面高度、水泵； (2) 检视皮带外观,调整皮带松紧度	(1) 散热器及软管无变形、破损及渗漏；水箱盖接合表面良好；胶垫不老化、散热器盖压力阀开启压力符合要求；水泵不漏水、无异响；节温器工作性能符合规定； (2) 皮带应无裂痕和过量磨损，表面无油污，皮带松紧度符合规定
7	进排气支管 消声器 排气管 气缸盖	(1) 检查、紧固,视情况补焊或更换； (2) 按规定次序和扭紧力矩校紧气缸盖	(1) 无裂痕、漏气、消声器性能良好； (2) 扭紧力矩符合规定
8	增压器 中冷器	检查、清洁	符合规定
9	发动机支架	检查、紧固	连接牢固、无变形和裂缝。
10	喷油器 喷油泵	检查喷油器和喷油泵的作用，必要时检测喷油压力和喷油状况，视情况调整供油提前角	(1) 喷油器雾化良好、无滴油、漏油现象，喷油压力符合规定； (2) 供油提前角符合规定

续表

序号	维护项目	作业内容	技术要求
11	分电器 高压线	清洁、检查	分电器无油污，调整触点间隙在规定范围内，无松旷、漏电现象，高压线性能符合规定
12	火花塞	清洁、检查或更换火花塞，调整电极间隙	电极表面清洁，间隙符合规定
13	气门间隙	检查调查	符合规定
14	电控燃油喷射系统供油管路	检查密封状况	密封良好，作用正常
15	三效催化装置	检查三效催化装置的作用，必要时更换	作用正常
16	发电机及其调节器 起动机	清洁、润滑	符合规定
17	蓄电池	检查、清洁、补给	清洁、安装牢固，电解液液面符合规定

注：技术要求栏中的“符合规定”指符合实际应用中的有关技术规定或技术要求。

4. 走合期维护

发动机新机出厂或发动机总成大修后，初期运行规定的间隔时间称为走合期。在这段时间内对发动机进行的维护称为走合期维护。经正确走合，对延长发动机使用寿命，提高发动机工作的可靠性和经济性有很大关系。走合期内应注意以下几点事项：

(1) 走合期里程为1000～3000 km。

(2) 走合期内应减载限速行驶，避免全负荷和高转速。

(3) 走合期内驾驶员必须严格执行操作规程，保持发动机正常工作温度，严禁拆除发动机限速装置。

(4) 走合期内认真做好车辆的日常维护工作，注意各总成在运行中的声响和温度变化，若有问题应及时调整。

走合期满后，应进行一次走合期维护。走合期维护的基本作业项目见表11-4。

表11-4　走合期维护的基本作业项目

序号	作业内容
1	进行一级维护的全部作业
2	校紧曲轴主轴承盖和连杆轴承盖螺栓或螺母
3	检查校正点火正时或供油正时
4	检查校准气门间隙
5	检查调整发动机尾气排放
6	检查有无异响等异常现象

二、任务实施

(一) 任务内容

(1) 更换发动机机油和机油滤清器。
(2) 检查、补充冷却液。

(二) 任务实施准备

(1) 器材与设备：实训发动机、套装工具、清洁工具等。
(2) 参考资料：《汽车构造拆装与维护保养实训》、发动机维修手册。

(三) 任务实施步骤

具体操作步骤见《汽车构造拆装与维护保养实训》中的相关内容。

三、拓展知识

(一) 发动机的验收

发动机大修后，经过冷磨合、热磨合、试验检测磨合，即可进行竣工验收。发动机验收必须按汽车修理技术标准中的有关规定执行。根据 GB/T15746.2《发动机大修质量评定标准》的规定，主要验收项目如下：

(1) 装备与装配。
(2) 起动性能。
(3) 进气歧管真空度。
(4) 气缸压力。
(5) 运转情况。
(6) 发动机机油和冷却液规格、数量符合原厂规定，机油压力和冷却液温度正常。
(7) 动力性能。
(8) 燃料消耗率。
(9) 排放性能。
(10) 其他。

发动机应无漏水、漏油、漏气和漏电现象；柴油机停机装置应灵活有效；发动机应按规定加装限速装置，并加铅封；对有分电器的电喷发动机可适当减小点火提前角，走合一定里程后再恢复。

(二) 发动机总成修理竣工技术条件

1. 一般技术要求

发动机总成修理竣工的一般技术要求如下：
(1) 装备齐全，按规定完成了发动机磨合，无漏油、漏水、漏气、漏电等现象。
(2) 加注的润滑油量、牌号以及润滑脂符合原厂规定。

(3) 工作中无异响，急加速时无爆燃声，消声器无放炮声。

(4) 润滑油压力和冷却液温度均正常。

(5) 气缸压力符合原厂规定。对于各缸压力差，汽油机应不超过各缸平均压力的8%，柴油机不超过10%。

(6) 四行程汽油机转速在500～600 r/min时，进气歧管真空度应在57.2～70.5 kPa范围内；其波动范围，六缸发动机不超过3.5 kPa，四缸发动机不超过5 kPa。

2. 主要使用性能

(1) 发动机在正常的工作温度下，5 s内能起动。柴油机在5℃、汽油机在-5℃环境下起动顺利。

(2) 配气相位差符合规范。

(3) 加速灵敏，过渡平滑，怠速稳定，各工况下均工作平稳。

(4) 最大功率和最大转矩不低于原厂规定的90%。

(5) 最低耗油率不得高于原厂规定。

(6) 发动机排放限值符合GB 7258—2004《机动车运行安全技术条件》的规定。

二级维护竣工的发动机除装备齐全有效之外，还必须进行性能检测，要求能正常起动，低、中、高速运转均匀、稳定，水温正常，加速性能好，无断火、放炮等现象，发动机运转稳定后应无异响，无负荷功率不小于额定值的80%。

(7) 电子控制系统的设置应正确无误，自检警告灯应显示系统正常，或通过系统自诊断功能读取的故障码应为正常码。

思　考　题

1. 简述发动机装配的基本要求。
2. 简述发动机的装配顺序。
3. 简述发动机各级维护的基本作业项目。

项目十二　燃气汽车与电动汽车

随着汽车的快速发展，能源与环境已经成为人类发展和生存的重大问题。如何减少发动机排放的污染，降低发动机的能源消耗，开发替代能源，已经成为世界各国共同关注的问题。各国纷纷制定相关政策法规，投入大量资金，相继开发了电动汽车、燃气汽车、太阳能汽车等新型发动机汽车和新技术。

我国 2004 年实施的新《汽车产业政策》也提出在“2010 年前，乘用车新车平均油耗比 2003 年降低 15%以上”，要“积极开展电动汽车、车用动力电池等新型动力的研究和产业化，重点发展混合动力汽车技术和轿车柴油发动机技术”，“开发醇燃料、天然气、混合燃料、氢燃料等新型车用燃料”等战略决策。

任务一　燃 气 汽 车

知识目标

- □ 掌握燃气汽车的类型及特点。
- □ 掌握 LPG 和 CNG 供给系统的结构和工作过程。

一、基础知识

燃气汽车是清洁燃料汽车。燃气汽车主要有液化天然气汽车(简称 LPG 汽车或 LPGV)和压缩天然气汽车(简称 CNG 汽车或 CNGV)。LPG 汽车以液化石油气为燃料，CNG 汽车以压缩天然气为燃料。

(一) 燃气汽车的特点

(1) 燃气汽车的排放污染大大低于以油为燃料的汽车，产生的一氧化碳、氮氧化合物和能生成烟雾的可反应烃等有害物质少。燃气汽车的 CO 排放量比汽油车减少 90% 以上，碳氢化合物排放减少 70% 以上，氮氧化合物排放减少 35% 以上，CO_2 减少 20%～30%，噪声降低 40%，尾气中不含硫化物、铅和苯。而且天然气是无毒、不致癌、无腐蚀性的气体，所以天然气比汽油更安全，大大减轻了对环境的污染，由此而被称为“洁净能量”，燃气汽车的推广应用被称为“绿色革命”，是较为实用的低排放汽车。许多国家已将发展天然气汽车作为一种减轻大气污染的重要手段。

(2) 抗爆震性好，辛烷值达 103～110，远高于汽油，有利于增大燃气压缩比，提高发动机的动力性能。

(3) 燃料以气态进入气缸，燃烧较充分，热效率高，积炭少，这使发动机的大修期延长 30%～40%，使润滑油更换周期延长 50%，降低了维护费用和运行成本。

(4) 采取了多项有效的技术措施和设施，使燃气在完全密闭的系统中运行，比汽油安全。

(5) 天然气资源丰富，价格便宜，可使汽车用户节省 10%～15%的燃料费。

(二) 燃气发动机的基本结构

燃气发动机一般是在原汽油机或柴油机的基础上改装而成的，其总体结构与化油器式汽油机基本相同，只是燃料供给系统有所不同。

1. LPG 供给系统

LPG 供给系统主要由储液罐、燃料控制电磁阀、调节器、混合器等组成(见图 12-1)。

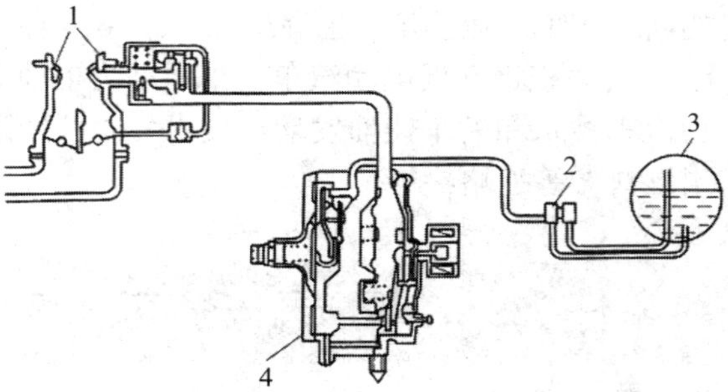

1—混合器；2—燃料控制电磁阀；3—储液罐；4—调节器

图 12-1

液化石油气以液态储存在储液罐中，发动机工作时，燃料控制电磁阀打开，由储液罐流出的液化石油气经调节器调压、计量后以气态输送到混合器，与空气混合后被吸入气缸，经火花塞点火燃烧。

1) 储液罐

储液罐是一个高压容器，轿车的储液罐安装在后行李箱内(见图 12-2)。

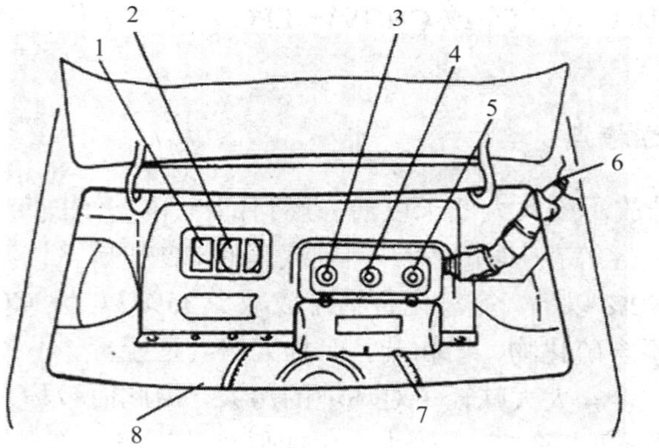

1—液面观察窗；2—液面计；3—气体输出阀；4—液体输出阀；
5—燃料加注阀；6—燃料加注口；7—阀门室盖；8—后行李箱

图 12-2

在燃料加注阀上设有过量安全装置，当加注燃料至规定液面高度时，安全装置自动关闭，以防止燃料加注过量，为保证安全，规定燃料加注极限为储液罐容量的 85%。

液体输出阀具有自动限流功能，当输出流量超过规定值或压差超过 50kPa 时，输出阀将会自动关闭。

2) 燃料控制电磁阀

燃料控制电磁阀(见图 12-3)的功用是当发动机停止工作时自动切断燃料供给，而发动机工作时电磁阀打开，并可根据温度的变化自动实现气体或液体的切换。

发动机起动或工作时，电源经水温开关输送到气体或液体输出电磁阀。发动机低温起动(水温低于 15℃)时，水温开关接通气体输出电磁阀电路，使气体输出电磁阀打开，储液罐内的燃料以气态输送给调节器，以改善发动机的冷起动性能；当水温达到 15℃以上时，水温开关接通液体输出电磁阀电路而切断气体输出电磁阀电路，燃料以液态输送给调节器。

3) 调节器

调节器的功用是对输送给混合器的燃料进行减压和计量，它主要由初级气室和次级气室组成(见图 12-4)。

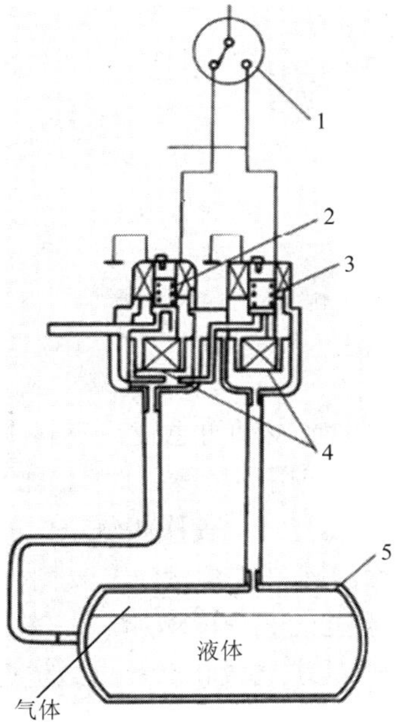

1—水温开关；2—液体输出电磁阀；3—气体输出电磁阀；4—滤清器；5—储液罐

图 12-3

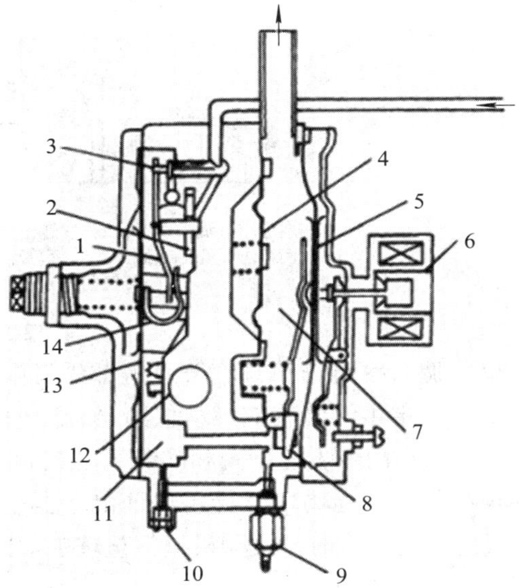

1—主控制阀臂；2—压力平衡膜片；3—主控制阀；4—锁止膜片；5—次级气室膜片；6—起动电阀；7—次级气室；8—次级室控制阀；9—燃烧切换阀；10—怠速调整螺；11—初级气室；12—水道；13—初级气室膜片；14—U形卡

图 12-4

发动机工作时，来自燃料控制电磁阀的燃料经主控制阀、初级气室、次级气室供给混合器。

初级气室的功用是使燃料减压汽化，并保持压力稳定。由储液罐经燃料控制电磁阀输送来的燃料经主控制阀减压汽化后进入初级气室，当初级气室内的压力达到一定值时，压力平衡膜片被推向右移，并带动推杆、主控制阀臂使主控制阀关闭；而初级气室内压力下降时，平衡膜片向左移动，主控制阀打开，使燃料继续进入初级气室。这样可保持输送给次级气室的压力 (即初级气室的压力) 基本稳定。

此外，由于液态燃料汽化时温度会降低，为保证工作中维持一定的温度，在初级气室一侧设有与冷却系统连通的水道。

次级气室的功用是计量和调节燃料供给量。由初级气室来的燃料经次级气室控制阀进入次级气室，控制阀的开闭受锁止膜片控制。锁止膜片的左侧与进气管相通，当发动机停止工作时，锁止膜片在其弹簧作用下移到右侧极限位置，并通过控制阀臂使次级气室控制阀完全关闭；发动机工作时，进气管真空度将锁止膜片吸向左移，使控制阀打开，燃料进入次级气室并输送至混合器。发动机工作中，进气管真空度变化可改变锁止膜片的位置，从而影响控制阀开度，使燃料供给量得到调节。

4) 混合器

混合器(见图 12-5)的功用是使调节器输送来的气态燃料与空气混合，并送往气缸。

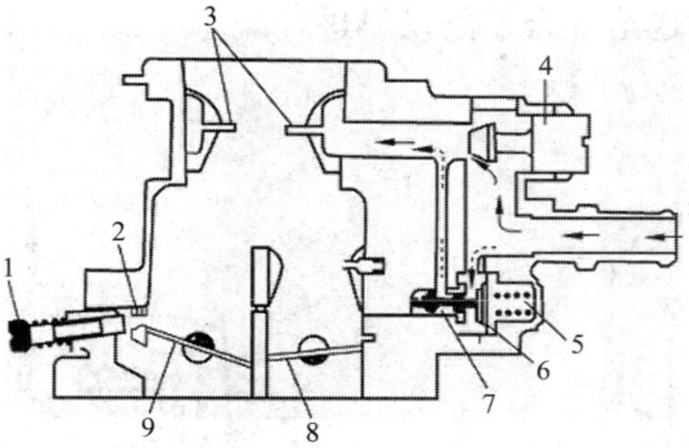

1—怠速空气调节螺钉；2—怠速空气量孔；3—主喷嘴；
4—燃料主量孔调节螺钉；5—弹簧；6—空燃比调节器膜片；
7—加浓阀；8—主腔节气门；9—副腔节气门

图 12-5

怠速空气调节螺钉与节气门开度调节螺钉配合，用来调节发动机怠速。燃料主量孔调节螺钉用来调节主供给装置的燃料供给量，一般是在季节或使用环境变化时调节的。

在调节器内，由于主控制阀和次级气室控制阀的节流减压作用，使次级气室内的燃料压力等于甚至小于大气压力，这样可保证混合器主供给装置的燃料供给量随节气门开度而变化。当节气门开度增大时，发动机进气量增加，同时主喷嘴处的真空度增加，主供给装置的燃料供给量也随之增加；反之，节气门开度减小时，发动机的进气量和燃料供给量均减少。

2. CNG 燃料供给系统

CNG 燃料供给系统与 LPG 燃料供给系统相近，只是前者的压力较高，可达 20 MPa，因此对储气罐及管路阀门等的要求很高。CNG 燃料供给系统的高压检测压力要达到 25～30 MPa，所以调节器部分相对复杂，分高压调节器和低压调节器。高压调节器使 CNG 压力降到 0.25 MPa 左右，低压调节器再使气体压力调整到 0.097～0.098 MPa。其余部分与 LPG 燃料供给系统相同。

如图 12-6 所示，CNG 储存于车用气瓶内，压力为 20 MPa。通过每个气瓶上的连通阀及高压管路将各气瓶连通。CNG 从最后一个气瓶上的输出阀流出，经预热器、截止阀及滤清器进入调节器。

在调节器内，CNG 的压力下降到大气压力。低压的 CNG 经计量器和 CNG 低压管路进入混合器，在混合器中与空气混合后进入气缸。

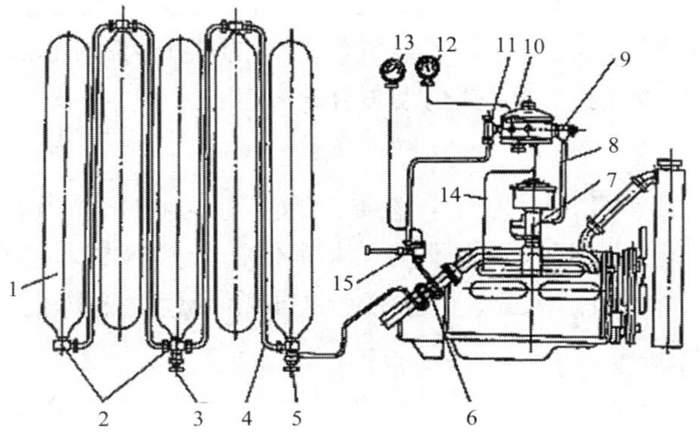

1—车用气瓶；2—连通阀；3—充气阀；4—CNG 高压管路；5—输出阀；
6—预热阀；7—混合器；8—CNG 低压管路；9—计量器；10—调节器；
11—滤清器；12—低压表；13—高压表；14—真空软管；15—截止阀

图 12-6

调节器部分包括高压调节和低压调节，它的作用如下：

(1) 将气瓶中 CNG 的压力由 20 MPa 降低至 0.1 MPa 左右。

(2) 在发动机停止工作时，自动停止 CNG 的输出。

(3) 当发动机运行工况急剧变化时，能保证向发动机正常供气。

CNG 燃料供给系统的调节器及混合器的结构及工作原理与 LPG 供给系统的调节器及混合器基本相同。

三、拓展知识

天然气是多种烃类物质和少量其它成分组成的混合气体。天然气最主要的成分是甲烃。天然气分为气田气和油田伴生气，随着产地的不同，甲烷成分所占体积在 85%～97% 之间变化，在物化性质上存在着一定差异。

(一) 天然气物化特性

1. 密度

通常状态下，甲烷是一种非常轻的气态物质。常温常压下，甲烷的密度只相当空气的 55%(甲烷密度/空气密度 = 0.55)。天然气密度约相当于空气的 60%。常温常压下，甲烷密度约为 0.71 kg/m^3，天然气密度约为 0.78 kg/m^3 (随着各地天然气组成成分的不同，密度有所差别)。

由于天然气密度远远小于空气，当天然气从输管或储气容器中泄漏到空气中时，天然气将向上移动，迅速扩散到空气中。由于这一特点，天然气的安全性优于汽油等大多数燃料。

2. 热值

天然气为 50.05 MJ/kg，汽油为 44.4 MJ/kg，就质量热值来讲，天然气的热值比汽油高 12% 左右。但它们进入气缸后形成的混合气的热值，由于燃烧所需要的理论空气量不同，如每公斤汽油完全燃烧的理论空气量为 14.7 kg，而每公斤天然气完全燃烧的理论空气量为

16.7 kg。但天然气进入气缸的空气量受结构的限制，每次进入气缸的空气量所供给天然气的重量比汽油的重量要轻。经计算，天然气混合气的热值为 27.6 MJ/kg，而汽油混合气的热值为 28 MJ/kg，天然气比汽油的热值要低 1.5% 左右。

3. 状态、沸点

在常温常压下，天然气是一种气态物质。沸点为 –162℃，当温度达到 –162℃和低于此温度时，天然气将转变为液态。由于沸点非常低，天然气是非常难于液化的，而且储存液态天然气也是非常困难的，因此，一般以气态储存、运输天然气。

4. 颜色、味道和毒性

在原始状态下，天然气是无色、无味、无毒的物质。基于安全的原因，在生产过程中，在天然气中加入具有独特臭味的加臭剂，当发生泄漏时，很容易发觉。

5. 混合气点火界限

燃料和空气混合形成可燃混合气，混合气的浓度在一定范围内，才能够被点燃产生能量。混合气过浓或过稀是难于被点燃的。能被点燃的混合浓度范围的上、下限分别是燃料点火极限的上限和下限。天然气具有很宽的点火界限，过量空气系数的变化范围为0.6～1.8，可在大范围内改变混合比。采用稀薄燃烧技术，可进一步提高汽车的经济性和环保效益。

6. 自燃温度

自燃温度是指使燃料和空气接触后能够自燃并连续燃烧的温度。一种燃料其自燃温度不是一个常数。汽油的自燃温度为 220～471℃(一般取 430℃)；天然气的自燃温度为630℃～730℃(一般取 650℃)。

7. 抗爆性和辛烷值

燃料的抗爆性是指燃料在气缸内点燃烧时，避免产生爆燃的能力，即抗自燃能力。这是燃料的一个重要指标。燃料的抗爆性用辛烷值表示。辛烷值越大，表示抗爆性越好。天然气的辛烷值为 130。

天然气适宜在较高的压缩比下点燃燃烧，具有较高的抗爆性能。因此燃用天然气的单燃料发动机可采用较高的压缩比，可改进和提高燃气汽车的动力性、经济性。

8. 点燃方式

天然气不适宜于压燃，适宜于外火源点燃，同时由于辛烷值远远高于汽油，它又适宜于在较高的压缩比下点燃。因此天然气可以用电火花点燃，也可用在柴油/天然气双燃料汽车上用柴油压燃方式引燃。

9. 燃烧速度

天然气的燃烧速度为 33.8 cm/s，汽油的燃烧速度为 39～47 cm/s。

10. 燃烧温度

天然气的燃烧温度为 2020℃，汽油的燃烧温度为 1200℃。

(二) 车用天然气技术要求

从地下开采出的天然气不能直接用作汽车燃料，原因是天然气含有烯烃、硫化氢、水等杂质，这些杂质将严重影响车辆正常运行和压缩天然气的使用。因此，国内外对车用压缩天然气的质量均有相应标准和技术要求。表 12-1 是 GB18047—2000《车用压缩天然气》技术要求。

表 12-1　车用天然气的技术要求

项　目	质量指标
高位发热量/(MJ/m^3)	>31.4
硫化氢含量/(mg/m^3)	≤15
总硫(以硫计)含量/(mg/m^3)	≤300
二氧化碳含量/(*V*/*V*)	≤3.0
氧气/%	≤0.5
水露点/℃	在最高操作压力下，不应高于−13℃
水分含量/(湿度 mg/m^3)	≤8

1. 水分

如果车用压缩天然气含水量过高(对天然气的燃烧，尤其是作为车用燃料十分有害)，将存在下面两个方面的危害：

(1) 当环境温度不高于 0℃时，天然气中的水分出现结冰现象，细小冰块的管线、钢瓶表面沉积，降低了有效容积，阻碍天然气的流动。严重时会产生冰堵，造成管道、气瓶嘴、充气嘴等的堵塞。

(2) 天然气中的含水量过高，会加速天然气中酸性气体对金属设备如钢瓶、管路装置等的腐蚀。

在天然气中，总是含有少量的酸性气体如硫化氢、二氧化碳等，这些气在气体中会电离，电离质子的存在会腐蚀金属设备，严重时还会造成金属开裂。

因此，天然气中水分的含量越少越好。天然气中水分含量通常用水露点和湿度两种方法表示。

水露点是指天然气在一定压力下，天然气析出第一批露珠时的温度，露点温度越高说明天然气中含水分越高。水露点不允许超过标准，否则会影响车辆的正常充气和使用，危及车辆安全。

2. 硫化氢

天然气虽经脱硫处理，由于种种原因，天然气中或多或少总会有有硫化氢的存在。当天然气中硫化氢的含量过高时，会严重腐蚀钢瓶。天然气中总会有水分，当天然气中含硫量高时，使钢瓶出现氢腐蚀，导致钢瓶氢脆(易造成爆破)。国家规定硫化氢的含量不得超过 15 mg/m^3 并越低越好。

3. 其它杂质

天然气内杂质应越少越好，防止压缩天然气汽车充气时进入杂质。

4. 充气压力

压缩天然气的汽车充气压力规定不得大于 20 MPa。

任务二　电动汽车

知识目标

□ 掌握电动汽车的类型及特点。
□ 掌握电动汽车的系统结构和工作过程。

一、基础知识

电动汽车是指以车载电源为动力，用电机驱动车轮行驶，符合道路交通、安全法规各项要求的车辆。

(一) 电动汽车类型

1. 纯电动汽车(BEV)

纯电动汽车是由电动机驱动的汽车。

纯电动汽车，相对燃油汽车而言，主要差别(异)在于四大部件：驱动电机，调速控制器、动力电池和车载充电器。纯电动汽车的品质差异取决于这四大部件，其价值高低也取决于这四大部件的品质，纯电动汽车的用途也与四大部件的选用配置直接相关。

纯电动汽车时速快慢和启动速度取决于驱动电机的功率和性能，其续航里程长短取决于车载动力电池容量大小。车载动力电池重量取决于选用何种动力电池，如铅酸、锌碳、锂电池等，它们的体积、比重、比功率、比能量、循环寿命都各有差异。

纯电动汽车的驱动电机有直流有刷、无刷，有永磁、电磁之分，它们的选用也与整车配置、用途、档次有关。另外驱动电机之调速控制也分有级调速和无级调速，有采用电子调速控制器和不用调速控制器之分。电动机有轮毂电机、内转子电机，有单电机驱动、多电机驱动和组合电机驱动等。

纯电动汽车的优点是技术相对简单成熟，只要有电力供应的地方都能够充电。其缺点是蓄电池单位重量储存的能量太少，还因电动车的电池较贵，又没形成经济规模，故购买价格较贵。至于使用成本，有些纯电动汽车的使用价格比汽车高，有些的使用价格仅为汽车的 1/3，这主要取决于电池的寿命及当地的油、电价格。

2. 混合动力汽车

混合动力汽车一般是指油电混合动力汽车(HEV)，即采用传统的内燃机(柴油机或汽油机)和电动机作为动力源。

混合动力汽车根据动力系统结构形式可分为以下三类：

(1) 串联式混合动力汽车(SHEV)：车辆的驱动力只来源于电动机的混合动力(电动)汽车。结构特点是发动机带动发电机发电，电能通过电机控制器输送给电动机，由电动机驱动汽车行驶。另外，动力电池也可以单独向电动机提供电能驱动汽车行驶。

(2) 并联式混合动力汽车(PHEV)：车辆的驱动力由电动机及发动机同时或单独供给的

混合动力(电动)汽车。结构特点是并联式驱动系统可以单独使用发动机或电动机作为动力源，也可以同时使用电动机和发动机作为动力源驱动汽车行驶。

(3) 混联式混合动力汽车(CHEV)：同时具有串联式、并联式驱动方式的混合动力(电动)汽车。结构特点是可以在串联混合模式下工作，也可以在并联混合模式下工作，同时兼顾了串联式和并联式的特点。

优点：

① 采用混合动力后可按平均需用的功率来确定内燃机的最大功率，此时处于油耗低、污染少的最优工况下工作。需要大功率内燃机功率不足时，由电池来补充；负荷少时，富余的功率可发电给电池充电，由于内燃机可持续工作，电池又可以不断得到充电，故其行程和普通汽车一样。

② 因为有了电池，可以十分方便地回收制动、下坡、怠速时的能量。

③ 在繁华市区，可关停内燃机，由电池单独驱动，实现“零”排放。

④ 有了内燃机可以十分方便地解决耗能大的空调、取暖、除霜等纯电动汽车遇到的难题。

⑤ 可以利用现有的加油站加油，不必再投资。

⑥ 可让电池保持在良好的工作状态，不发生过充、过放，延长其使用寿命，降低成本。

缺点：长距离高速行驶基本不能省油。

3. 燃料电池汽车(FCEV)

燃料电池汽车是以燃料电池作为动力电源的汽车。

燃料电池的化学反应过程不会产生有害产物，因此燃料电池车辆是无污染汽车。燃料电池的能量转换效率比内燃机要高 2～3 倍，因此从能源的利用和环境保护方面，燃料电池汽车是一种理想的车辆。单个的燃料电池必须结合成燃料电池组，以便获得必需的动力，满足车辆使用的要求。

与传统汽车相比，燃料电池汽车具有以下优点：

(1) 实现了零排放或近似零排放。

(2) 减少了机油泄露带来的水污染。

(3) 降低了温室气体的排放。

(4) 提高了燃油经济性。

(5) 提高了发动机燃烧效率。

(6) 运行平稳、无噪声。

(二) 系统结构

电动汽车是指以车载电源为动力，用电机驱动车轮行驶，符合道路交通、安全法规各项要求的车辆。它使用存储在电池中的电来发动。在驱动汽车时有时使用 12 或 24 块电池，有时则需要更多。

电动汽车的组成包括：电力驱动及控制系统、驱动力传动等机械系统、完成既定任务的工作装置等。电力驱动及控制系统是电动汽车的核心，也是区别于内燃机汽车的最大不同点。电力驱动及控制系统由驱动电动机、电源和电动机的调速控制装置等组成。电动汽车的其他装置基本与内燃机汽车相同。

1. 电力驱动

(1) 电源：为电动汽车的驱动电动机提供电能，电动机将电源的电能转化为机械能。应用最广泛的电源是铅酸蓄电池，但随着电动汽车技术的发展，铅酸蓄电池由于能量低、充电速度慢、寿命短，逐渐被其他蓄电池所取代。正在发展的电源主要有钠硫电池、镍镉电池、锂电池、燃料电池等，这些新型电源的应用，为电动汽车的发展开辟了广阔的前景。

(2) 驱动电动机：将电源的电能转化为机械能，通过传动装置或直接驱动车轮和工作装置。但直流电动机由于存在换向火花，因而功率小、效率低、维护保养工作量大，并且随着电机控制技术的发展，势必逐渐被直流无刷电动机(BLDCM)、开关磁阻电动机(SRM)和交流异步电动机所取代，如无外壳盘式轴向磁场直流串激励电动机。

2. 调速控制

电动机调速控制装置是为电动汽车的变速和方向变换等设置的，其作用是控制电动机的电压或电流，完成电动机的驱动转矩和旋转方向的控制。

早期的电动汽车上，直流电动机的调速通过串接电阻或改变电动机磁场线圈的匝数来实现。因其调速是有级的，且会产生附加的能量消耗或使电动机的结构复杂，现已很少采用。目前应用较广泛的是晶闸管斩波调速，通过均匀地改变电动机的端电压，控制电动机的电流，来实现电动机的无级调速。在电子电力技术的不断发展中，晶闸管斩波调速也逐渐被其他电力晶体管(如 GTO、MOSFET、BTR 及 IGBT 等)斩波调速装置所取代。从技术的发展来看，伴随着新型驱动电机的应用，电动汽车的调速控制转变为直流逆变技术的应用，将成为必然的趋势。

在驱动电动机的旋向变换控制中，直流电动机依靠接触器改变电枢或磁场的电流方向，实现电动机的旋向变换，这使得电路复杂、可靠性降低。当采用交流异步电动机驱动时，电动机转向的改变只需变换磁场三相电流的相序即可，可使控制电路简化。此外，采用交流电动机及其变频调速控制技术，使电动汽车的制动能量回收控制更加方便，控制电路更加简单。

3. 传动装置

电动汽车传动装置的作用是将电动机的驱动转矩传给汽车的驱动轴，当采用电动轮驱动时，传动装置的多数部件常常可以忽略。因为电动机可以带负载启动，所以电动汽车上无需传统内燃机汽车的离合器。因为驱动电机的旋向可以通过电路控制实现变换，所以电动汽车无需内燃机汽车变速器中的倒挡。当采用电动机无级调速控制时，电动汽车可以忽略传统汽车的变速器。在采用电动轮驱动时，电动汽车也可以省略传统内燃机汽车传动系统的差速器。

4. 行驶装置

行驶装置的作用是将电动机的驱动力矩通过车轮变成对地面的作用力，驱动车轮行走。行驶装置同其他汽车的构成是相同的，由车轮、轮胎和悬架等组成。

5. 转向装置

转向装置是为实现汽车的转弯而设置的，由转向机、方向盘、转向机构和转向轮等组成。作用在方向盘上的控制力，通过转向机和转向机构使转向轮偏转一定的角度，实现汽车的转向。多数电动汽车为前轮转向，工业中用的电动叉车常常采用后轮转向。电动汽车的转向装置有机械转向、液压转向和液压助力转向等类型。

6. 制动装置

电动汽车的制动装置同其他汽车一样，是为汽车减速或停车而设置的，通常由制动器及其操纵装置组成。在滑片式空气压缩机电动汽车上，一般还有电磁制动装置，它可以利用驱动电动机的控制电路实现电动机的发电运行，使减速制动时的能量转换成对蓄电池充电的电流，从而得到再生利用。

7. 工作装置

工作装置是工业用电动汽车为完成作业要求而专门设置的，如电动叉车的起升装置、门架、货叉等。

（三）充电设备

电动机的驱动电能来源于车载可充电蓄电池或其他能量储存装置。

电动汽车大部分车辆直接采用电机驱动，有一部分车辆把电动机装在发动机舱内，也有一部分直接以车轮作为四台电动机的转子，其难点在于电力储存技术。

电动机的驱动电能，本身不排放污染大气的有害气体，即使按所耗电量换算为发电厂的排放，除硫和微粒外，其他污染物也显著减少。

电动汽车还可以充分利用晚间用电低谷时富余的电力充电，使发电设备日夜都能充分利用，大大提高其经济效益。正是这些优点，使电动汽车的研究和应用成为汽车工业的一个“热点”。

充电设备类似于手机充电的 ICM 阶梯波六段式充电，具有较好的去硫化效果，可对电池首先激活，然后进行维护式快速充电，具有定时、充满报警、电脑快充、密码控制、自识别电压、多重保护、四路输出等功能，配套万能输出接口，可对所有的电动车快速充电。充电设备可适用于商场、超市、医院、停车场、小区门口、路边小卖部等公共场所。

（四）技术原理

1. 电机及控制系统

纯电动汽车以电动机代替燃油机，由电机驱动而无需自动变速箱。相对于自动变速箱，电机结构简单、技术成熟、运行可靠。

传统的内燃机能把高效产生转矩时的转速限制在一个窄的范围内，这是为何传统内燃机汽车需要庞大而复杂的变速机构的原因；而电动机可以在相当宽广的速度范围内高效产生转矩，在纯电动车行驶过程中不需要换挡变速装置，操纵方便容易，噪声低。

与混合动力汽车相比，纯电动车使用单一电能源，电控系统大大减少了汽车内部机械传动系统，结构更简化，也降低了机械部件摩擦导致的能量损耗及噪声，节省了汽车内部空间、重量。

电机驱动控制系统是新能源汽车车辆行驶中的主要执行结构，驱动电机及其控制系统是新能源汽车的核心部件(电池、电机、电控)之一，其驱动特性决定了汽车行驶的主要性能指标，它是电动汽车的重要部件。电动汽车中的燃料电池汽车 FCV、混合动力汽车 HEV 和纯电动汽车 EV 三大类都要用电动机来驱动车轮行驶，选择合适的电动机是提高各类电动汽车性价比的重要因素，因此研发或完善能同时满足车辆行驶过程中的各项性能要求，并具有坚固耐用、造价低、效能高等特点的电动机驱动方式显得极其重要。

2. 纯电动车的动力电池

动力电池是电动汽车的关键技术，决定了汽车的续行里程和成本。

(1) 纯电动车所需的动力电池。用于电动车的动力电池应有的功能指标和经济指标包括：安全性、比能量、比功率、寿命、循环价格、能量转换效率。这些因素直接决定了电动车的适用性、经济性。

(2) 超级电容器。超级电容器的优势是质量比功率高、循环寿命长，弱点是质量比能量低、购置价格贵，但是循环寿命长达 50 万～100 万次，故单次循环价格不高，与铅酸电池、能量型锂离子电池并联可以组成性能优良的动力电源系统。

(3) 铅酸电池。铅酸电池生产技术成熟，安全性好，价格低廉，废电池易回收再生。近些年来，通过新技术，其比能量低、循环寿命短、充电时发生酸雾、生产中可能有铅污染环境等缺点在不断克服中，各项指标有很大提高，不仅可更好地用作电动自行车和电动摩托车的电源，而且在电动汽车上也能发挥很好的作用。

(4) 以磷酸铁锂为正极的锂离子电池。负极为碳、正极为磷酸铁锂的锂电池综合性能好：安全性较高，不用昂贵的原料，不含有害元素，循环寿命长达 2000 次，并已克服了电导率低的缺点。能量型电池的质量比能量可达 120 Wh/kg，与超级电容器并联使用，可以组成性能全面的动力电源。功率型电池的质量比能量也有 70～80 Wh/kg，可以单独使用而不必并联超级电容器。

(5) 以钛酸锂为负极的锂离子电池。钛酸锂在充电-放电中体积变化极小，保证了电机机构稳定和电池的长寿命；钛酸锂电极电位较高，在电池充电时可以不生成锂晶枝，保证了电池的高安全性。但也因钛酸锂电极电位较高，即使与电极电位较高的锰酸锂正极配对，电池的电压也仅约 2.2 V，所以电池的比能量只有约 50～60 Wh/kg。即使如此，这种电池高安全性、长寿命的突出优点，也是其他电池无可比拟的。

（五）电动汽车特点

1. 无污染、噪声低

电动汽车无内燃机汽车工作时产生的废气，不产生排气污染，对环境保护和空气的洁净是十分有益的，几乎是“零污染”。众所周知，内燃机汽车废气中的 CO、HC 及 NO_X、微粒、臭气等污染物形成酸雨、酸雾及光化学烟雾。电动汽车无内燃机产生的噪声，电动机的噪声也较内燃机小。噪声对人的听觉、神经、心血管、消化、内分泌、免疫系统也是有危害的。

2. 能源效率高、多样化

电动汽车的研究表明，其能源效率已超过汽油机汽车。特别是在城市运行，汽车走走停停，行驶速度不高，电动汽车更加适宜。电动汽车停止时不消耗电量，在制动过程中，电动机可自动转化为发电机，实现制动减速时能量的再利用。有些研究表明，同样的原油经过粗炼，送至电厂发电，经充入电池，再由电池驱动汽车，其能量利用效率比经过精炼变为汽油、再经汽油机驱动汽车高，因此有利于节约能源和减少二氧化碳的排量。

另一方面，电动汽车的应用可有效地减少对石油资源的依赖，可将有限的石油用于更重要的方面。向蓄电池充电的电力可以由煤炭、天然气、水力、核能、太阳能、风力、潮汐等能源转化。除此之外，如果夜间向蓄电池充电，还可以避开用电高峰，有利于电网均衡负荷，减少费用。

3. 结构简单、维修方便

电动汽车较内燃机汽车结构简单，运转、传动部件少，维修保养工作量小。当采用交流感应电动机时，电机无需保养维护，更重要的是电动汽车易操纵。

4. 动力成本高、续驶里程短

当下电动汽车尚不如内燃机汽车技术完善，尤其是动力电源(电池)的寿命短，使用成本高。电池的储能量小，一次充电后行驶里程不理想，电动车的价格较贵。但从发展的角度看，随着科技的进步，投入相应的人力物力，电动汽车的问题会逐步得到解决，电动汽车会逐渐普及，其价格和使用成本必然会降低。

三、拓展知识

(一) 国外电动汽车发展状况

世界各国著名的汽车厂商都在加紧研制各类电动汽车，并且取得了一定程度的进展和突破。

日本一直以来，出于对能源危机和环境保护的关注及占领未来世界汽车市场的考虑，十分重视电动汽车的研制与开发。从当下世界范围内的整个形势来看，日本是电动汽车技术发展速度最快的少数几个国家之一，特别是在混合动力汽车的产品发展方面，日本居世界领先地位。1997 年 12 月，丰田汽车公司首先在日本市场推出了世界上第一款批量生产的混合动力轿车 PRIUS。该轿车于 2000 年 7 月开始出口北美，同年 9 月开始出口欧洲，已经在全世界 20 多个国家上市销售。当下推出的产品已经是多次改进后的第二代产品，其生产工艺更为成熟。根据丰田汽车公司的测试，PRIUS 轿车在城市工况下比同等排量的花冠轿车节油 44.4%；在市郊节油 29.7%，综合节油 40.5%。有关统计数据显示，丰田汽车公司已占有全球混合动力汽车市场 90% 的份额。2004 年 9 月 15 日，一汽集团与日本丰田汽车公司在北京举行了混合动力汽车合作项目签字仪式，宣布双方在 2005 年内共同生产丰田 PRIUS 混合动力轿车。PRIUS 混合动力轿车在同年进入中国市场。

继 PRIUS 混合动力轿车之后，丰田汽车公司还推出了 ESTIMA 混合动力汽车和搭载软混合动力系统的 CROWN 轿车。丰田汽车公司在普及混合动力系统的低燃耗、低排放和改进行驶性能方面已经走在了世界的前列。此外。本田汽车公司开发的 Insight 混合动力电动汽车也已投放市场，供不应求。

美国的汽车公司在电动汽车产业化方面比来自日本的同行逊色不少，三大汽车公司仅仅小批量生产、销售过纯电动汽车，而混合动力和燃料电池电动汽车还未能实现产业化，来自日本的混合动力电动汽车在美国市场上占据了主导地位。

2012 年挪威电动汽车销量达到了 1 万辆，占当年新车销量的 5.2%，这对仅有 500 万人口的挪威来讲颇引人瞩目。挪威市场的电动汽车多为日产 Leaf 车型，2012 年日产 Leaf 型车在挪威汽车销售市场上排名第 13 位，其他品牌的电动汽车有 Revas 和 KewetBuddies 等。

（二）中国电动汽车发展状况

中国电动汽车重大科技项目的研发开始于 2001 年，经过两个五年计划的科技攻关以及奥运、世博、“十城千辆”示范平台的应用拉动，中国电动汽车从无到有，技术处于持续进步状态，建立起了具有自主知识产权的电动汽车全产业链技术体系。

到 2010 年底，全国共有 25 个城市加入“十城千辆”节能与新能源汽车示范推广工程，50 多家企业的 184 个车型进入《节能与新能源汽车示范推广应用工程推荐车型目录》，各地示范运行各类电动汽车超过 1 万辆，示范运行里程超过 2 亿公里，累计载客 90 亿人次以上。电动汽车关键技术总体水平和应用规模位于国际前列，部分领域实现突破性进展。同时，中国的电动汽车在产品研发及示范推广方面已经取得了举世瞩目的成绩。截至 2012 年 6 月底，共有 83 家企业的 454 款节能与新能源汽车产品进入《节能与新能源汽车示范推广推荐车型目录》。截至 2012 年 3 月底，25 个示范城市累计推广节能与新能源汽车超过 1.9 万辆。其中，公共服务领域 1.68 万辆，建成充(换)电站 170 座，充电桩 6400 余个，载客超过 90 亿人次。

经过十年一剑的历程，中国的电动汽车已经开始从研究开发的阶段进入了产业化的阶段，冉冉升起的中国电动汽车产业正在呈现出蓬勃的生机。

当前，在各种新能源汽车的技术路线中，以混合动力、纯电动汽车和燃料电池汽车为代表的电动汽车被普遍认为是未来汽车能源动力系统转型发展的主要方向，已经成为世界汽车强国和主要汽车制造商发展重点。中国已经是世界汽车产业大国，但“大而不强”，中国未来的汽车工业必须探求新的思路。电动汽车产业有望为中国汽车工业开拓新的增长点。

未来 10 年是中国新能源汽车发展的战略机遇期，中国高度重视电动汽车的发展，在 2011 年 3 月出台的“十二五”规划纲要中，中国把新能源汽车列为战略性新兴产业之一，提出要重点发展插电式混合动力汽车、纯电动汽车和燃料电池汽车技术，开展插电式混合动力汽车、纯电动汽车研发及大规模商业化示范工程，推进产业化应用。未来中国电动汽车将迎来新一轮的高速发展。

2010 年年初国际气候组织曾对 40 名电动汽车相关行业专家进行访谈，结果表明充电基础设施建设的重要程度在电动汽车发展众多影响因素中排名第 2，超过了购买价格因素，仅次于排名第 1 的电池技术提高因素。充电设施的基础性、关键性作用各方已达成共识。

从国外发展情况来看，尽管国外主要发达国家的充电设施建设还处于起步阶段，但是政府支持力度非常大。从国内发展情况来看，中国充电设施建设主要参与者包括国家电网公司、南方电网公司、普天海油、中石化、比亚迪等企业。近几年来，中国已经投产了一定数量的充电站与充电桩，充电方式有快充、慢充、换电池等多种，先期的工作为后续建设提供了宝贵经验。当下，国家电网公司、南方电网公司、普天海油、中石化等企业已经与多数地方政府签订了战略合作协议，制订了较为明确的建设目标和计划，充电站建设开始呈现加速发展的势头。

尽管充电基础设施建设在国内外普遍得到高度重视，但是当下世界各国都面临着相关技术标准与运营模式不明确等一系列问题。中国亟待在试点基础上加大研究和创新力度，探索一条适合中国国情的充电基础设施发展道路。

（三）电动汽车发展前景

气候变化、能源和环境问题是人类社会共同面对的长期问题。随着美国表示回归COP15(《联合国气候变化框架公约》缔约方第15次会议)和以中国、印度为代表的新兴国家被纳入到其中，以及主要国家积极实施能源和环境保护战略，全球进入了真正解决人类社会共同问题的时代。交通运输领域的温室气体排放、能源消耗和尾气排放三大问题是否有效解决，直接影响着人类共同问题能否有效解决。为此，全球主要国家政府、组织、汽车生产商、能源供应商、风险投资企业共同行动起来，推动全球汽车工业产业结构升级和动力系统电动化战略转型，促进具有多层次结构的电动汽车社会基础产业形成和相应的政策、组织保障体系建设，助推可持续发展电动汽车社会的形成。

降低交通领域温室气体排放是解决全球气候变化重要手段，是建设可持续发展电动汽车社会的前提条件。世界主要国家政府、组织都制定了严格的汽车尾气排放标准，旨在减少交通领域对全球气候和环境造成的影响。

此外，美国洛杉矶光化学烟雾、世界石油危机、中东局势动乱、北京阴霾天气等一些事件对注重环境保护、保证国家石油安全提出了迫切要求，推动了世界范围内的汽车技术进步，加速了电动汽车社会建设。

早在2000年时，在环境保护和国家石油安全战略的推动下，建设电动汽车社会被提上日程，中国进入了电动汽车社会“科技引导”初期发展阶段。该阶段(“十五”时期和“十一五”前期)以电动汽车关键技术研发为主要特征，着重开展电动汽车关键技术原始创新和系统集成创新、测试环境建设、专业技术人才培养、技术标准体系搭建、开放协同创新环境建设、科技成果转化活动等一系列活动。

思 考 题

1. 简述燃气汽车的特点。
2. 简述LPG与CNG供给系统的组成。
3. 简述电动汽车的类型与特点。

参考文献

[1] 蔡兴旺. 汽车发动机构造与维修[M]. 北京：中国林业版社. 2008.
[2] 陈家瑞. 汽车构造[M]. 北京：人民交通出版社. 2003.
[3] 张春英. 汽车构造[M]. 北京：中国铁道出版社. 2011.
[4] 胡胜. 汽车发动机构造与维修[M]. 北京：机械工业出版社. 2014.
[5] 崔树平. 汽车发动机构造与维修[M]. 武汉：武汉理工大学出版社. 2008.
[6] 陈希. 汽车发动机构造与维修[M]. 镇江：江苏大学出版社. 2014.
[7] 李春明. 汽车构造. 3 版[M]. 北京：北京理工大学出版社. 2013.
[8] 姚科业. 图解丰田发动机拆装与维修[M]. 北京：化学工业出版社. 2014.
[9] 麻友良. 广州本田雅阁轿车维修手册[M]. 北京：机械工业出版社. 2001.
[10] 朱军. 汽车维护实训[M]. 北京：人民交通出版社. 2010.
[11] 刘猛. 汽车维护[M]. 北京：北京理工大学出版社. 2010.